普 . 通 . 高 . 等 . 学 . 校

计算机教育"十二五"规划教材

U0652833

ASP 动态网页
制作教程
（第 2 版）

ACTIVE SERVER PAGES FOR
WEBMASTERS
(2nd edition)

李军 黄宪通 李慧 ◆ 主编

人民邮电出版社

北京

图书在版编目（ＣＩＰ）数据

　　ASP动态网页制作教程 / 李军，黄宪通，李慧主编
. -- 2版. -- 北京：人民邮电出版社，2012.10（2019.1重印）
　　普通高等学校计算机教育"十二五"规划教材
　　ISBN 978-7-115-29444-9

　　Ⅰ. ①A… Ⅱ. ①李… ②黄… ③李… Ⅲ. ①网页制
作工具－程序设计－高等学校－教材 Ⅳ. ①TP393.092

　　中国版本图书馆CIP数据核字（2012）第221024号

内 容 提 要

　　本书通过通俗易懂的语言和实用生动的例子，系统地介绍网络基础知识、ASP 概述、Web 页面制作基础、ASP 开发基础、VBScript 脚本语言、ASP 内置对象、ASP 常用组件、文件管理、ADO 数据库访问和 ASP 高级程序设计等。每一章的后面提供了习题及上机指导，以方便读者及时验证学习效果。本书在最后部分提供了一个综合实例及两个课程设计，可帮助读者快速掌握 ASP 程序的开发过程。

　　本书可作为普通高等院校计算机科学与技术、电子信息等相关专业动态网页制作、网站设计与制作、网络程序设计等课程的教材，也可供相关技术人员和计算机爱好者自学使用。

　◆ 主　　编　李　军　黄宪通　李　慧
　　　责任编辑　李海涛

　◆ 人民邮电出版社出版发行　　北京市丰台区成寿寺路 11 号
　　　邮编　100164　　电子邮件　315@ptpress.com.cn
　　　网址　http://www.ptpress.com.cn
　　　固安县铭成印刷有限公司印刷

　◆ 开本：787×1092　1/16
　　　印张：18.5　　　　　　　　　2012 年 10 月第 2 版
　　　字数：503 千字　　　　　　　2019 年 1 月河北第 9 次印刷

　　　　　　　　　ISBN 978-7-115-29444-9

　　　　　　　　　　定价：38.00 元
读者服务热线：(010)81055256　印装质量热线：(010)81055316
反盗版热线：(010)81055315

第 2 版前言

2008 年《ASP 动态网页制作教程》完成并于当年出版，至今第 1 版已印刷近 2 万册。

第 1 版发行至今已 4 年，为了适应教学改革的需要，我们决定做一次修订。近 10 年来，教学改革的步伐很大，在各专业的课程体系、课程设置和课时等方面都有较大的调整，专业课的调整尤为显著。作为计算机科学技术专业的一门网络基础课程，ASP 教材必须适时更新，以便适应最新的教学需求，这就是我们要对第 1 版作修订的原因。

现就修订的具体情况作如下说明。

（1）增加了 2 个全新的项目作为课程设计，并对这两个项目进行详细剖析，将所有的知识点充分融入项目里，让学生做到学以致用。

（2）本次修订修改更正了第 1 版中出现的一些错误及疏漏，以便能够让用户更好地使用本书。

（3）为方便教学和自学，免费提供教学课件，并提供全书案例代码。

本次修订工作由李军、黄宪通、李慧等人完成。

实用、易读是本书的编写宗旨。限于编者水平，疏漏之处在所难免，敬请读者批评指正。

编　者

2012 年 8 月

前　言

　　ASP（Active Server Pages）是微软公司开发的服务器端的脚本编写环境。它支持 VBScript、JavaScript 等多种脚本语言，通过 ADO 可以快速地访问数据库。使用 ASP 可以组合 HTML 页、脚本命令和 ActiveX 组件来完成 Web 应用程序的开发，以满足不同用户的需求。因为 ASP 具有开发速度快、语法简单易学、开发环境简捷灵活等特点，深受广大开发人员的青睐，已成为世界上使用最广泛的 Web 开发工具之一。

　　本书利用通俗易懂的语言和实用生动的例子，系统地介绍了网络基础知识、ASP 概述、Web 页面制作基础、ASP 开发基础、VBScript 脚本语言、ASP 内置对象、ASP 常用组件、文件管理、ADO 数据库访问和 ASP 高级程序设计等，并且在每一章的后面提供了习题及上机指导，以方便读者及时验证学习效果。最后，通过一个综合实例及两个课程设计帮助读者快速掌握 ASP 程序的开发过程。

　　全书分为 3 部分，共 13 章。第 1 部分为第 1 章，介绍网络基础知识，主要包括 Internet 和 Web 的相关概念以及 Web 开发工具和 Web 开发语言等。第 2 部分包括第 2 章至第 10 章，首先介绍 ASP 的相关概念、运行环境的搭建以及如何开发 ASP 程序；然后介绍 Web 页面制作基础，开发 ASP 程序需要了解和掌握的基础知识，VBScript 脚本语言的语法及其应用；紧接着介绍 ASP 动态网页制作的核心内容，包括 ASP 的内置对象、ASP 的常用组件、ASP 中对文件管理、在 ASP 中如何使用 ADO 组件等；最后介绍 ASP 高级程序设计的相关技术，如 XML、Ajax 等。第 3 部分包括第 11 章至第 13 章，其中第 11 章结合博客网站的开发过程，综合应用了前面章节介绍的各种技术，明确了网站的关键开发步骤；第 12 章和第 13 章为两个课程设计，即新闻网站和新城校友录，供读者练习使用。

　　本书可作为普通高等院校计算机科学与技术、电子信息等相关专业动态网页制作、网站设计与制作、网络程序设计等课程的教材，建议学时为 32～48 学时，其中应保证上机练习在 16 学时以上。只有理论学习和上机练习紧密结合，才能真正掌握使用 ASP 进行动态网页设计与制作的能力。

　　本书由李军、黄宪通、李慧任主编，参加编写的还有吴素芹、赵证鹏、李林、潘凯华、刘欣、陈丹丹、杨丽、李继业、王小科、赵永发、陈英、寇长梅、顾彦玲、刘莉莉、宋禹蒙、高春艳、赛奎春、王雨竹等。由于编者水平有限，书中难免存在疏漏和不足之处，欢迎广大读者提出宝贵意见。

编　者

2010 年 10 月

目 录

1

第1章
网络基础知识

本章介绍网络基础知识，主要内容包括 Internet 和 Web 的相关概念以及 Web 程序开发环境的相关知识。通过本章的学习，读者应了解什么是 Internet 和 Web、Web 的访问原理、不同 Web 开发语言的特点，并掌握 Web 开发工具的使用等。尤其要理解 Internet 的一些基本概念，如 TCP/IP 协议簇、IP 地址、域名、URL 等。

1.1　Internet 基础

Internet，中文正式译名为因特网，是全球范围的国际互联网。它是由使用公用语言互相通信的计算机连接而成的全球网络。本节介绍 Internet 的基本概念，包括 TCP/IP 协议簇、IP 地址、域名、URL 等。

1.1.1　Internet 概述

Internet 是由各种不同类型和规模的、独立管理和运行的主机或计算机网络组成的一个全球性网络。Internet 上提供了万维网（WWW）服务（包括浏览、搜索、查询各种信息，与他人进行交流，网上游戏、娱乐、购物等）、电子邮件（E-mail）服务、远程登录（Telnet）服务、文件传输（FTP）服务等。

Internet 源于 ARPA（美国国防部高级研究计划局）网络计划，最初使用在军事研究方面。随着社会科技的发展，Internet 逐渐被应用于更多的领域，并覆盖了社会生活的方方面面。同时，Internet 也在不断发展中逐步完善其结构和功能，以适合社会的需求。

1.1.2　TCP/IP

Internet 主要采用 TCP/IP，凡是连入 Internet 的计算机都必须安装和使用 TCP/IP 软件。

传输控制协议/因特网协议（Transmission Control Protocol/Internet Protocol，TCP/IP）是 Internet 最基本的协议。TCP/IP 的开发工作始于 20 世纪 70 年代，是第一套用于因特网的协议。

TCP/IP 网络体系结构分为 4 个层次：应用层、传输层、网络层和物理链接层。它们都建立在硬件基础之上。

（1）应用层是 TCP/IP 参考模型的最高层。它是应用程序间沟通的层，如简单邮件传送协议（SMTP）、文件传送协议（FTP）、网络远程访问协议（Telnet）等。

（2）传输层也称为 TCP 层。它提供了节点间的数据传送服务，如传输控制协议（TCP）、用户数据报协议（UDP）等。TCP 和 UDP 向数据报中加入传输数据之后将它传输到下一层中，并确保数据被送达下一层。

（3）网络层也称为 IP 层，负责提供基本的数据报封装及传送功能，确保每一块数据报都能够到达目的主机（但不检查是否被正确接收）。

（4）物理链接层的主要功能是接收网络层的 IP 数据报，通过网络向外发送。同时，接收和处理从网络上来的物理帧，抽出 IP 数据报，并发送至网络层。该层是主机与网络的实际连接层，为通信提供实现透明传输的物理链接。

1.1.3　IP 地址、域名和 URL

1. IP 地址

IP 地址（Internet Protocol Address）是识别 Internet 网络中的主机及网络设备的唯一标识。它可以由 4 组以圆点分割的十进制数字组成，其中每一组数字为 0~255，如 192.168.1.9 就是一个主机服务器的 IP 地址。IP 地址也可以由 32 位的二进制数值来表示，一个 32 位 IP 地址是由 4 个 8 位域组成的，如上面的 IP 地址又可表示为 11000000 10101000 00000001 00001001。

每个 IP 地址又可分为两部分，即网络地址和主机地址。其中，网络地址表示其所属的网络段编号，主机地址表示网段中该主机的地址编号。按照网络规模的大小，IP 地址可以分为 A、B、C、D、E 5 类，其中 A、B、C 类是 3 类主要的地址，D 类是专供多点广播传送用的多点广播地址，E 类用于扩展备用地址。下面介绍 A、B、C 类 IP 地址。

（1）A 类 IP 地址。

A 类地址用于规模很大、主机数目非常多的网络。在 32 位的二进制 IP 地址表示法中，A 类地址最高位为 0，接下来的 7 位为网络地址，其余 24 位为主机地址。使用十进制数字表示法时，其地址范围从 1.0.0.0 到 126.0.0.0。A 类地址允许组成 126 个网络，每个网络可容纳 1 700 万台主机。

（2）B 类 IP 地址。

B 类地址用于中型到大型的网络。在二进制 IP 地址表示法中，B 类地址最高两位为 10，接下来 14 位为网络地址，其余 16 位为主机地址。使用十进制数字表示法时，其地址范围从 128.0.0.0 到 191.255.255.255。B 类地址允许 16 384 个网络，每个网络可容纳 65 000 台主机。

（3）C 类 IP 地址。

C 类地址用于小型本地网络。在二进制 IP 地址表示法中，C 类地址最高 3 位为 110，接下来 21 位为网络地址，其余 8 位为主机地址。使用十进制数字表示法时，其地址范围从 192.0.0.0 到 223.255.255.255。

2. 域名

IP 地址是 Internet 上网络计算机的地址标识，但是对于大多数人来说记住很多计算机的 IP 地址并不是很容易的事。所以，TCP/IP 中提供了域名服务系统（DNS），允许为主机分配字符名称，即域名。在网络通信过程中，DNS 会自动实现域名与 IP 地址的转换。域名在 Web 中应用很广，如微软公司 Web 服务器的域名为 www.microsoft.com。

3. URL

统一资源定位器（Uniform Resource Locator，URL）也被称为网页地址，它是 Internet 上标准的资源地址。URL 的功能就是指出 Internet 上信息的所在位置及存取方式，即通过指明通信协议并定位资源所在位置来享用网络上提供的各种服务。其格式如下：

<信息服务类型>://<信息资源地址>/<文件路径>

<信息服务类型>：是指 Internet 的协议名，包括 ftp（文件传输服务）、http（超文本传输协议）、gopher（Gopher 服务）、mailto（电子邮件地址）、telnet（远程登录服务）、news（提供网络新闻服务）、wais（提供检索数据库信息服务）。

<信息资源地址>：一个网络主机的域名或者 IP 地址。

1.2 Web 简介

1.2.1 什么是 Web

Web，全称为 World Wide Web，缩写为 WWW，中文称万维网，是基于 Internet 并采用 Internet 协议的一种体系结构，通过它可以访问分布于其他 Internet 主机上的资源。

Web 具有以下特点。

（1）Web 是一种超文本信息系统。Web 的超文本链接使得 Web 文档不再像书本一样是固定的、线性的，而是可以从一个位置迅速跳转到另一个位置，从一个主题迅速跳转到另一个相关的主题。

（2）Web 是图形化的和易于导航的。Web 之所以能够迅速流行，一个很重要的原因就在于它可以在一页上同时显示图形和文本。在 Web 之前 Internet 上的信息只有文本形式。Web 还可以提供将图形、音频、视频信息集合于一体的特性。同时，Web 是非常易于导航的，只需要从一个链接跳到另一个链接，就可以在各页面、各站点之间进行浏览了。

（3）Web 与平台无关。Web 对系统平台没有什么限制，无论是 Windows 平台、UNIX 平台、Macintosh 平台还是其他平台，都可以毫无困难地访问 Web。

（4）Web 是分布式的。对于 Web，没有必要把大量的图形、音频、视频等信息放在一起，可以放在不同的站点上，只要通过超链接指向所需的站点，就可以使物理上不在一个站点的信息在逻辑上一体化。对于用户来说，这些信息是一体的。

（5）Web 是动态的、交互的。信息的提供者可以经常对 Web 站点上的信息进行更新，所以 Web 站点上的信息是动态的。Web 的交互性表现在它的超链接上。通过超链接，用户的浏览顺序和所到站点完全由用户决定。用户还可以通过填写 FORM 表单的形式向服务器提交请求，服务器根据用户的请求返回相应信息。

1.2.2 C/S 模式与 B/S 模式

C/S 和 B/S 是目前开发模式技术架构的两大主流技术。C/S 模式最早是由美国 Borland 公司研发的，而 B/S 模式是由美国微软公司研发的。

（1）C/S 模式。

C/S（Client/Server，客户机/服务器）模式又称为 C/S 结构，它是一种软件系统体系结构。这种结构是建立在局域网基础上的，它需要针对不同的操作系统开发不同版本的软件。同时，它不依赖于外网环境，即无论是否能够上网都不会影响应用。

（2）B/S 模式。

B/S（Browser/Server，浏览器/服务器）模式又称为 B/S 结构。它是随着 Internet 技术的兴起，对 C/S 结构的一种变化或者改进的结构。在这种结构下，用户工作界面是通过 Web 浏览器来实现的。B/S 模式最大的好处是能实现不同人员、从不同地点、以不同的接入方式访问和操作共同的数据，这样减轻了系统维护与升级的成本和工作量，降低了用户的总体成本；最大的缺点是对外网环境依赖性太强。

1.2.3 Web 的访问原理

Web 应用程序是基于 B/S 结构的。下面首先熟悉服务器端与客户端的概念，然后了解静态网页和动态网页的工作原理。

1. 服务器端与客户端

通常来说，提供服务的一方被称为服务器端，而接受服务的一方则被称为客户端。例如，当浏览者在浏览网站主页时，网站主页所在的远程计算机就被称为服务器端，而浏览者的计算机就被称为客户端。

如果计算机上安装了 WWW 服务器软件，此时就可以把计算机作为服务器，成为服务器端，浏览者通过网络可以访问该计算机。对于初学者，在进行程序调试时，可以把自己的计算机既当作服务器，又当做客户端。

2. 静态网页的工作原理

所谓静态网页，就是在网页文件里不存在程序代码，只有 HTML 标记，其文件后缀名一般为.htm 或.html。静态网页创建成功后，其中的内容不会再发生变化，无论何时何人访问，显示的内容都是一样。如果要对其内容进行添加、修改、删除等操作，就必须到程序的源代码中进行相关操作，然后再将修改后的静态网页重新上传到服务器上。

静态网页的工作原理非常简单。当用户在客户端浏览器通过网址访问网页时，即表明向服务器端发出了一个浏览网页的请求。当服务器端接受请求后，便查找所要浏览的静态网页文件，并将找到的网页文件发送给客户端。其原理如图 1-1 所示。

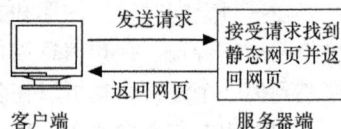

图 1-1　静态网页的工作原理

3. 动态网页的工作原理

所谓动态网页，就是在网页文件中不仅包含 HTML 标记，同时还包含实现特定功能的程序代码，该类网页的后缀名通常根据程序语言的不同而不同。例如，ASP 文件的后缀为.asp，JSP 文件的后缀则为.jsp。动态网页可以根据不同的时间、不同的浏览者而显示不同的信息。例如，常见的留言板、论坛、聊天室都是应用动态网页实现的。

动态网页的工作原理相对复杂。当用户在客户端浏览器通过网址访问网页时，即说明向服务器发出了一个浏览网页的请求。当服务器接受请求后，首先查找所要浏览的动态网页文件，其次执行查找到的动态网页文件中的程序代码，然后将动态网页转化成标准的静态网页，最后再将该网页发送给客户端。其工作原理如图 1-2 所示。

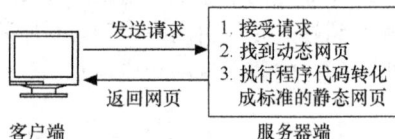

图 1-2　动态网页的工作原理

1.3　Web 程序开发环境

在 1.2 节中介绍了 Web 的基础知识，本节介绍 Web 常用的开发工具以及几种 Web 开发语言的比较。

1.3.1　Web 开发工具

1. FrontPage

FrontPage 是微软公司开发的一种功能强大且无须编程就可以实现创建和管理 Web 站点的开发工具。通过 FrontPage 创建的网站不仅内容丰富而且专业，最值得一提的是，它的操作界面与 Word 的操作界面极为相似，非常容易学习和使用。

（1）优点。

FrontPage 和其他开发工具相比具有以下优点。

① 操作简单：FrontPage 的界面与 Word 极为相似，主要命令基本集中在任务窗口，易于操

作；FrontPage 允许同时编辑多个网页，并可在多个页面间切换，为每个页面提供了普通视图和 HTML 视图两种视图模式。

② 页面制作方便：FrontPage 操作界面中嵌有很多操作工具，在进行页面设计时不用编程就可以建立一个网站，并具有所见即所得的网页制作功能特性。

③ 图片处理功能：FrontPage 通过图片库组件实现添加图片，定义图片布局，为图片添加文字说明，重新排列图片，更改图片尺寸，制作微缩图等功能；此外，为了方便页面设计，还提供了绘图工具和简单的图像处理功能。

④ 易兼容：FrontPage 支持 Internet Explorer、Netscape Navigator、Microsoft Web TV 等多种浏览器，同时支持 IIS、Apache 等多种服务器；而且，FrontPage 支持 Word 和 PowerPoint 等文字编辑工具。

（2）缺点。

FrontPage 也存在着如下缺点。

① 无脚本库，很多通过代码实现的功能效果，通过 FrontPage 无法实现。

② 网页制作时，需要许多辅助文件的支持。

③ 模板功能有限、步骤烦琐，在进行页面模板设计时会耗损大量的时间。

综上所述，FrontPage 仅适用于制作功能简单的网页或网站。

2. Dreamweaver

Dreamweaver 是当今流行的网页编辑工具之一。它采用了多种先进技术，提供了图形化程序设计窗口，能够快速高效地创建网页，并生成与之相关的程序代码，使网页创作过程变得简单化，生成的网页也极具表现力。值得一提的是，Dreamweaver 在提供了强大的网页编辑功能的同时，还提供了完善的站点管理机制，极大地方便了程序员对网站的管理工作。

下面介绍应用 Dreamweaver 创建 Web 页面的步骤。

（1）安装 Dreamweaver 后，首次运行 Dreamweaver 时，展现给用户的是一个"工作区设置"的对话框，在此对话框中，用户可以选择自己喜欢的工作区设置，如"设计者"或"代码编写者"，如图 1-3 所示。

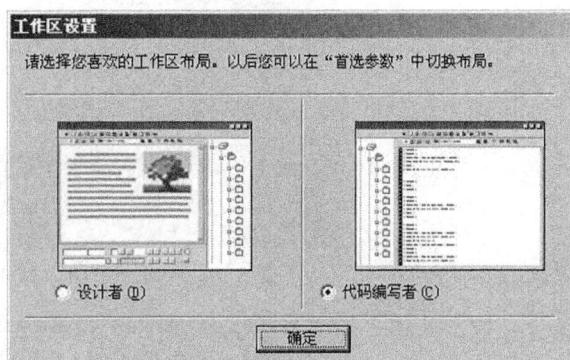

图 1-3　"工作区设置"对话框

（2）选择工作区布局，单击"确定"按钮。选择"文件"/"新建"命令，将打开"新建文档"对话框。在该对话框中的"类别"列表区选择"动态页"，再根据实际情况来选择所应用的脚本语言，这里选择的是"ASP VBScript"，然后单击"创建"按钮，创建以 VBScript 为主脚本语言的 ASP 文件，如图 1-4 所示。

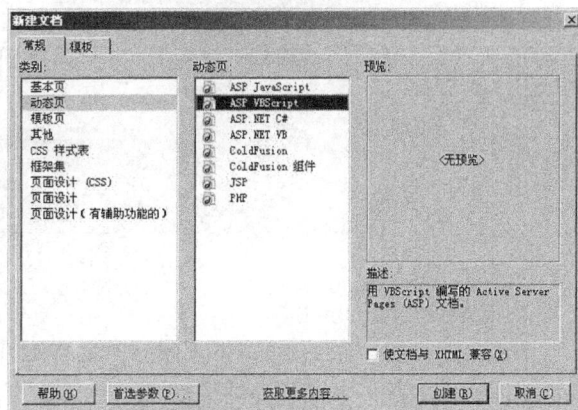

图 1-4　"新建文档"对话框

（3）在打开的页面中，有 3 种视图形式，分别为代码、拆分和设计。在代码视图中，可以

图 1-5　代码视图

编辑程序代码，如图 1-5 所示；在拆分视图中，可以同时编辑代码视图和设计视图中的内容，如图 1-6 所示；在设计视图中，可以在页面中插入 HTML 元素，直接进行页面布局和设计，如图 1-7 所示。

在 Dreamweaver 中插入 HTML 元素后，通过"属性"面板可以方便地定义元素的属性，使其满足页面布局的要求。在页面中，允许多个表格的嵌套，可以插入图像、Flash 等，可以插入表单元素，如文本框、列表/菜单、复选框、按钮等。

（4）设计页面及编写代码完成后，将该文件保存到指定目录下。

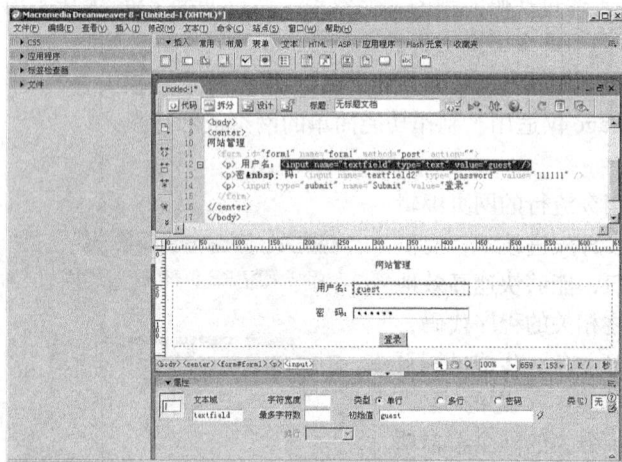

图 1-6　拆分视图

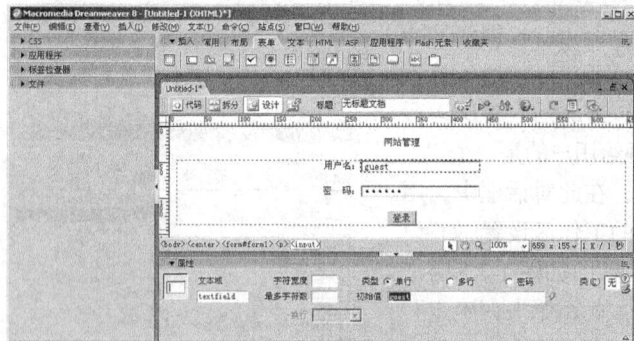

图 1-7　设计视图

3．Visual InterDev 6.0

Visual InterDev 是微软公司推出的一种供 Web 开发者快速建立动态数据库驱动的 Web 应用程序的超强开发工具。它不仅提供了可视化的 Web 开发平台，而且集成了 Web 服务器与浏览器上的资源，在程序中可以随时取用 ASP 内置对象、ActiveX 组件和浏览器的对象模型等。Visual InterDev 还具有完善的检测功能，可以设置服务器端与客户端两种检测方式。

Visual InterDev 最新推出的版本是 Visual InterDev 6.0。微软公司将 Visual InterDev 6.0 与

Visual Basic、Visual C++、Visual J++和 Visual Foxpro 一起集成到了 Visual Studio 6.0 之中。Visual InterDev 6.0 已经被公认为是最先进的开发 Intranet 和 Internet 应用程序的工具。

下面介绍使用 Visual InterDev 6.0 开发 ASP 应用程序的步骤。

（1）单击"开始"菜单，选择"程序"/"Microsoft Visual Studio 6.0"/"Microsoft Visual InterDev 6.0"命令，运行 Visual InterDev6.0。

（2）选择"File"/"New File"命令，将打开"New File"对话框。在此对话框的"New"选项卡中，依次选择"Visual InterDev"和"ASP Page"，如图 1-8 所示。

（3）单击"打开"按钮，新建一个包含 ASP 页面的工程。

（4）在打开的 ASP 应用程序中，单击"Design"按钮进入到设计视图中，可以进行页面布局；单击"Source"按钮进入到代码视图中，可以编写 ASP 程序代码，如图 1-9 所示。

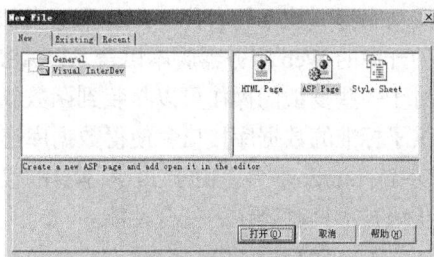

图 1-8　新建应用程序窗口

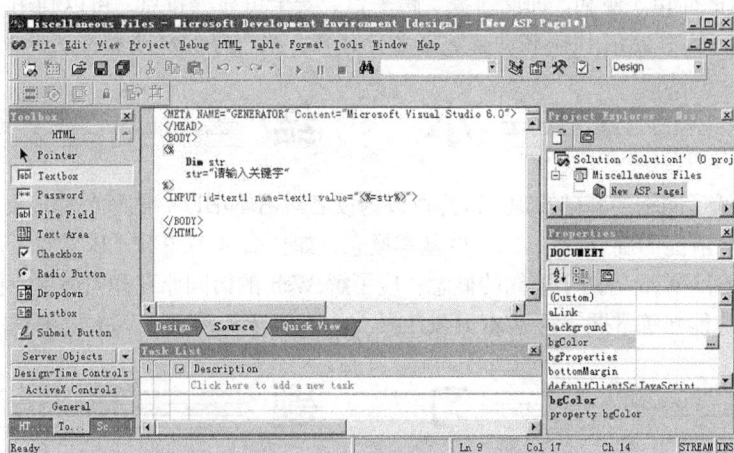

图 1-9　ASP 程序代码编写窗口

（5）编辑完成后，把文件保存在网站根目录中，在浏览器中输入 URL 便可以浏览 ASP 应用程序了。

1.3.2　Web 开发语言

目前，用于 Web 开发的主要有 4 种语言：ASP、ASP.NET、PHP 和 JSP。其中，ASP 简单易学、使用方便；ASP.NET 功能强大、编写容易；PHP 为开源软件，运行成本较低；JSP 有多平台支持、转换方便。它们各自的特点如下。

1．ASP

ASP（Active Server Pages）是一种使用很广泛的开发动态网站的技术。它是微软公司提供的运行在服务器端的脚本环境。对于一些复杂的操作，ASP 可以调用存在于服务器端的 COM 组件来完成，所以说 COM 组件无限地扩充了 ASP 的能力。通过在 Windows 系统中安装 PWS 或者 IIS，就可以运行 ASP 应用程序了。

2．ASP.NET

ASP.NET 也是一种建立动态 Web 应用程序的技术，它是.NET 框架的一部分，可以使用任何.NET 兼容的语言，如 Visual Basic.NET，C#，J#等来编写 ASP.NET 应用程序。ASP.NET 页面

（Web Forms）编译后可以提供比脚本语言更出色的性能表现。Web Forms 允许在网页基础上建立强大的窗体，即引入了服务器端控件。这样，使得开发交互式网站更加方便。

3. PHP

PHP 来自于 Personal Home Page 一词，但现在的 PHP 已经不再表示名词的缩写，而是一种开发动态网页技术的名称。PHP 语法类似于 C，并且混合了 Perl、C++和 Java 的一些特性。它是一种开源的 Web 服务器脚本语言，与 ASP 和 JSP 一样可以在页面中加入脚本代码来生成动态内容。对于一些复杂的操作可以封装到函数或类中，在 PHP 中提供了许多已经定义好的函数。例如，提供了标准的数据库接口，使得数据库连接更方便。PHP 可以被多个平台支持，主要被广泛应用于 UNIX/Linux 平台。由于 PHP 本身的代码对外开放，经过许多软件工程师的检测，因此到目前为止该技术具有公认的安全性能。

4. JSP

JSP（Java Server Pages）是由 Sun 公司倡导，与多个公司共同建立的一种技术标准，它建立在 Java Servlet 基础之上。它是运行在服务器端的脚本语言，是用于开发动态网页的一种技术。JSP 继承了 Java 技术的简单、便利、面向对象、跨平台、安全可靠等特点，可以利用 JavaBean 和 JSP 元素有效地将静态的 HTML 代码和动态数据区分开来，给程序的修改和扩展带来了很大方便。

小　结

本章主要介绍了网络的基础知识，这样可以为读者学习本书以后的章节奠定良好的基础。通过本章的介绍，读者应能明确 Internet 的一些基本概念，如什么是 TCP/IP、IP 地址、域名和 URL 等；应能区分 Internet 和 Web 为两个不同的概念；应了解 Web 的访问原理和当前主要使用的几种 Web 开发语言。读者应能熟练掌握一种 Web 开发工具，为以后开发系统的 Web 应用程序做好准备。

习　题

1-1　Internet 的中文译名是什么？

1-2　TCP/IP 协议簇的用途是什么？TCP/IP 把整个网络分成哪 4 个层次？

1-3　什么是 IP 地址、域名、URL？它们之间存在什么关联？

1-4　什么是 Web？

1-5　C/S 模式与 B/S 模式的主要区别是什么？

1-6　Web 应用程序是基于 C/S 结构还是基于 B/S 结构的？Web 的访问原理是什么？

1-7　本章介绍的 Web 开发工具有哪些？

1-8　以下哪些是用于 Web 开发的语言？

　　（1）ASP　　　　　　　　（2）Visual Basic　　　　　　（3）PHP

　　（4）ASP.NET　　　　　　（5）JSP　　　　　　　　　　（6）Java

上 机 指 导

1-1　安装 Web 浏览器（如 IE 浏览器），在浏览器地址栏处输入 URL 地址（可以是域名或者 IP 地址）访问网站。

1-2　安装 Dreamweaver 软件，创建 ASP 动态页面，并熟悉代码视图、拆分视图和设计视图。

第2章
ASP 概述

本章介绍 ASP 的相关概念、运行环境的搭建以及如何开发 ASP 程序，主要内容包括 ASP 概念、IIS 的安装、IIS 的配置、测试网站服务器的方法等。通过本章的学习，读者应了解什么是 ASP、ASP 的技术特点以及 ASP 的运行环境，并能够掌握 IIS 的安装和配置，以及测试网站服务器的 4 种方法。通过第一个 ASP 程序，熟悉开发 ASP 应用程序的步骤和特点。

2.1　什么是 ASP

ASP 是微软公司开发的服务器端的脚本编写环境。它支持 VBScript、JavaScript 等多种脚本语言，通过 ADO 可以快速地访问数据库。使用 ASP 可以组合 HTML 页、脚本命令和 ActiveX 组件来完成 Web 应用程序的开发，以满足不同用户的需求。

ASP 包含以下 3 个方面的含义。

（1）Active：ActiveX 技术是微软公司组件技术的重要基础。它采用封装对象、程序调用对象的技术，从而简化编程，加强程序间的合作。

（2）Server：ASP 运行在服务器端，不仅能够方便、快捷地与服务器交换数据，还无须考虑客户端浏览器是否支持 ASP。

（3）Pages：ASP 返回标准的 HTML 页面，此页面在浏览器中可以正常显示。浏览者查看页面源文件时，看到的是 ASP 生成的 HTML 代码，而不是 ASP 程序代码，从而防止 ASP 源程序被抄袭。

2.1.1　ASP 的发展历程

1996 年，ASP 1.0 作为 Internet 信息服务（Internet Information Server，IIS）管理器的附属产品免费发布并得到广泛应用。它使得早期烦琐、复杂的 Web 程序开发变得简单容易。

1998 年，微软公司发布了 ASP 2.0。它与 ASP 1.0 的主要区别是可以对外部组件进行初始化。这样，ASP 内置的所有组件都有了独立的内存空间，并可以进行事务处理。

2000 年，微软公司开发的 Windows 2000 操作系统中 IIS 5.0 所附带的 ASP 3.0 开始流行。与 ASP 2.0 相比，ASP 3.0 的优势在于它使用了 COM+，因而程序更稳定，执行效率更高。

2.1.2　ASP 的技术特点

ASP 使得构造功能强大的 Web 应用程序的工作变得十分简单，其技术特点如下。

1．使用脚本语言

ASP 不是一种语言，它只是提供一个环境来运行脚本。ASP 使用 VBScript（Visual Basic Script）、JavaScript 等简单易懂的脚本语言，结合 HTML 代码，即可快速地完成 Web 应用程序的开发。

2. 访问 ActiveX 组件

ASP 可以访问在 Web 服务器上的 ActiveX 组件。通过调用 Web 服务器上内置组件以及注册的第三方组件，可以实现很多功能（如操作文件、广告轮显、发送邮件等），从而构建功能完备的网站。

3. 通过 ADO 访问数据库

ASP 通过 ADO 提供的对象，可以快速地访问各种数据库，如 Access 数据库、SQL Server 数据库、Oracle 数据库、MySQL 数据库、FoxPro 数据库等。

4. 支持 HTTP 1.1 协议

运行在 Windows 操作系统下的 IIS 管理器和个人网站服务（Personal Web Server，PWS）管理器都支持 HTTP 1.1 协议。这样，在使用响应支持 HTTP 1.1 协议的浏览器时，ASP 也能够相应地提高网络传输效率。

5. 脚本解释执行

ASP 程序无须事先编译，在服务器端可以直接执行。

> **注意**　ASP 是服务器端的网页技术。ASP 不是一种语言，它只是提供一个环境来运行脚本。ASP 支持的脚本语言有 VBScript（Visual Basic Script）或 JavaScript，也可以是它们两者的结合。

2.1.3　ASP 的运行环境

ASP 程序是在服务器端执行的，因此必须在服务器上安装相应的 Web 服务器软件。下面介绍不同 Windows 操作系统下 ASP 的运行环境。

（1）Windows 98 操作系统。

在 Windows 98 操作系统下安装并运行 PWS。在 Windows 98 安装盘\add-one\pws 目录下可以找到 PWS 的安装文件 setup.exe。

（2）Windows 2000 Server/Professional 操作系统。

在 Windows 2000 Server/Professional 操作系统下安装并运行 IIS 5.0。

（3）Windows XP Professional 操作系统。

在 Windows XP Professional 操作系统下安装并运行 IIS 5.1。

（4）Windows 2003 Server 操作系统。

在 Windows 2003 Server 操作系统下安装并运行 IIS 6.0。

（5）Windows 7 操作系统

在 Windows 7 操作系统下安装并运行 IIS 7。

> **说明**　关于 IIS 的安装和配置请参见本章 2.2 节与 2.3 节的介绍。

2.2　IIS 的安装

2.2.1　IIS 简介

IIS 是一款功能强大的 Internet 信息服务系统，是 Windows 操作系统中集成的最重要的 Web 技术。Windows XP/Windows 2000 中集成了 IIS 5.0，Windows 2003 Server 中集成了 IIS 6.0。

IIS 提供了最简捷的方式来共享信息、建立并部署应用程序以及建立和管理 Web 上的网站。IIS 的可靠性、安全性和可扩展性都非常好，并能很好地支持多个 Web 站点，是用户首选的 Internet 服务器软件。

2.2.2　安装 IIS

1. Windows 2003 安装 IIS

IIS 已经被作为组件集成到 Windows 操作系统中。在 Windows 2003 Server 下，可以按照如下步骤安装 IIS。

（1）选择"开始"/"设置"/"控制面板"命令，打开"控制面板"窗口。

（2）在"控制面板"窗口中双击"添加或删除程序"图标，打开"添加或删除程序"对话框。在左边项目栏中，单击"添加/删除 Windows 组件"按钮，如图 2-1 所示。

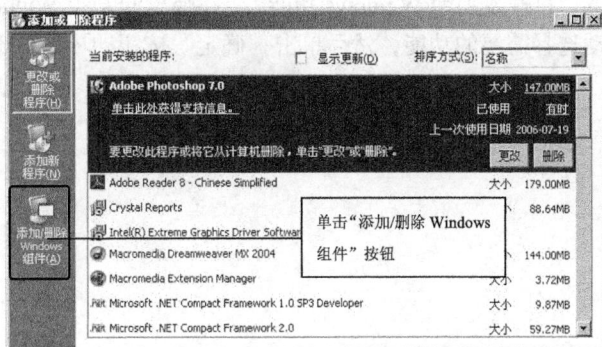

图 2-1　"添加或删除程序"对话框

（3）安装程序启动后，将打开如图 2-2 所示的"Windows 组件向导"对话框。在组件列表框中选中"应用程序服务器"，然后单击"详细信息"按钮。

（4）在打开的"应用程序服务器"对话框的组件列表框中选中"Internet 信息服务（IIS）"，如图 2-3 所示。然后单击"确定"按钮，返回到"Windows 组件向导"对话框。

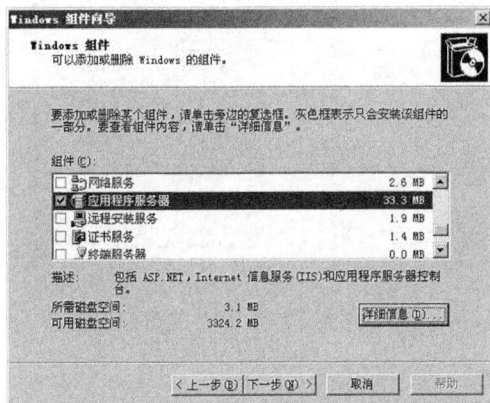

图 2-2　"Windows 组件向导"对话框

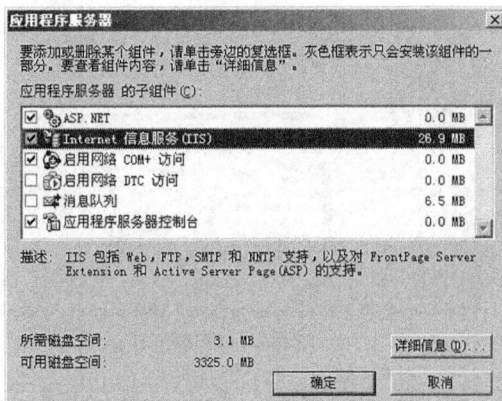

图 2-3　"应用程序服务器"对话框

（5）单击"下一步"按钮，开始配置组件并安装 IIS，如图 2-4 所示。安装程序配置组件后，将打开"完成 Windows 组件向导"对话框，单击"完成"按钮，完成本次操作，如图 2-5 所示。

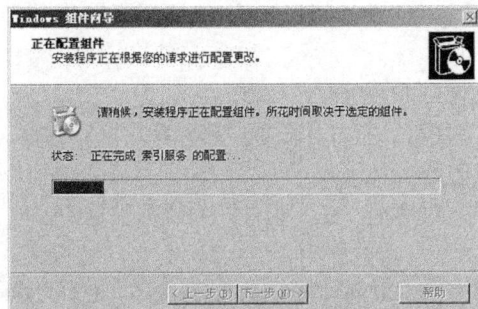

图 2-4　安装程序配置组件

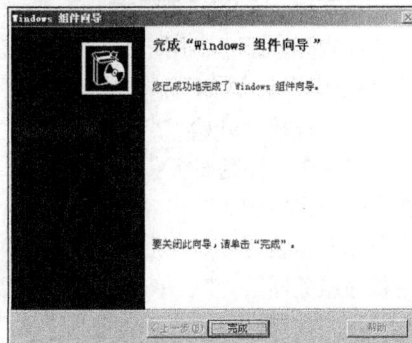

图 2-5　完成 IIS 的安装

2. Windows 7 安装 IIS

进入"控制面板"，依次选"程序"/"程序和功能"，打开如图 2-6 所示界面。选择界面左侧的"打开或关闭 Windows 功能"，在弹出的安装 Windows 功能的选项菜单中，按照图 2-7 所示手动选择需要的功能，然后单击"确定"按钮即可完成 IIS 组件的添加。

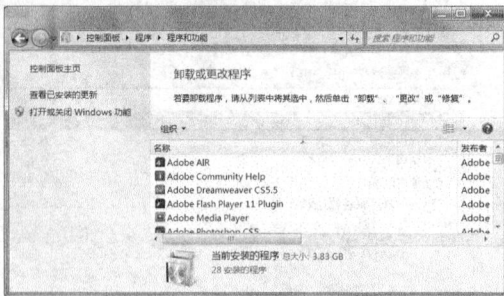

图 2-6　打开程序界面

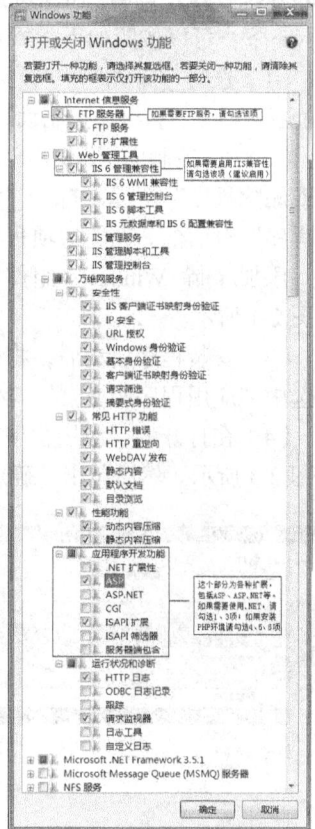

图 2-7　加载 IIS 功能

没有说明的勾选项为必选项或默认安装项。

2.2.3　卸载 IIS

在实际应用中，用户有时需要重新安装 IIS。在重装 IIS 之前必须先卸载 IIS 再进行安装。卸载 IIS 的操作步骤如下。

（1）选择"开始"/"设置"/"控制面板"命令，打开"控制面板"窗口。

（2）在"控制面板"窗口中双击"添加或删除程序"图标，打开"添加或删除程序"对话框。在左边项目栏中，单击"添加/删除 Windows 组件"按钮。

（3）安装程序启动后，将打开"Windows 组件向导"对话框。在"组件"列表框中选中"应用程序服务器"，然后单击"详细信息"按钮。

（4）在打开的"应用程序服务器"对话框的组件列表框中取消"Internet 信息服务（IIS）"的选中状态，然后依次单击"确定"按钮和"下一步"按钮，完成 IIS 组件的卸载。

2.3 IIS 的配置

2.3.1 配置 IIS

1. Windows 2003 配置 IIS

（1）IIS 安装成功后，单击"开始"按钮，选择"程序"/"管理工具"/"Internet 信息服务（IIS）管理器"命令，打开"Internet 信息服务（IIS）管理器"窗口，并展开"网站"节点，如图 2-8 所示。

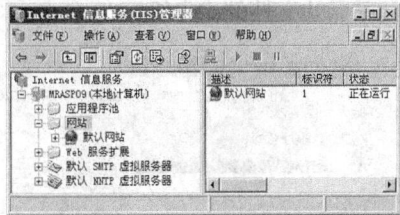

图 2-8 "Internet 信息服务（IIS）管理器"窗口

> **说明** 通过选择"开始"/"设置"/"控制面板"命令，进入到控制面板，然后双击"管理工具"图标，在打开的"管理工具"对话框中双击"Internet 信息服务（IIS）管理器"图标，也可以打开"Internet 信息服务（IIS）管理器"对话框。

（2）选中"默认网站"节点，然后单击鼠标右键，在弹出的快捷菜单中选择"属性"命令，如图 2-9 所示。此时将打开"默认网站属性"对话框，如图 2-10 所示。在该对话框中可以输入网站描述、选择网站 IP 地址、设置 TCP 端口号等。

（3）单击"主目录"选项卡，将打开如图 2-11 所示的对话框。在该对话框中，通过单击"浏览"按钮选择网站程序所在的路径（也可以在文本框中直接输入路径）；通过选中"执行权限"来指定用户权限，这里选择"脚本和可执行文件"。

图 2-9 选择"属性"命令

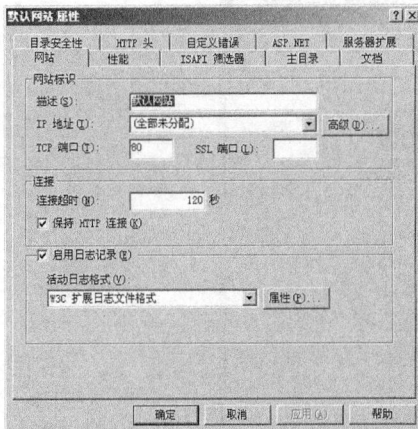

图 2-10 "默认网站属性"对话框

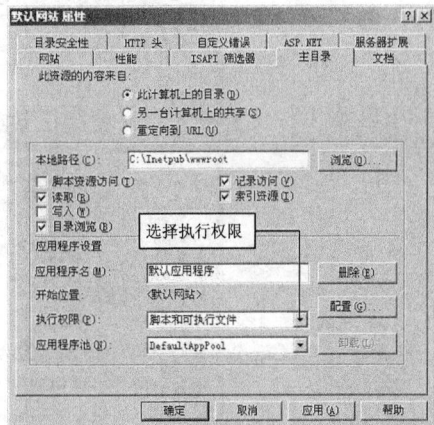

图 2-11 "主目录"选项卡

> **说明** 在图 2-11 中，单击"配置"按钮可以打开"应用程序配置"对话框，然后选择"选项"选项卡，可以定义是否"启用缓存"、是否"启用父路径"等。

（4）单击"文档"选项卡，将打开如图 2-12 所示的对话框。在该选项卡中可以设置站点的默认文档，IIS 的默认文档为"Default.htm"和"Default.asp"。通过单击"添加"按钮可以添加默认文档，如图 2-13 所示。选中一个默认文档，通过单击"上移"或"下移"按钮可以移动其位置，以调整默认文档的优先级。

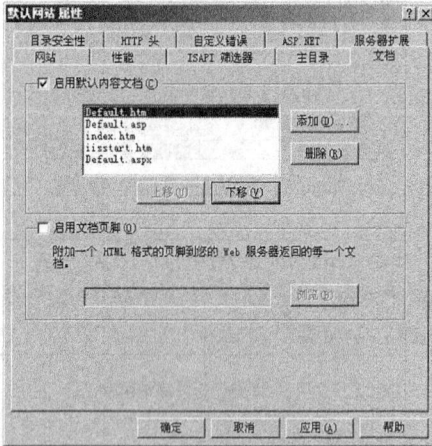

图 2-12　"文档"选项卡

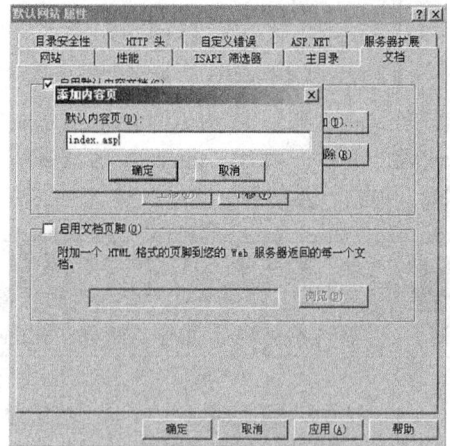

图 2-13　添加内容页

（5）对各选项卡中的项目进行设置后，在"默认网站属性"对话框中单击"确定"按钮完成 IIS 的配置。

> **注意**　如果"默认网站"处于"停止"状态，可以通过单击工具栏上面的黑色三角按钮▶来启动 IIS 服务，服务启动后黑色三角按钮将处于不可用的状态；也可以在"默认网站"上单击鼠标右键，在弹出的快捷菜单中选择"启动"命令即可启动 IIS。

2. Windows 7 配置 IIS

（1）依次选择"控制面板"/"系统和安全"/"管理工具"，打开"管理工具"窗口，如图 2-14 所示。

图 2-14　"管理工具"窗口

（2）双击"Internet 信息服务（IIS）管理器"来启动 IIS 管理器。依次选择"计算机名（图中为 LH-PC）"/"网站"/Default Web Site，然后双击"ASP"，如图 2-15 所示。对 ASP 模块进行如下配置（本步骤非必要操作）。

- 为了保证部分使用了父路径的 ASP 程序的正常运行，这里将启用父路径选项，设置为 True，如图 2-16 所示。

修改位置：行为→启用父路径→True。

图 2-15　配置 IIS 界面

图 2-16　启动父路径

说明　如果您的网站没有使用父路径，则可省略本操作。

- 为了调试方便，还需要启用 2 个调试选项，如图 2-17 所示。

修改位置：

- 调试→将错误发送到浏览器→True
- 调试→启用服务器端调试→True
- 调试→启用客户端调试→True

说明　仅在开发调试过程中需要启用。

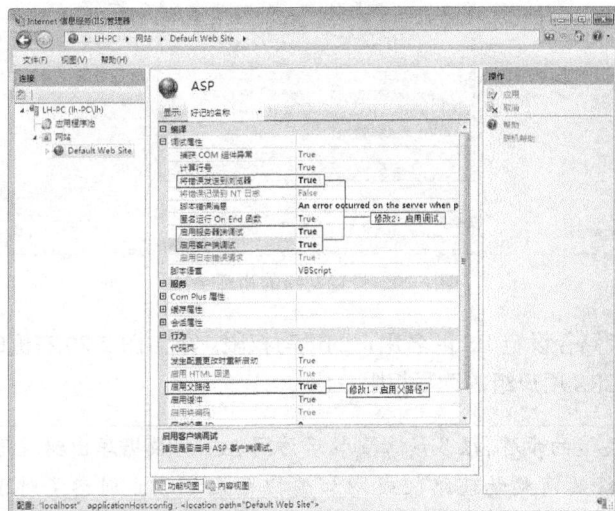

图 2-17　启动调试

（3）如果需要绑定域名或者修改网站所用端口，可单击图 2-15 右侧的"绑定..."进行设置，设置步骤如图 2-18 所示。

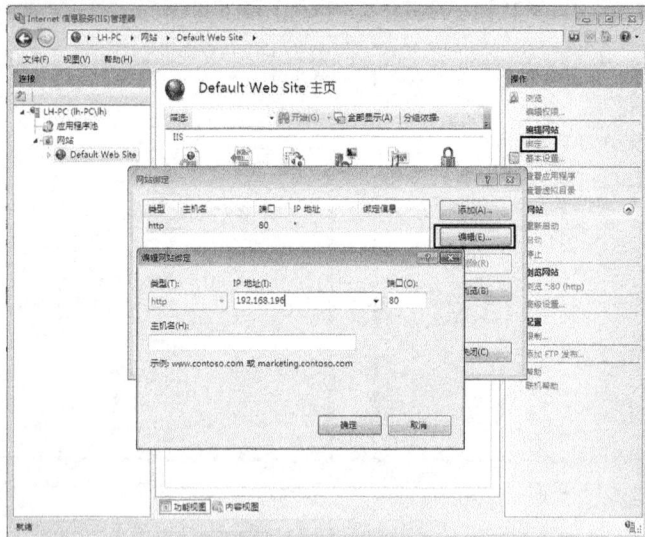

图 2-18　端口号设置

（4）网站物理路径默认是"C:\inetpub\wwwroot"，如需修改，单击图 2-15 右侧的"高级设置..."进行配置，具体的配置方法如图 2-19 所示。

图 2-19　设置网站的物理路径

接着，为网站物理路径设定 IIS 匿名用户的读写权限。单击图 2-20 右侧的"编辑权限..."，为网站目录增加 IIS_USERS 用户组的读写权限。

　　这是最关键的步骤，很多读者安装后访问 Access 数据库出错就是因为忘了做这一步。因此，每次修改网站物理路径或增加虚拟目录之后，别忘了对这些目录增加相应的 IIS_USERS 用户组权限。

图 2-20　设置网站的物理路径

（5）双击图 2-15 中的"默认文档"，设置网站的默认文档为 index.asp，设置方式如图 2-21 所示。

图 2-21　设置网站的默认文档

2.3.2　启动 Active Server Pages 服务

在 Windows 2003 Server 操作系统下，配置 IIS 后必须启动"Web 服务扩展"中的 Active Server Pages 服务，才能正常运行和浏览 ASP 页面。启动 Active Server Pages 服务的步骤如下。

（1）打开"Internet 信息服务（IIS）管理器"，选择"Web 服务扩展"节点。在右侧窗口展开的 Web 服务扩展列表中选择"Active Server Pages"，如图 2-22 所示。

（2）单击"允许"按钮，启动 Active Server Pages 服务，服务启动后的状态如图 2-23 所示。

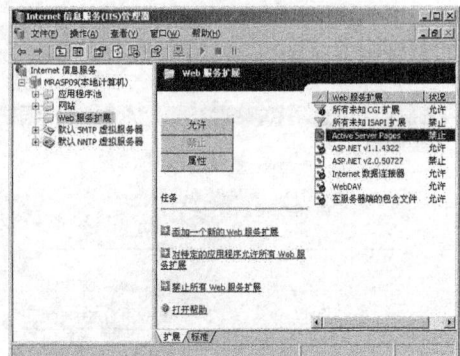

图 2-22　选择"Active Server Pages"服务

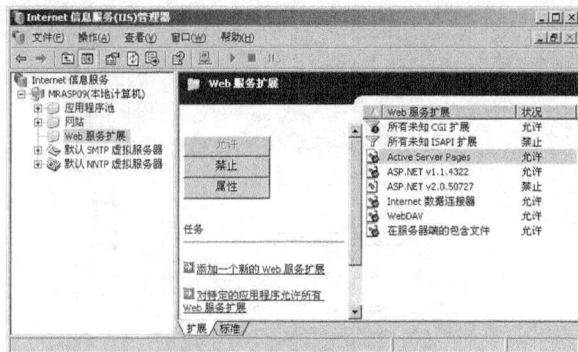

图 2-23　启动 Active Server Pages 服务

2.3.3　设置虚拟目录

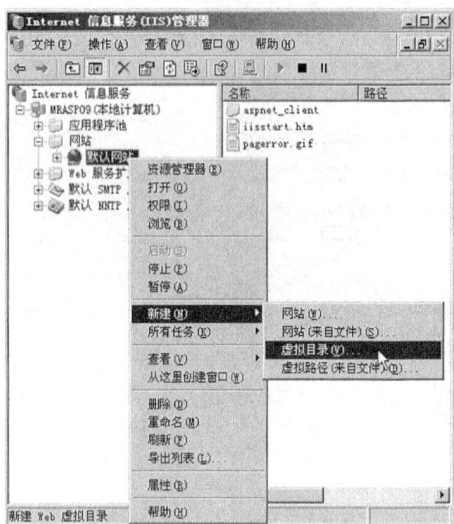

图 2-24　新建虚拟目录

在 IIS 上，用户根据需要可以在一个站点上创建一个或者多个虚拟目录，从而使 Web 服务器上的不同文件夹被包含在主目录下，方便用户浏览 ASP 页面。设置虚拟目录的步骤如下。

（1）单击"开始"按钮，选择"程序"/"管理工具"/"Internet 信息服务（IIS）管理器"命令，打开"Internet 信息服务（IIS）管理器"对话框。

（2）展开"网站"节点，鼠标右键单击"默认网站"，选择"新建"/"虚拟目录"命令，如图 2-24 所示。

（3）打开"虚拟目录创建向导"对话框，单击"下一步"按钮。

（4）在打开的"虚拟目录别名"对话框中的"别名"文本框中输入别名，如"聊天室"。

（5）单击"下一步"按钮，然后设置本地路径，如图 2-25 所示。

（6）单击"下一步"按钮，在"虚拟目录访问权限"对话框中同时选中"读取"、"执行（如 ISAPI 应用程序或 CGI）"和"写入"复选框，如图 2-26 所示。

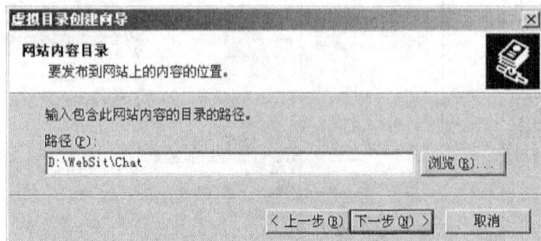

图 2-25　输入虚拟目录的路径

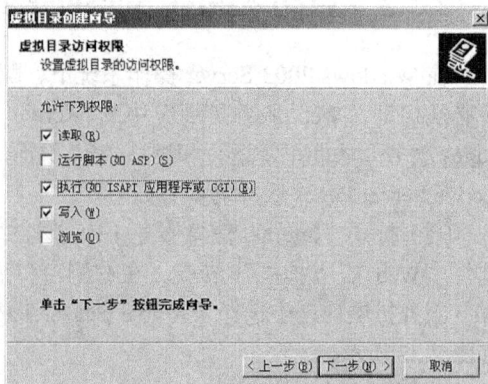

图 2-26　设置虚拟目录的访问权限

（7）单击"下一步"按钮，在打开的对话框中单击"完成"按钮，完成虚拟目录的创建。

　　　　在 IIS 中，鼠标右键单击设置的虚拟目录名称（如"聊天室"），在弹出的快捷菜单中选择"删除"命令，即可删除此虚拟目录。

2.3.4　创建网站

在 Windows 2000 和 Windows 2003 操作系统环境下的 IIS 中，可以创建多个网站，从而可以对不同的应用程序进行有效管理。下面介绍创建网站的具体步骤。

（1）在"Internet 信息服务（IIS）管理器"中，鼠标右键单击"网站"节点，在弹出的快捷菜单中选择"新建"/"网站"命令，如图 2-27 所示。

（2）打开"网站创建向导"对话框，单击"下一步"按钮。

（3）在打开的"网站创建向导"对话框中的"描述"文本框中输入"在线搜索"。

（4）单击"下一步"按钮，进行 IP 地址和端口的设置。这里"网站 IP 地址"选择"全部未分配"，在"网站 TCP 端口"文本框中输入"81"，"此网站的主机头"文本框为空，如图 2-28 所示。

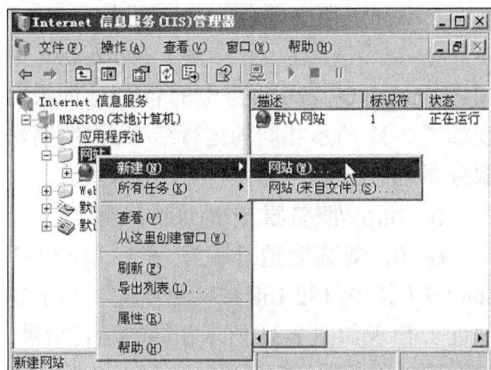

图 2-27　创建网站图

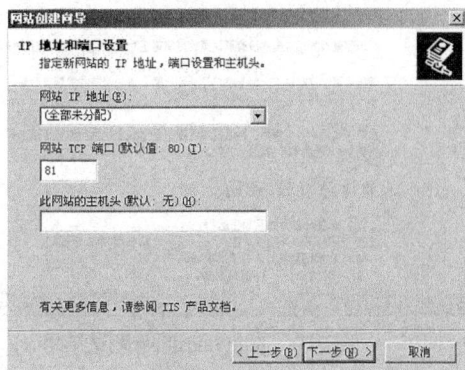

图 2-28　IP 地址和端口设置

（5）单击"下一步"按钮，在打开的对话框中，选择网站主目录的路径，如图 2-29 所示。

（6）单击"下一步"按钮，为网站设置访问权限，这里同时选中"读取"、"执行（如 ISAPI 应用程序或 CGI）"和"写入"复选框，如图 2-30 所示。

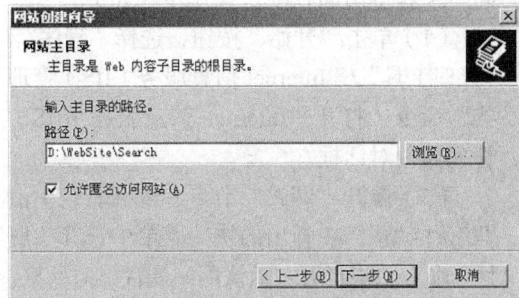

图 2-29　输入主目录的路径

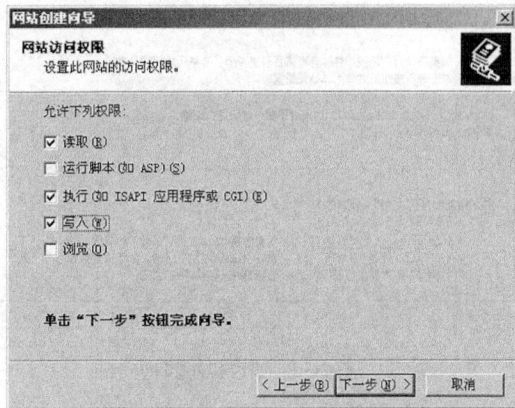

图 2-30　设置网站的访问权限

（7）单击"下一步"按钮，然后在打开的对话框中单击"完成"按钮，完成网站的创建。

说明 在 IIS 中，鼠标右键单击创建的网站名称（如"在线搜索"），在弹出的快捷菜单中选择"删除"命令，即可删除所选择的网站。

2.4 测试网站服务器

在 Windows 2003 Server 操作系统下安装和配置 IIS 后，可以通过运行"默认网站"（默认网站路径为系统盘 C:\Inetpub\wwwroot）下的 iisstart.htm 文件对网站服务器进行测试。下面介绍几种测试网站服务器的方法。

1. http://localhost 本地访问测试

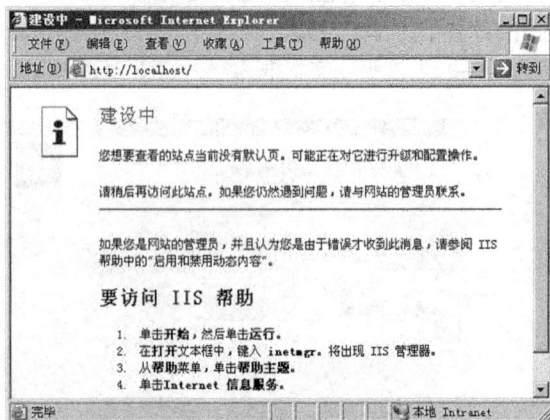

图 2-31 http://localhost 测试结果

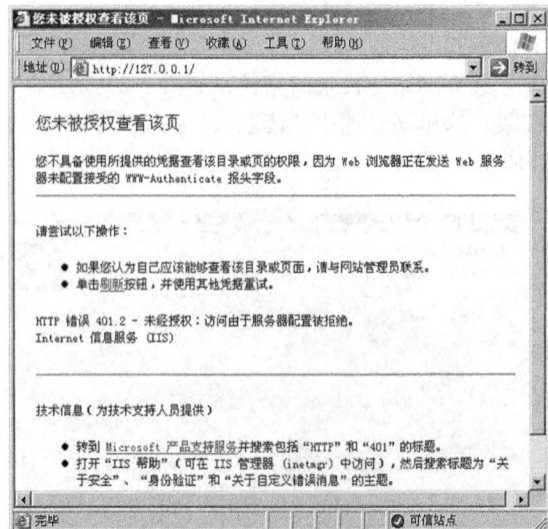

图 2-32 错误提示页面

在 IE 浏览器地址栏中输入 http://localhost，出现如图 2-31 所示的运行结果，表明网站服务器运行正常。

2. http://服务器名称访问测试

在 IE 浏览器地址栏中输入 http://mrasp 09（其中 mrasp 09 表示服务器的名称），如果出现如图 2-31 所示相同的运行结果，说明网站服务器运行正常。

3. http://服务器 IP 地址访问测试

在 IE 浏览器地址栏中输入 http://192.168.1.9（其中 192.168.1.9 表示服务器的 IP 地址），出现如图 2-31 所示相同的运行结果，表明网站服务器运行正常。

4. http://127.0.0.1 本地访问测试

在 IE 浏览器地址栏中输入 http://127.0.0.1 时，如果出现如图 2-31 所示相同的运行结果，说明网站服务器运行正常。如果出现如图 2-32 所示的运行结果，则说明用户的访问权限不够。

这时，可以在 IIS 中设置"启用匿名访问"来获得访问权限。操作步骤如下。

（1）单击"开始"按钮，选择"程序"/"管理工具"/"Internet 信息服务（IIS）管理器"命令，打开"Internet 信息服务（IIS）管理器"对话框。

（2）展开"网站"节点，鼠标右键单击"默认网站"，在弹出的快捷菜单中选择"属性"命令，将打开"默认网站属性"对话框。

（3）单击"目录安全性"选项卡，将打开如图 2-33 所示的对话框。此选项卡中包含 3 个分组框，分别是"身份验证和访问控制"、"IP 地址和域名限制"和"安全通信"。单击"身份验证和访问控制"分组框中的"编辑"按钮，可配置 Web 服务器的验证和匿名访问功能，如图 2-34 所示。

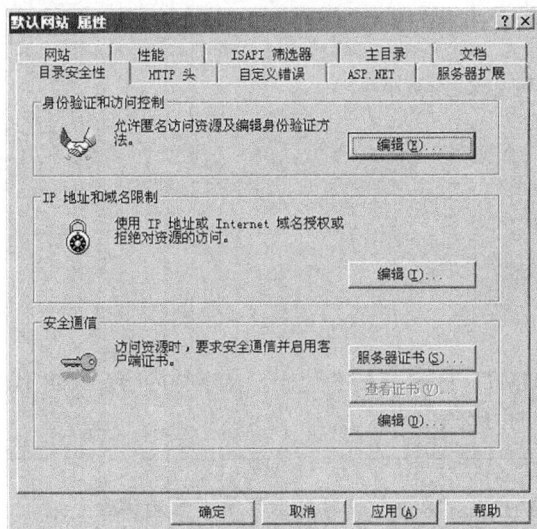

图 2-33　"目录安全性"选项卡

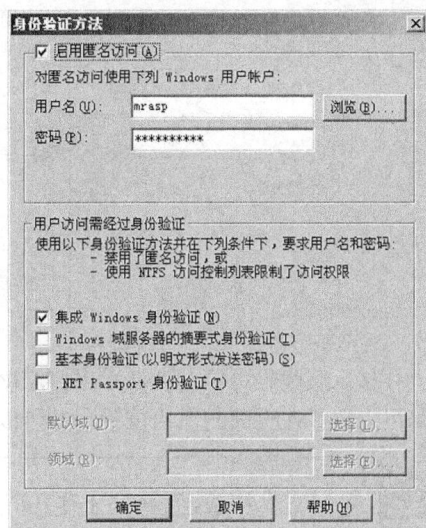

图 2-34　"身份验证方法"对话框

在 IIS 中有两种验证方法：第一种方法是"匿名访问"，当使用此验证方法时，用户不需要任何验证就可以浏览站点内容，通常 Internet 站点都启用这个选项；第二种方法是"用户访问需经过身份验证"，该方法又分为"集成 Windows 身份验证"、"Windows 域服务器的摘要式身份验证"、"基本身份验证（以明文形式发送密码）"和".NET Passport 身份验证"4 种。这里选择"启用匿名访问"和"集成 Windows 身份验证"复选框。

2.5　第一个 ASP 程序

下面通过一个简单的 ASP 程序，使读者对编写和运行 ASP 程序的整个过程有一个初步的认识。

通过编写动态代码，在网页上显示 6 个不同字体大小的"Hello World"字符串，使字体变得越来越大。程序运行结果如图 2-35 所示。

（1）根据 1.3.1 小节的介绍，在 Dreamweaver 中创建一个以 VBScript 为主脚本语言的 ASP 文件，并命名为"index.asp"。

（2）在 index.asp 页面的代码视图中，<body>与</body>标记之间输入 ASP 程序代码以及文本内容。其中，ASP 程序代码应包含在"<%"和"%>"分界符之间。

图 2-35　程序运行结果图

```
<%@LANGUAGE="VBSCRIPT" CODEPAGE="936"%><!--声明使用的脚本语言-->
<html>
<head>
<meta http-equiv="Content-Type" content="text/html; charset=gb2312">
<title>第一个 ASP 程序</title>
</head>
<body>
<%
Dim i                            '使用Dim关键字定义变量i
```

```
For i=1 to 6              '应用 For…Next 语句执行 6 次循环
%>
    <font size=<%=i%>>       <!--在<font>标记中定义字体大小-->
    Hello World!
    <br>                     <!--每次循环输出一个换行符-->
    </font>
<%
Next
%>
</body>
</html>
```

从以上代码可以直观地看出，ASP 文件包含 HMTL 标记、ASP 代码、文本等内容。ASP 代码可以放置在页面的任何位置，并可以嵌入在 HMTL 代码中。

说明 关于本程序中的文件结构以及涉及的 VBScript 语法，请参见本书第 5 章的详细介绍。

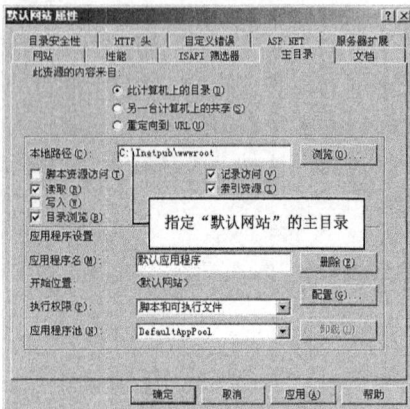

图 2-36 修改"默认网站"的主目录

（3）保存该 ASP 文件，然后将该文件拷贝到系统默认的网站主目录下（"系统盘：\inetpub\wwwroot"）。在 IE 浏览器的地址栏输入"http://localhost/index.asp"，查看运行结果。

读者也可以根据 2.3 节的介绍，在 IIS 中修改"默认网站"的主目录为 index.asp 文件所在的路径（见图 2-36），然后在 IE 浏览器的地址栏中输入"http://localhost/index.asp"，执行上面的 ASP 程序。

（4）当用户请求该页面时，Web 服务器将加载该页面，并执行页面中的 ASP 程序代码。然后将执行结果生成标准的 HTML 格式代码返回给客户端，由客户端浏览器进行显示。其效果如图 2-35 所示。

在 IE 浏览器中，选择"查看"/"源文件"命令，可以查看到程序生成的 HTML 源代码，如图 2-37 所示。在客户端查看到的源代码是经过浏览器解释的 HTML 代码，其中不会显示 ASP 程序源代码。

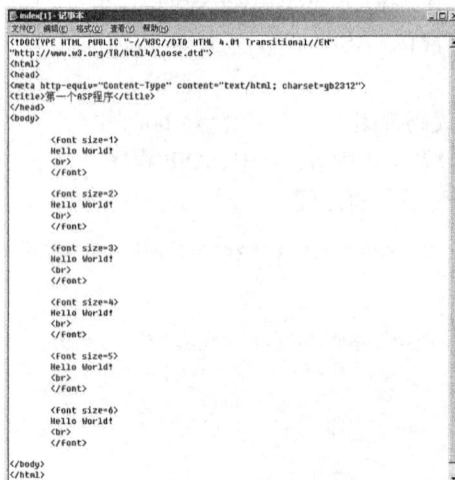

图 2-37 查看源代码

小　结

　　本章主要介绍了 ASP 的特点、运行环境的搭建等。读者应在了解 ASP 技术特点的基础上，熟练掌握如何安装和配置 IIS，并能够测试自己搭建的网站 IIS。在成功搭建 ASP 运行环境后，读者可以仿照本章介绍的第一个 ASP 程序，开发一个简单的 ASP 程序，从而熟悉 ASP 的编程特点。

习　题

2-1　ASP 的全称是什么？ASP 有哪些优点？

2-2　在不同版本 Windows 平台上，ASP 的运行环境有什么不同的要求？

2-3　如果 IIS 出现异常，卸载 IIS 时应该注意什么？

2-4　在 Windows 2000/Windows 2003 上安装 IIS 后，需要启动什么服务才能正常运行 ASP 应用程序？

2-5　在 IIS 上，设置虚拟目录和创建网站的主要区别是什么？

2-6　测试 IIS 网站服务器主要有哪几种方法？

2-7　如何解决"用户访问网站权限不足"的问题？

2-8　以下哪个选项不是 ASP 的技术特征？

　　（1）使用 VBScript 等脚本语言　　　　（2）访问 ActiveX 组件

　　（3）ADO 访问数据库　　　　　　　　（4）支持 HTTP 1.1 协议

　　（5）解释执行　　　　　　　　　　　（6）跨平台

上 机 指 导

2-1　安装和配置 IIS，并测试搭建的网站服务器是否成功。

2-2　在 IIS 上的默认网站上设置虚拟目录，并进行测试。

2-3　在 IIS 上，通过更改端口号创建网站，并进行测试。

2-4　根据 2.5 节的介绍，开发并运行一个简单的 ASP 程序。

第3章
Web 页面制作基础

本章介绍 Web 页面制作基础，主要内容包括 HTML 标记语言概述、常用的 HTML 标记、CSS 样式表等。通过本章的学习，读者应了解什么是 HTML 和 CSS 样式表，并能掌握关于文本、超链接、表格、表单等常用的 HTML 标记以及如何定义和引用 CSS 样式表。

3.1 HTML 标记语言

在 Internet 上浏览的大部分网页都是用 HTML 编写的。HTML 是制作网页的基础，可以说 Web 动态编程都是在 HTML 的基础上进行的。

3.1.1 什么是 HTML

超文本标记语言（Hypertext Markup Language，HTML）是 Web 页面的描述性语言，是在标准通用化标记语言（Standard Generalized Markup Language，SGML）的基础上建立起来的。根据其语法规则建立起来的文本可以运行在不同的操作系统平台和浏览器上，是所有网页制作技术的核心与基础。无论是在 Web 上发布信息，还是编写可供交互的程序，都离不开 HTML。

3.1.2 HTML 文件结构

使用 HTML 编写的超文本文件称为 HTML 文件。可以在 Windows 下的文本编辑器中手工直接编写 HTML 文件，也可以使用 FrontPage、Dreamweaver 等可视化编辑软件编写 HTML 文件。

HTML 通过在文本中嵌入各种标记，使普通文本具有超文本的功能。在 HTML 文件中，所有的标记都必须用尖括号 "<" 和 ">" 括起来。大部分标记都是成对出现的，即包括开始标记和结束标记（结束标记是在开始标记前添加一个斜杠 "/"）。开始标记和相应的结束标记定义了标记所影响的范围。但也有一些标记只要求单一标记符号，如换行标记
。

HTML 文件的基本结构如下：

```
<HTML>
  <HEAD>
 …头部信息
  </HEAD>
  <BODY>
 …主体内容
  </BODY>
</HTML>
```

<HTML>…</HTML>：HTML 文件的开始和结束，其中包含<HEAD>和<BODY>标记的内容。

<HEAD>…</HEAD>：HTML 文件的头部标记，用于包含文件的基本信息。

<BODY>…</BODY>：HTML 文件的主体标记，在头部标记</HEAD>之后。它定义了 HTML 文件显示的主要内容和显示格式。

这里需要注意的是，<HEAD>与<BODY>标记是两个独立的部分，不能互相嵌套。

下面编写一个 HTML 文件，代码如下：

```
<html>
<head>
<title>一个 HTML 文件</title>
</head>
<body>
    <P align="center">在这里显示网页内容</P>
</body>
</html>
```

在 IE 浏览器中打开上面建立的 HTML 文件，运行结果如图 3-1 所示。

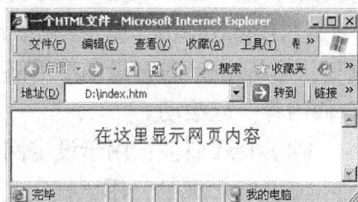

图 3-1　运行 HTML 文件

3.1.3　HTML 头部标记与主体标记

任何 HTML 文件都包含在<HTML>和</HTML>标记之中。一个标准的 HTML 文件分为头部和主体两大部分。其中，头部标记为<HEAD>，主体标记为<BODY>。

1．头部标记<HEAD>

<HEAD>标记是页面的第二层标记，用于提供与 Web 页面有关的各种信息。在头部标记中，可以使用<TITLE>…</TITLE>标记来指定网页的标题；使用<META>标记设置页面关键字、设定页面字符集、刷新页面等；使用<STYLE>…</STYLE>标记来定义 CSS 样式表；使用<SCRIPT>…</SCRIPT>标记来插入脚本等。一般来说，位于头部标记中的内容都不会在网页上直接显示。

【例 3-1】 在<HEAD>标记内设置页面信息。

使用标题标记<TITLE>为网页设置标题，并通过元信息标记<META>设置每隔 3s 页面自动刷新一次，代码如下：

```
<html>
<head>
<meta http-equiv="Content-Type" content="text/html; charset=gb2312">  <!--定义页面字
符集-->
<meta http-equiv="refresh" content="3"><!--
刷新页面-->
<title>美好编程世界</title> <!--设置页面标题-->
</head>
<body>
</body>
</html>
```

保存文件为 "index.htm"。在 IE 浏览器中打开该文件，运行结果如图 3-2 所示。

图 3-2　头部标记<HEAD>

> 在 HTML 头部可以包括任意数量的<META>标记。

2. 主体标记<BODY>

在<BODY>和</BODY>中放置的是页面展示的所有内容。作为网页的主体部分，<BODY>标记有很多的内置属性，通过这些属性可以设定网页的总体风格。例如，定义页面的背景图案、背景颜色、文字颜色、超文本链接颜色等。

（1）Background 属性：用于设定网页的背景图案。属性值为背景图案文件存放的相对路径，如"images/bg.jpg"。

（2）Bglolor 属性：用于设定网页的背景颜色。颜色值是使用颜色的英文名称或者十六进制值表示的，如"red"或者"#FF0000"。

（3）Bgproperties 属性：用于设定网页的背景图案是否随滚动条滚动。如果属性值为"FIXED"，则表示页面滚动时背景图案不随之滚动；如果属性值为空或者不使用该属性，则表示背景图案同页面内容一起滚动。

（4）Text 属性：用于设定网页文字的颜色。

（5）Link 属性：用于设定超链接文字未被访问时的颜色。

（6）Alink 属性：用于设定鼠标单击时超链接文字的颜色。

（7）Vlink 属性：用于设定超链接文字已经被访问过之后的颜色。

（8）Topmargin 属性：用于设定网页内容与网页上边沿的距离。

（9）Leftmargin 属性：用于设定网页内容与网页左边沿的距离。

【例 3-2】 通过<BODY>标记定义页面显示风格。

通过<BODY>标记的 Background 属性为页面设置背景，通过 Text 属性设置页面文字的颜色，代码如下：

```
<html>
<head>
<meta http-equiv="Content-Type" content= "text/html; charset=gb2312">
<title>定义页面显示风格</title>
</head>
<body background="bg.bmp" text="#FF00FF">
<p>页面设置了背景</p>
<p>文字颜色为粉色</p>
</body>
</html>
```

保存文件为"index.htm"。在 IE 浏览器中打开该文件，运行结果如图 3-3 所示。

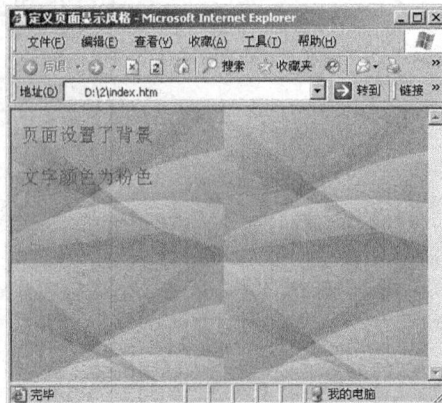

图 3-3 主体标记<BODY>

3.2　设置文字风格

文字是网页的基础部分，突出的文字内容、合理的文字排版能够确切地传达出页面的主要信息。本节介绍字体标记<FONT>、标题字标记<H>、段落标记<P>、换行标记
以及注释标记<!--……>和<COMMENT>。

3.2.1　定义文字字体

1．字体标记<FONT>

<FONT>标记可以设定文字的字体、大小和颜色。<FONT>标记的属性包括 FACE（字体）、SIZE（字号）和 COLOR（颜色）。

（1）FACE 属性。

对于中文网页来说，一般对汉字使用宋体或者黑体。因为大多数计算机中，都默认安装这两种字体。不建议在网页中使用过于特殊的字体。

例如：

```
<font face="宋体,黑体">应用指定字体的文字</font>
```

在 FACE 属性中可以定义多个字体，字体之间使用逗号","分开。在这种情况下，浏览器首先查找第一种字体，如果找到，就应用这种字体显示文字；如果没有找到，则依次查找后面列出的字体。如果都没有找到，则使用浏览器默认的字体。

（2）SIZE 属性。

SIZE 属性用于设定文字的字号。字号指的是字体的大小，它没有一个绝对的大小标准，其大小只是相对于默认字体而言。HTML 页面中的文字字号默认值为 3。

字号的取值范围为从 1～7 或者从+1～+7、从-1～-7。1 是最小的字号，7 是最大的字号。也可以以像素为单位定义数值，对文字大小进行细微的调节。

例如：

```
<font size="+1">设定大小的文字</font>
```

以上代码的含义即在默认字号的基础上，增大一号显示文字。

（3）COLOR 属性。

HTML 页面中的文字可以使用不同的颜色表示。颜色值可以使用颜色的英文名称或者十六进制代码表示。

例如，定义文字颜色为黄色。

```
<font color="#FFFF00">设定文字的颜色</font>
```

或

```
<font color="yellow">设定文字的颜色</font>
```

<FONT>标记应用于文件的主体标记<BODY>与</BODY>之间，并且只影响它所标识的文字。

【例 3-3】　使用<FONT>标记定义文字。

通过<FONT>标记的 FACE 属性定义字体为"黑体"，通过 SIZE 属性定义大小为"16px"，通过 COLOR 属性定义颜色为粉色，代码如下：

```
<html>
<head>
```

```
<title></title>
</head>
<body>
使用 font 标记: <br>
<font face="黑体" size="16px" color="#FF00FF">定义文字字体</font>
</body>
</html>
```

保存文件为"index.htm"。在 IE 浏览器中打开该文件，运行结果如图 3-4 所示。

2. 标题字标记<H>

标题文字是指以某几种固定的字号显示文字。标题标记由<H1>到<H6>，分别表示 1 级至 6 级标题，每级标题文字的字体大小依次递减。每个标题标记所标识的文字将独占一行且上下留一空白行。

【例 3-4】 使用标题字标记<H>。

分别使用<h2>、<h3>、<h4>标记定义不同的标题字，代码如下：

```
<html>
<head>
<title>使用标题字</title>
</head>
<body>
<h2>H2 标题效果</h2>
<h3>H3 标题效果</h3>
<h4>H4 标题效果</h4>
</body>
</html>
```

保存文件为"index.htm"。在 IE 浏览器中打开该文件，运行结果如图 3-5 所示。

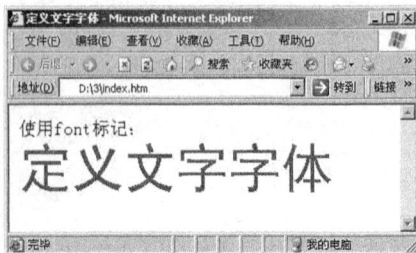

图 3-4　字体标记<FONT>

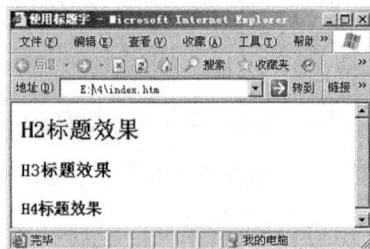

图 3-5　使用标题字标记<H>

3.2.2　文字的排版

一个清晰、排版整齐的 Web 页面更能反映其所包含的内容，让读者一目了然。使用文字的排版标记可以使文字按照定义的规则显示。下面介绍常用的段落标记<P>和换行标记
。

1. 段落标记<P>

段落是指一段格式统一的文本。使用段落标记<P>，将在段落之间间隔一空白行。

语法：

```
<P ALIGN="对齐方式">…</P>
```

其中，ALIGN 是段落标记<P>的常用属性，取值为 LEFT、CENTER 或 RIGHT，即可以实现段落在水平方向上的左、中、右的对齐。

【例 3-5】 使用<P>标记对文字进行排版。

通过<P>标记分清文章段落，代码如下：

```
<html>
<head>
<title>使用 P 标记对文字进行排版</title>
</head>
<body>
注意事项：
<p>（1）使用段落标记&lt;p&gt;，将在段落之间间隔一空白行。</p>
<p>（2）&lt;p&gt;标记可以成对使用，也可以单独使用。
</body>
</html>
```

保存文件为"index.htm"。在 IE 浏览器中打开该文件，运行结果如图 3-6 所示。

> **说明** <P>标记可以成对出现，即<P>…</P>；也可以单独使用<P>对段落进行控制。

2. 换行标记

标记相当于一个换行符，它可以使内容换行显示。与<P>标记不同，使用
标记后两行之间是没有明显间隔的；而使用<P>标记是开始一个新的段落，段落与段落之间间隔一空白行。

【例 3-6】 换行显示文字。

使用
标记在适当位置换行显示文字内容，代码如下：

```
<html>
<head>
<title>换行显示文字</title>
</head>
<body>
第一行文字内容<br>第二行文字内容
</body>
</html>
```

保存文件为"index.htm"。在 IE 浏览器中打开该文件，运行结果如图 3-7 所示。

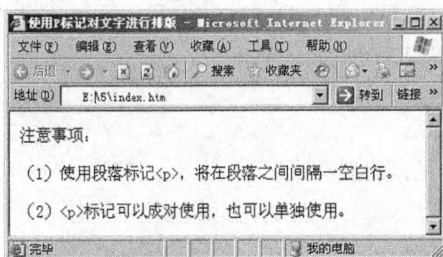

图 3-6 使用<P>标记对文字进行排版

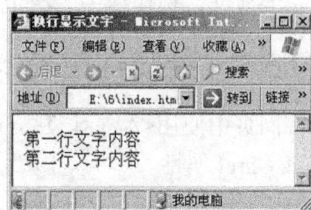

图 3-7 换行显示文字

3.2.3 注释标记

在页面中可以使用注释语句来标注一行源代码或一段源代码的用途，这样便于源代码编写者对代码的检查与维护，还可以使用注释语句添加版权说明等。值得注意的是，注释语句不会显示在浏览器窗口中。在 HTML 文件中，使用注释标记<!--……-->和<COMMENT>来书写注释语句。

语法：

```
<!--…-->
```

或者

```
<COMMENT>…</COMMENT>
```

上述两种表示方法的功能是一样的，都可以为页面添加注释语句。

【例 3-7】 添加注释。

在页面中，分别使用<!--…-->标记和<COMMENT>标记为一行以及整段代码添加注释语句，代码如下：

```
<html>
<head>
<title>添加注释</title>
</head>
<body>
<h2>活动概要：</h2><!--使用 H2 标题字-->
<p align="center">主题明确；
<br>内容新颖；
<br>深刻寓意。
</p>
<comment>
在 body 标记中，先后使用 H2 标记定义文章主题，
使用 P 标记和 br 标记对文章内容进行排版。
</comment>
</body>
</html>
```

保存文件为"index.htm"。在 IE 浏览器中打开该文件，运行结果如图 3-8 所示。

图 3-8　添加注释

3.3　建立超链接

超链接是网页中最重要的元素之一。一个网站是由多个页面组成的，页面之间根据链接确定相互的导航关系。单击网页上的链接文字或者图像后，就可以跳转到另一个网页。每一个网页都有唯一的地址，称作统一资源定位符（Uniform Resource Locator，URL）。

3.3.1　链接标记<A>

在网页中使用<A>标记建立超链接。链接标记<A>的属性如下。

（1）href 属性。

href 属性用于指定链接地址。例如：

```
<a href="index.htm"></a>
<a href="http://www.mrbccd.com"></a>
<a href="#"></a>
```

以上第一行代码为建立的内部链接；第二行代码为建立的外部链接；第三行代码中，通过#符号实现了空链接，即鼠标单击链接后仍然停留在当前页面。

（2）target 属性。

target 属性用于指定链接的目标窗口。target 属性的取值如表 3-1 所示。

属　性　值	描　　述
_parent	在上一级窗口中打开。一般使用框架页时使用
_blank	在新窗口中打开
_self	在当前窗口中打开
_top	在浏览器的整个窗口中打开，忽略任何框架

表 3-1　　　　　　　　　　　　　　　　　　target 属性的取值

例如，在新窗口中打开链接页面。

```
<a href="http://www.mrbccd.com" target="_blank"></a>
```

（3）title 属性。

title 属性用于定义链接的提示文字，即当鼠标悬停在超链接文字或图像上时显示的文字信息。例如：

```
<a href="index.htm" title="新闻网站--首页面"></a>
```

（4）name 属性。

name 属性用于定义链接的名称，使用该属性可以建立书签链接。

例如，建立并引用书签链接。

```
<a name="content_link"></a><!--建立书签链接-->
…
<a href="#content_link"></a><!--引用书签链接-->
```

3.3.2　建立内部链接

内部链接指的是在同一个网站内部，不同的 HTML 页面之间的链接关系，即链接指向的是站点文件夹之内的文件。

语法：

```
<a href="链接文件的路径">链接内容</a>
```

其中，链接文件的路径使用的是相对文件路径，链接内容可以是文字或者图像等。

> 相对文件路径是指在同一网站下，通过给定的目录以及文件名称确定文件的位置。如果链接同一目录下的文件，则只需指定链接文件的名称；如果链接下一级目录中的文件，则先输入目录名，然后加符号"/"，再输入文件名；如果链接上一级目录中的文件，则需先输入符号"../"，再输入目录名、文件名。

【例 3-8】　建立内部链接。

通过<A>标记，并使用"相对文件路径"指定 href 属性值来建立内部链接，代码如下：

```
<html>
<head>
<title>建立超链接</title>
</head>
<body>
<h2>建立超链接：</h2>
<p align="center">
```

```
<a href="sub_01.htm">了解链接标记A</a><br><br>
<a href="sub_02.htm" target="_blank">练习建立内部链接
</a><br><br>
<a href="sub_03.htm" target="_blank">实践建立外部链接</a>
</p>
</body>
</html>
```

保存文件为"index.htm"，并建立相应的目标文件 sub_01.htm、sub_02.htm 和 sub_03.htm。在 IE 浏览器中打开该文件，运行结果如图 3-9 所示。

图 3-9　建立内部链接

3.3.3　建立外部链接

外部链接指的是跳转到当前网站外部，与其他网站中的页面或者其他元素之间的链接关系。这种链接在一般情况下需要书写绝对的链接地址。

建立外部链接时，通常使用 URL 来定位万维网信息。这种方式可以简洁、明了、准确地描述信息所在的地点。下面看一下通过"http://"和"mailto:"如何实现链接到外部网站和向外部网站发送邮件。

1．"http://"链接到外部网站

语法：

```
<a href="http://">链接内容</a>
```

其中，http://后面写网站地址。

例如，在网页中建立链接，链接到其他外部网站。

```
<a href="http://www.mrbccd.com">单击这里</a>
```

2．"mailto:"发送邮件

在 HTML 页面中可以建立 E-mail 链接，当浏览者单击 E-mail 链接后，系统会启动默认的电子邮件软件进行 E-mail 的发送。

语法：

```
<A HREF="MAILTO:A@B.C">发送 E-mail</A>
<A HREF="MAILTO:A@B.C?SUBJECT=CONTENT">发送 E-mail</A>
<A HREF="MAILTO:A@B.C?CC=A@B.C">发送 E-mail</A>
<A HREF="MAILTO:A@B.C?BCC=A@B.C">发送 E-mail</A>
```

其中，各参数说明如表 3-2 所示。

表 3-2　　　　　　　　　　　　　　　　　　参数说明

参　　数	描　　述
A@B.C	代表邮件地址
SUBJECT	电子邮件主题
CC	抄送收件人
BCC	暗送收件人

E-mail 链接地址中包含多个参数时，参数间使用"&"符号分隔。

【**例 3-9**】 发送 E-mail。

通过 "mailto:" 建立发送 E-mail 的超链接，并设置其 SUBJECT、CC 和 BCC 参数值，代码如下：

```
<html>
<head>
<title>发送 E-mail</title>
</head>
<body>
<p><a href="mailto:mingrisoft@mingrisoft.com">给作者的信 1</a></p>
<p><a href="mailto:mingrisoft@mingrisoft.com?
subject=意见反馈 &cc=a@b.c&bcc=a@b.c">给作者的信
2</a></p>
</body>
</html>
```

保存文件为 "index.htm"。在 IE 浏览器中打开该文件，运行结果如图 3-10 所示。

在图 3-10 中单击 "给作者的信 1" 和 "给作者的信 2" 超链接后，运行结果如图 3-11 和图 3-12 所示。

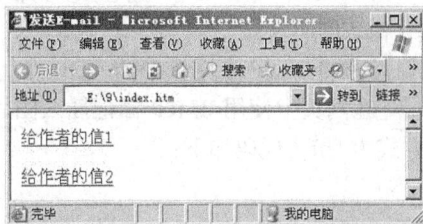

图 3-10　建立发送 E-mail 的超链接

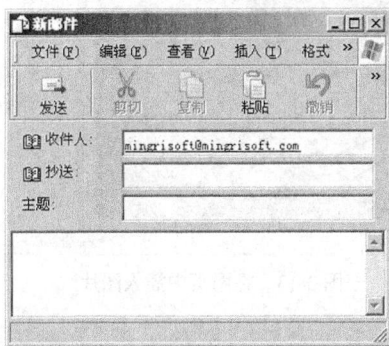

图 3-11　单击 "给作者的信 1" 链接的结果

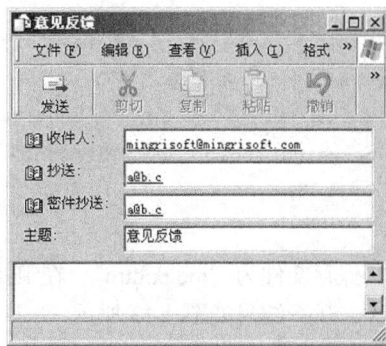

图 3-12　单击 "给作者的信 2" 链接的结果

3.4　多媒体效果

在网页中使用多媒体，不但可以使网页更美观，还可以增加网站的访问量。多媒体是指利用计算机技术，把多种媒体综合在一起，使之建立起逻辑上的联系，并能对其进行各种处理的一种方法。多种媒体主要包括文字、声音、图像、动画等各种形式。本节介绍如何在网页中插入图片，播放音乐、视频和 Flash 动画，播放背景音乐以及实现文字或图片的滚动效果。

3.4.1　插入图片

在纯文本的 HTML 页面中加入图片，可以给原来单调乏味的页面添加生气。HTML 中使用 <IMG> 标记插入图片，这个标记没有终止标记。<IMG> 标记的常用属性如下。

（1）src 属性：src 属性用于指出图片的 URL 地址，可以是绝对地址或者相对地址。

（2）width、height 属性：设定图片的宽度和高度，一般采用像素为单位。

（3）hspace、vspace 属性：设定图片边沿空间，即调整图片与文字（或其他元素）之间的左右距离和上下距离；hspace 设定图片左右空间，vspace 设定图片上下空间。

（4）border 属性：设定图片边框大小。

（5）align 属性：调整图片与文字的位置。控制文字出现在图片的偏上方、中间、底端、左侧和右侧，其取值分别为 top、middle、bottom、left 和 right。

（6）alt 属性：设定描述图片的文字。在浏览器中当鼠标放在图片上时，会出现所设置的描述文字；如果浏览器不支持显示图片文件，所设置的描述文字将代替图片显示。

（7）lowsrc 属性：指定低分辨率图片的 URL 地址。低分辨率的图像画质较差，但占用空间较小、传送文件较快，可以应用在网络拥塞的线路上。

图片有多种格式，如 jpg、gif、png、bmp、tif、pic 等。目前，在网页设计中常用的是 jpg 和 gif 格式的图片。

【例 3-10】 在网页中插入图片。

在网页中使用<IMG>标记插入图片"flower.jpg"文件，并设定 hspace 属性值为 5，文字对齐方式为 left，代码如下：

```
<html>
<head>
<title>在网页中插入图片</title>
</head>
<body>
<img src="flower.jpg" width="378" height= "275"
hspace="5" align="left" />
主题: <br><font style="font-size:20px;
font-weight:bold">百花争艳</font>
</body>
</html>
```

图 3-13　在网页中插入图片

保存文件为"index.htm"。在 IE 浏览器中打开该文件，运行结果如图 3-13 所示。

3.4.2　播放音乐、视频和 Flash 动画

在 HTML 文件中，使用<EMBED>标记可以直接嵌入多媒体文件，如播放音乐、视频和 Flash 动画。<EMBED>标记的属性如表 3-3 所示。

表 3-3　　　　　　　　　　　　　　　　　<EMBED>标记的属性

属　性	描　　述
Src	多媒体文件路径
width	播放多媒体文件区域的宽度
heigth	播放多媒体文件区域的高度
hidden	控制播放面板的显示和隐藏，取值为"True"代表隐藏面板，取值为"No"代表显示面板
autostart	控制多媒体内容是否自动播放，取值为"True"代表自动播放，取值为"False"代表不自动播放
loop	控制多媒体内容是否循环播放，取值为"True"代表无限次循环播放，取值为"No"代表仅播放一次

1．播放 MP3 音乐

MP3 是以 MPEG Layer3 压缩编码为标准压缩的数字音频格式。MP3 压缩率可以达到 1∶12，

也就是说 1min CD 音质的音乐经过 MPEG Layer3 压缩编码可以压缩到 1MB 左右而基本保持不失真。在网页中可以嵌入 MP3 文件，以满足浏览者的需要。

例如，在网页中使用<EMBED>标记嵌入 MP3 音乐文件，并设置在网页打开时自动播放 MP3音乐，代码如下：

```
<embed src="3-01.mp3" width="300" height="200" hidden="no" autostart="true"></embed>
```

2．播放 MPEG 电影和 AVI 视频

（1）播放 MPEG 电影。

动态图像专家组（Moving Pictures Experts Group，MPEG）数字视频格式是运动图像压缩算法的国际标准，采用了有损压缩方法减少运动图像中的冗余信息。它在数字电视、动态图像、因特网、实时多媒体监控、移动多媒体通信、Internet/Intranet 上的视频服务与可视游戏、DVD 上的交互多媒体等方面都有应用。

【例 3-11】　播放 MPEG 电影。

使用<EMBED>标记嵌入 MPEG 电影文件，并设置显示播放面板和自动播放的功能，代码如下：

```
<html>
<head>
<title>播放 MPEG 电影</title>
</head>
<body>
<embed src="3-01.mpg" width="300" height="260"
hidden="no" autostart="true"></embed>
</body>
</html>
```

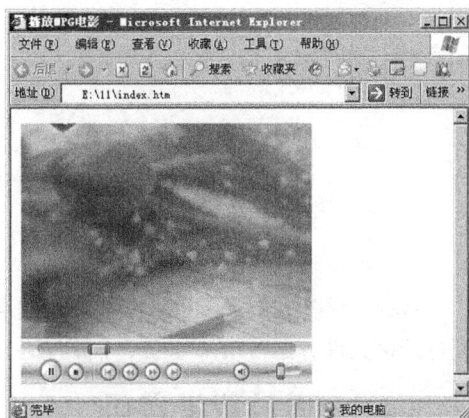

图 3-14　播放 MPEG 电影

保存文件为"index.htm"。在 IE 浏览器中打开该文件，运行结果如图 3-14 所示。

（2）播放 AVI 视频。

AVI（Audio Video Interlaced）是一种不需要专门硬件参与就可以实现大量视频压缩的数字视频压缩格式，是文件音频数据和视频数据的混合，即音频数据和视频数据交错存放在同一个文件中。在微软公司的 Video For Windows 支持下，可以用软件来播放 AVI 视频信号，因此它是视频编辑中经常用到的文件格式。大多数的 CD-ROM 多媒体光盘也都选用 AVI 作为视频文件的存储格式。

【例 3-12】　播放 AVI 视频。

使用<EMBED>标记嵌入 AVI 视频文件，并设置显示播放面板、页面打开时自动播放视频文件以及循环播放的功能，代码如下：

```
<html>
<head>
<title>播放 AVI 视频</title>
</head>
<body>
<h2>播放 AVI 视频</h2>
<embed src="3-01.avi" width="300" height="260" hidden="no" autostart="true" loop=
"true"></embed>
</body>
</html>
```

保存文件为"index.htm"。在 IE 浏览器中打开该文件，运行结果如图 3-15 所示。

3. 播放 Flash 动画

Flash 动画是一种矢量动画格式，是用 Macromedia 公司的 Flash 软件编辑而成，具有体积小、兼容性好、直观动感、互动性强大、支持 MP3 音乐等诸多优点，是当今比较流行的 Web 页面动画格式。在任何一个版本的浏览器上只要安装好插件，就可以观看 Flash 动画了。

【例 3-13】 播放 Flash 动画。

使用<EMBED>标记嵌入 Flash 动画，并定义播放区域的尺寸（即宽和高），代码如下：

图 3-15 播放 AVI 视频

```html
<html>
<head>
<title>播放 Flash 动画</title>
</head>
<body>
<h3>播放 Flash 动画</h3>
<embed src="3-01.swf" width="360" height="100"></embed>
</body>
</html>
```

保存文件为"index.htm"。在 IE 浏览器中打开该文件，运行结果如图 3-16 所示。

图 3-16 播放 Flash 动画

3.4.3 播放背景音乐

在网页中使用<BGSOUND>标记可以为页面设置背景音乐。与使用<EMBED>标记不同，<BGSOUND>标记不但可以实现无限次循环播放音乐文件的功能，而且在网页最小化的时候背景音乐将自动停止。它没有显示效果，是真正的背景音乐标记。

语法：

```html
<bgsound src="file_name" loop="loop_value">
```

其中，src 为指定的背景音乐文件路径；loop 为播放的循环次数，取值为-1 或者 Infinite 表示无限次循环。

通过<BGSOUND>标记可以嵌入多种格式的音乐文件，常用的是 MIDI 文件。乐器数字化接口（Musical Instrument Digital Interface，MIDI）技术的作用是使电子乐器与电子乐器、电子乐器与计算机之间通过一种通用的通信协议进行通信。MIDI 技术使得乐器与计算机之间的通信数据量很低，便于在互联网传输数据。

例如，使用<BGSOUND>标记为网页设置循环播放的背景音乐，代码如下：

```html
<bgsound src="3-01.mid" loop="-1">
```

3.4.4 滚动效果

在 HTML 页面中，可以实现文字或者图片的滚动效果。例如，可以使一段文字从浏览器的右边进入，横穿屏幕，从浏览器的左边退出等。在静止的页面中使用动态的效果，可以突出页面中想要强调的内容。在 HTML 中使用<MARQUEE>标记实现滚动效果。

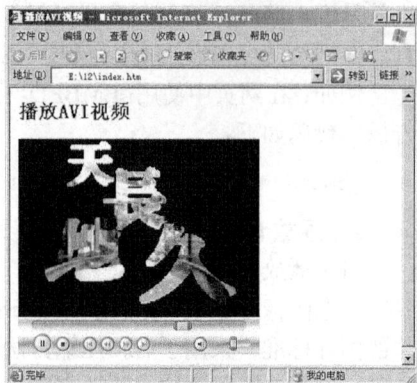

语法：

```
<MARQUEE>滚动内容</MARQUEE>
```

<MARQUEE>标记的常用属性如下。

（1）direction 属性：确定滚动的方向，分为向上、向下、向左、向右，对应的取值为 up、down、left、right。

（2）behavior 属性：设置滚动的方式，包括循环滚动、一次滚动、交替滚动，对应的取值为 scroll、slide、alternate。

（3）loop 属性：设置循环滚动的次数。

（4）scrollamount 属性：设置滚动的速度，单位为像素。值越大滚动速度越快。

（5）scrolldelay 属性：设置两次滚动的间隔时间，即每一次滚动间隔产生的时间延迟。值越大滚动的速度越慢。

（6）width 属性：设置滚动区域的宽度。

（7）height 属性：设置滚动区域的高度。

（8）bgcolor 属性：设置滚动区域的背景颜色。

【例 3-14】 实现文字滚动效果。

使用<MARQUEE>标记实现文字由下向上循环滚动的效果，并设置滚动区域的宽度、高度、背景颜色等，代码如下：

```
<html>
<head>
<meta http-equiv="Content-Type" content="text/html; charset=gb2312" />
<title>实现文字滚动效果</title>
</head>
<body>
<h3>文字以循环方式从下向上滚动</h2>
<marquee width="230" height="150" bgcolor="#FF9900" hspace="5" vspace="15" direction= "up"
behavior="scroll" scrollamount="2" scrolldela y= "0">
<font color="#0099FF" style="font-weight: bold ">
（1）最新新闻动态<br><br>
（2）体育新闻<br><br>
（3）娱乐新闻<br><br>
（4）国际新闻
</font>
</marquee>
</body>
</html>
```

保存文件为"index.htm"。在 IE 浏览器中打开该文件，运行结果如图 3-17 所示。

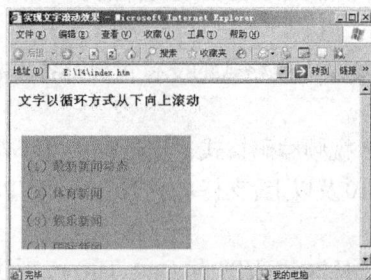

图 3-17 实现文字滚动效果

3.4.5 HTML5 页面中的多媒体

在 HTML5 中，新增了两个元素——video 元素与 audio 元素。video 元素专门用来播放网络上的视频或电影，而 audio 元素专门用来播放网络上的音频数据。使用这两个元素，就不再需要使用其他任何插件了，只要使用支持 HTML5 的浏览器就可以了。表 3-4 所示为目前浏览器对 video 元素与 audio 元素的支持情况。

表 3-4　　　　　　　　　目前浏览器对 video 元素与 audio 元素的支持情况

浏览器	支持情况
Chrome	3.0 及以上版本支持
Firefox	3.5 以上版本支持
Opera	10.5 及以上版本支持
Safari	3.2 及以上版本支持

这两个元素的使用方法都很简单，首先以 audio 元素为例，只要把播放音频的 URL 给指定元素的 src 属性就可以了，audio 元素使用方法如下：

```
<audio src="http://mingri/demo/test.mp3">
您的浏览器不支持audio元素!
</audio>
```

通过这种方法，可以把指定的音频数据直接嵌入在网页上，其中“您的浏览器不支持 audio 元素！”为在不支持 audio 元素的浏览器中所显示的替代文字。

video 元素的使用方法也很简单，只要设定好元素的长、宽等属性，并且把播放视频的 URL 地址指定给该元素的 src 属性就可以了，video 元素的使用方法如下：

```
<video width="640" height="360" src=" http://mingri/demo/test.mp3">
您的浏览器不支持video元素!
</video>
```

另外，还可以通过使用 source 元素来为同一个媒体数据指定多个播放格式与编码方式，以确保浏览器可以从中选择一种自己支持的播放格式进行播放，浏览器的选择顺序为代码中的书写顺序，它会从上往下判断自己对该播放格式是否支持，直到选择到自己支持的播放格式为止。其使用方法如下：

```
<video width="640" height="360">
<!-- 在 Ogg theora 格式、Quicktime 格式与 MP4 格式之间选择自己支持的播放格式。 -->
<source src="demo/sample.ogv" type="video/ogg; codecs='theora, vorbis'"/>
<source src="demo/sample.mov" type="video/quicktime"/>
</video>
```

source 元素具有以下几个属性。

（1）src 属性是指播放媒体的 URL 地址。

（2）type 属性表示媒体类型，其属性值为播放文件的 MIME 类型，该属性中的 codecs 参数表示所使用的媒体的编码格式。

因为各浏览器对各种媒体类型及编码格式的支持情况都各不相同，所以使用 source 元素来指定多种媒体类型是非常有必要的。

（1）IE9：支持 H.264 和 VP8 视频编码格式；支持 MP3 和 WAV 音频编码格式。

（2）Firefox 4 及以上、Opera 10 及以上：支持 Ogg Theora 和 VP8 视频编码格式；支持 Ogg vorbis 和 WAV 音频格式。

（3）Chrome 6 及以上：支持 H.264、VP8 和 Ogg Theora 视频编码格式；支持 Ogg vorbis 和 MP3 音频编码格式。

3.5　制　作　表　格

表格是网站常用的页面元素，是网页排版的最佳手段。在页面中用表格来加强对文本位置的控制和显示数据，直观清晰，而且 HTML 的表格使用起来非常灵活，非常容易掌握。

3.5.1　表格的基本结构

表格是网页排版的最佳手段，利用表格的丰富属性可以设计出各种复杂的表格。在 HTML 中，表格主要由 3 个标记来构成：表格标记<TABLE>、行标记<TR>、单元格标记<TD>。

表格的基本结构如下：

```
<TABLE>
    <TR>
        <TD>…</TD>
        …
    </TR>
    <TR>
        <TD>…</TD>
        …
    </TR>
    …
</TABLE>
```

例如，制作一个简单的 2 行 2 列的表格，代码如下：

```
<table width="200" border="1">
  <tr>
    <td>第一行第一列</td>
    <td>第一行第二列</td>
  </tr>
  <tr>
    <td>第二行第一列</td>
    <td>第二行第二列</td>
  </tr>
</table>
```

3.5.2　定义表格的标题和表头

在 HTML 中，可以通过<CAPTION>标记为表格添加标题，通过<TH>标记定义表格表头。

（1）<CAPTION>标记定义表格标题。

语法：

```
<CAPTION>…</CAPTION>
```

通过<CAPTION>标记的 align 属性可以设置标题在水平方向相对于表格的对齐方式，如居左对齐（left）、居中对齐（center）、居右对齐（right）。

通过<CAPTION>标记的 valign 属性可以设置标题在垂直方向相对于表格的对齐方式，如在表格上方（top）、在表格下方（bottom）。

【例 3-15】　定义表格的标题。

使用<CAPTION>标记为表格添加标题，代码如下：

```
<table width="300" border="1">
<caption align="center">一个简单的表格</caption>
  <tr>
    <td>第一行第一列</td>
    <td>第一行第二列</td>
  </tr>
  <tr>
    <td>第二行第一列</td>
    <td>第二行第二列</td>
  </tr>
</table>
```

保存文件为"index.htm"。在 IE 浏览器中打开该文件，
运行结果如图 3-18 所示。

（2）<TH>标记定义表格表头。

图 3-18　定义表格的标题

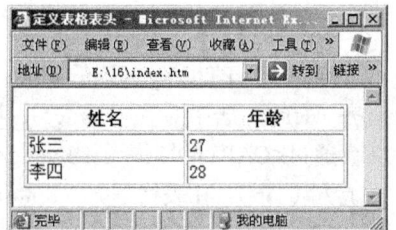

表头是指表格的第一行。通过<TH>标记可以定义表格的表头，其中的文字居中对齐并且加粗
显示。

语法：

```
<TABLE>
    <TR>
        <TH>…</TH>
        …
    </TR>
    <TR>
        <TD>…</TD>
        …
    </TR>
    …
</TABLE>
```

通过定义表头，可以很容易地将表格第一行文字与其他行文字形成显著对比。

【例 3-16】 定义表格表头。

使用<TH>标记定义表格表头，即定义表头内容居中对齐并且加粗显示，代码如下：

```
<table width="300" border="1">
  <tr>
    <th>姓名</th>
    <th>年龄</th>
  </tr>
  <tr>
    <td>张三</td>
    <td>27</td>
  </tr>
  <tr>
    <td>李四</td>
    <td>28</td>
  </tr>
</table>
```

保存文件为"index.htm"。在 IE 浏览器中打开该文件，
运行结果如图 3-19 所示。

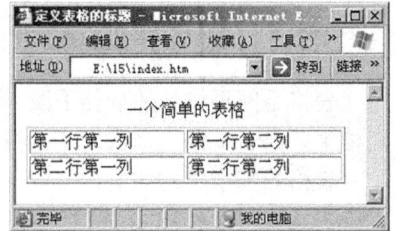

图 3-19　定义表格表头

3.5.3　设置表格的边框和间隔

<TABLE>标记的 border 属性用于设置表格的边框大小，cellspacing 属性和 cellpadding 属性用于设置表格内元素的间隔。

（1）border 属性：定义表格边框线的宽度，单位为像素。默认情况下，表格的边框为 0 像素。

（2）cellspacing 属性：设定表格的单元格与单元格之间的间距，以像素为单位。

（3）cellpadding 属性：设定表格的单元格内容和边框之间的距离，以像素为单位。

【例 3-17】 设置表格的边框和间隔。

通过<TABLE>标记的 border 属性设置边框为 5 像素，cellspacing 属性设置间距为 8 像素，cellpadding 属性设置边距为 10 像素，代码如下：

```
<table width="300" border="5" cellpadding="10" cellspacing="8">
  <tr>
    <td>第一行第一列</td>
    <td>第一行第二列</td>
  </tr>
  <tr>
    <td>第二行第一列</td>
    <td>第二行第二列</td>
  </tr>
</table>
```

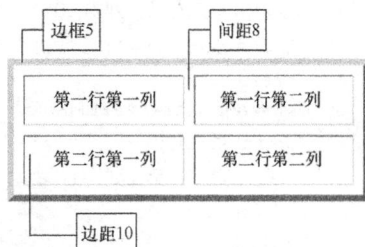

图 3-20　设置表格的边框和间隔

保存文件为"index.htm"。在 IE 浏览器中打开该文件，运行结果如图 3-20 所示。

3.5.4　定义表格尺寸和背景颜色

1．定义表格尺寸

通过<TABLE>标记的 width 和 height 属性可以设置整个表格的宽度和高度；通过<TD>标记的 width 和 height 属性可以设置表格内单元格的宽度和高度。单位为像素或者以百分比形式表现。

【例 3-18】 定义表格尺寸。

设定表格的宽度为 300 像素，并设置第一列单元格的相对宽度为 30%，单元格的高度为 20 像素，代码如下：

```
<table width="300" border="1">
  <tr>
    <td width="30%"  height="20">******</td>
    <td height="20" >******</td>
  </tr>
  <tr>
    <td width="30%"  height="20">******</td>
    <td height="20" >******</td>
  </tr>
</table>
```

保存文件为"index.htm"。在 IE 浏览器中打开该文件，运行结果如图 3-21 所示。

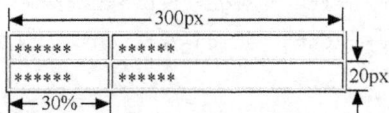

图 3-21　定义表格尺寸

2. 设置表格背景颜色

通过<TABLE>标记的 bgcolor 属性可以设置整个表格的背景颜色，通过<TR>标记的 bgcolor 属性可以设置表格同一行的背景颜色，通过<TD>标记的 bgcolor 属性可以设置一个单元格的背景颜色。

【例 3-19】 设置表格背景颜色。

通过<TABLE>标记、<TR>标记和<TD>标记的 bgcolor 属性分别设置整个表格、表格的一行、一个单元格的背景颜色，代码如下：

```
<table width="300" border="1" bgcolor="#FF6600">
  <tr>
    <td>第一行第一列</td>
    <td>第一行第二列</td>
  </tr>
  <tr>
    <td>第二行第一列</td>
    <td bgcolor="#FFFFFF">第二行第二列</td>
  </tr>
  <tr bgcolor="#FFFF00">
    <td>第三行第一列</td>
    <td>第三行第二列</td>
  </tr>
</table>
```

以上代码中设置整个表格的背景颜色为橘黄色，可参见"第一行第一列"、"第一行第二列"、"第二行第一列"；设置"第二行第二列"的背景颜色为白色；设置第三行的背景颜色为浅灰色。保存文件为"index.htm"。在 IE 浏览器中打开该文件，运行结果如图 3-22 所示。

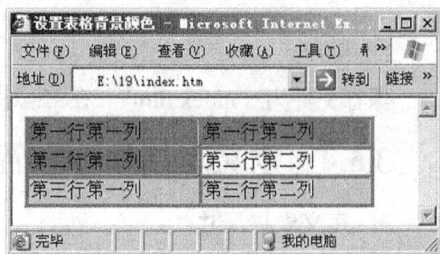

图 3-22　设置表格背景颜色

3.5.5　设定表格的对齐方式

通过<TABLE>标记的 align 属性可以设定表格相对于页面的水平对齐方式，通过<TR>标记的 align 属性、valign 属性可以设定一行内容的水平和垂直对齐方式，通过<TD>标记的 align 属性、valign 属性可以设定单元格内容的水平和垂直对齐方式。

【例 3-20】 设定表格的对齐方式。

通过<TABLE>标记的 align 属性定义整个表格居右对齐，通过<TR>标记和<TD>标记的 align 属性、valign 属性设定某一行和某一个单元格内容的对齐方式，代码如下：

```
<table width="300" border="1">
  <tr>
    <td height="30" align="center" valign="middle">第一行第一列</td>
    <td height="30" align="center" valign="middle">第一行第二列</td>
  </tr>
  <tr>
    <td height="30" align="left" valign="top">第二行第一列</td>
    <td height="30" align="right" valign="bottom">第二行第二列</td>
  </tr>
</table>
```

以上代码中设置整个表格居右对齐，设置第一行内容水平居中、垂直居中对齐，设置"第二行第一列"内容水平居左、垂直居上对齐，设置"第二行第二列"内容水平居右、垂直居下对齐。保存文件为"index.htm"。在 IE 浏览器中打开该文件，运行结果如图 3-23 所示。

图 3-23　设定表格的对齐方式

3.5.6　设置跨行、跨列的表格

在设计网页过程中，有时需要设置跨行、跨列的表格，即表格中的一个单元格占用多行或者多列。

（1）<TD>标记的 rowspan 属性：设置单元格在水平方向上跨越的单元格个数。

（2）<TD>标记的 colspan 属性：设置单元格在垂直方向上跨越的单元格个数。

【例 3-21】　设置跨行、跨列的表格。

通过<TD>标记的 rowspan 属性、colspan 属性分别设置跨行、跨列的单元格，代码如下：

```
<table width="300" border="1">
  <tr>
    <td width="85" rowspan="2">跨两行</td>
    <td colspan="2">跨两列</td>
  </tr>
  <tr>
    <td width="128">data1</td>
    <td width="65">data2</td>
  </tr>
  <tr>
    <td>data3</td>
    <td>data4</td>
    <td>data5</td>
  </tr>
</table>
```

保存文件为"index.htm"。在 IE 浏览器中打开该文件，运行结果如图 3-24 所示。

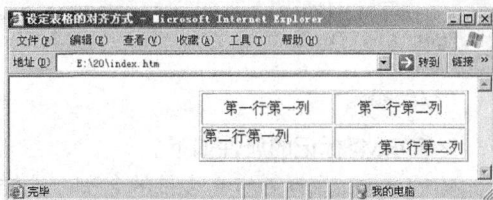

跨两行	跨两列	
	data1	data2
data3	data4	data5

图 3-24　定义表格尺寸

3.6　建 立 表 单

表单是客户端和服务器端之间重要的交互手段。利用表单可以收集客户端提交的有关信息。例如，注册一个电子信箱时，用户需要填写网站提供的表单，其内容包括用户名、密码、联系方式等信息。

提交表单信息的处理过程：单击表单中的"提交"按钮时，输入在表单中的信息会上传到服务器；然后由服务器上的相关应用程序进行处理；处理后或者将用户提交的信息储存在服务器端的数据库中，或者将一些信息返回给客户浏览器端。

3.6.1　表单的结构

表单是网页上的一个特定区域，这个区域是由<FORM>、</FORM>标记定义的。其他的表单对象，都要插入到表单之中。单击表单的"提交"按钮时，提交的是表单范围之内的内容。表单区域还携带表单的相关信息，如处理表单的脚本程序的位置、提交表单的方法等。

表单的结构如下：

```
<FORM   NAME="form_name"   METHOD="method"   ACTION="URL"   ENCTYPE="value"   TARGET=
"target_win"">
…
</FORM>
```

<FORM>标记的属性如下。

（1）name 属性：定义表单的名称，这样可以准确地控制表单及其内容。

（2）method 属性：设定表单内容的提交方式。其取值为 GET 或 POST。GET 方法是将表单内容附加在 URL 地址后面；POST 方法是将用户在表单中填写的数据包含在表单的主体中一起传送到服务器上的处理程序中，在浏览器的地址栏不显示提交的信息。method 属性默认的提交方式为 GET。

（3）action 属性：定义表单提交的地址，即相应的处理页面。提交的 URL 地址可以为绝对地址或者相对地址。

（4）enctype 属性：设置表单内容的编码方式。enctype 属性的 value 取值有以下 3 种。

Text/plain：以纯文本形式传送信息。

Application/x-www-Form-urlencoded：默认的编码形式。

Multipart/Form-data：使用 MIME 编码。

（5）target 属性：设置返回信息的显示方式。其取值有"_blank"、"_parent"、"_self"和"_top"。

3.6.2　在表单中插入控件

表单相当于一个容器，只有在表单中添加表单元素，表单才具有实际意义。例如，在表单中插入文本框、单选框、按钮、文本域、列表/菜单等。下面介绍表单控件对应的标记：<INPUT>标记、<TEXTAREA>标记、<SELECT>标记和<OPTION>标记。

1. 输入域标记<INPUT>

<INPUT>标记是表单中最常用的标记之一。

语法：

```
<FORM>
<INPUT NAME="filed_name" TYPE="type_name">
</FORM>
```

其中，NAME 表示输入域的名称，TYPE 表示输入域的类型。根据 TYPE 取值的不同，所表示的控件也不同。

TYPE 属性的取值如下。

（1）文字域 TEXT。

<INPUT>标记的 TYPE 属性值为 TEXT 表示控件为文本框。在文本框中可以输入任何类型的文本、数字、字母等字符串。输入的内容以单行显示。

语法：

```
<FORM>
<INPUT Type="text" NAME="field_name" MAXLENGTH="value" SIZE="value" VALUE="field_value">
</FORM>
```

文本框对应的属性如下。

① NAME 属性：文本框的名称。

② SIZE 属性：文本框的宽度（以字符为单位）。

③ MAXLENGTH 属性：文本框的最大输入字符数。

④ VALUE 属性：文本框的默认值。

（2）密码域 PASSWORD。

在表单中还有一种文本域的形式为密码域，输入到文本域中的文字均以星号或者圆点显示。

语法：

```
<FORM>
<INPUT Type="password" NAME="field_name" MAXLENGTH="value" SIZE="value">
</FORM>
```

密码域对应的属性如下。

① NAME 属性：密码域的名称。

② SIZE 属性：密码域的宽度（以字符为单位）。

③ MAXLENGTH 属性：密码域的最大输入字符数。

④ VALUE 属性：密码域的默认值。

（3）文件域 FILE。

文件域的外观是一个文本框加一个"浏览"按钮。用户既可以直接在文本框中输入上传文件的路径，也可以单击"浏览"按钮选择要上传的文件，然后通过表单将文件上传到服务器上。例如，上传附件、Office 文档、图片等各种类型的文件，都要用到文件域。

语法：

```
<FORM>
<INPUT Type="file" NAME="field_name">
</FORM>
```

（4）单选按钮 RADIO。

单选按钮要求在所给出的项目中只允许选择一项。

语法：

```
<FORM>
<INPUT Type="radio" NAME="field_name" Value="value">
</FORM>
```

（5）复选按钮 CHECKBOX。

复选按钮能够进行项目的多项选择。

语法：

```
<FORM>
<INPUT Type="checkbox" NAME="field_name" checked Value="value">
</FORM>
```

（6）提交按钮 SUBMIT。

单击提交按钮，可以实现表单内容的提交。

语法：

```
<FORM >
<INPUT Type="submit" NAME="field_name" Value="button_text">
</FORM>
```

其中，Value 代表显示在按钮上面的文字，后面几种类型中 Value 值意义都与此处相同。

（7）重置按钮 RESET。

单击重置按钮，可以清除表单的内容，恢复默认的表单内容设定。

语法：

```
<FORM>
```

```
<INPUT Type="reset" NAME="name" Value="button_text">
</FORM>
```

（8）普通按钮 BUTTON。

普通按钮一般是配合 JavaScript 脚本来进行表单的处理。

语法：

```
<FORM>
<INPUT Type="BUTTON" NAME="field_name" Value="button_text">
</FORM>
```

（9）隐藏域 HIDDEN。

隐藏域在页面中对于用户而言是不可见的，插入隐藏域的目的在于通过隐藏的方式收集或者发送信息。浏览者单击发送按钮发送表单的时候，隐藏域的信息也被一起发送到相关页面。

语法：

```
<FORM>
<INPUT Type="hidden" NAME="name" Value="value">
</FORM>
```

（10）图像域 IMAGE。

图像域是指设置图片为表单的"提交"按钮，即图片具有按钮的功能。

语法：

```
<FORM>
<INPUT Type="image" NAME="name" SRC="image_url">
</FORM>
```

其中，在 SRC 属性中给出图片文件存放的路径。

2. 文字域标记<TEXTAREA>

文字域标记<TEXTAREA>用来制作多行的文字域，可以在其中输入更多的文本。

语法：

```
<FORM>
<TEXTAREA NAME="name" Rows=value Cols=value Value="value">
    …文本内容
</TEXTAREA>
</FORM>
```

文字域标记<TEXTAREA>的属性如下。

① name 属性：文字域的名称。

② rows 属性：文字域的行数。

③ cols 属性：文字域的列数。

④ value 属性：文字域的默认值。

3. 选择域标记<SELECT>和<OPTION>

通过选择域标记<SELECT>和<OPTION>可以建立一个列表或者菜单。菜单节省空间，正常状态下只能看到一个选项，单击按钮打开菜单后才能看到全部的选项。列表可以显示一定数量的选项，如果超出了这个数量，会自动出现滚动条，浏览者可以通过拖动滚动条来查看各选项。

语法：

```
<FORM>
<SELECT NAME="name" SIZE="value" Multiple>
<option value="value" Selected>选项1
```

```
<option value="value">选项 2
<option value="value">选项 3
…
</SELECT>
</FORM>
```

选择域标记<SELECT>和<OPTION>的属性如下。

① name：文字域的名称。

② size：文字域的行数。

③ multiple：列表中的项目支持多选。

④ value：选项值。

⑤ selected：表示此选项为默认选项。

【例 3-22】 建立表单。

建立表单并应用表格布局来制作个人简历表，在表单中插入了文本框、单选框、列表/菜单、文件域、复选框、多行文本框、提交按钮、重置按钮等控件，代码如下：

```
<html>
<head>
<meta http-equiv="Content-Type" content="text/html; charset=gb2312" />
<title>建立表单</title>
<style type="text/css">
<!--
body{font-size:14px}
-->
</style>
</head>
<body topmargin="0">
<form name="form1" method="post" action="" enctype="multipart/form-data">
<table width="550"  border="0" align="center" cellpadding="2" cellspacing="1"
bgcolor="#3399FF">
  <tr align="center" valign="middle" bgcolor="#FFFFFF">
    <td height="30" colspan="4" bgcolor="#B7DAF9">个人简历</td>
  </tr>
  <tr bgcolor="#FFFFFF">
    <td width="16%" height="30">真实姓名:</td>
    <td height="30" colspan="3"><input name="name" type="text" id="name" maxlength=
"50"></td>
  </tr>
  <tr bgcolor="#FFFFFF">
    <td height="30">年龄:</td>
    <td width="36%" height="30"><input name="age" type="text" id="age" size="10"
maxlength="10"></td>
    <td width="9%" height="30">性别:    </td>
    <td width="39%" height="30">
     <input name="sex" type="radio" value="0" checked>男
    <input type="radio" name="sex" value="1">女
  </td>
  </tr>
  <tr bgcolor="#FFFFFF">
    <td height="30">毕业院校:</td>
    <td height="30" colspan="3"><input name="school" type="text" id="school"
maxlength="50"></td>
  </tr>
```

```
    <tr bgcolor="#FFFFFF">
      <td height="30">所学专业:</td>
      <td height="30" colspan="3"><select name="spe" id="spe">
        <option value="0">选择专业</option>
        <option value="1">计算机应用</option>
        <option value="2">土木工程</option>
        <option value="3">软件工程师</option>
        <option value="4">注册会计师</option>
      </select></td>
    </tr>
    <tr bgcolor="#FFFFFF">
      <td height="30">联系方式:</td>
      <td height="30" colspan="3"><input name="tel" type="text" id="tel"></td>
    </tr>
    <tr bgcolor="#FFFFFF">
      <td height="30">照片上传:</td>
      <td height="30" colspan="3"><input name="pic" type="file" id="pic"></td>
    </tr>
    <tr bgcolor="#FFFFFF">
      <td height="30">爱 好:</td>
      <td height="30" colspan="3">
         <input name="favorite" type="checkbox" id="favorite" value="0"> 计算机
         <input name="favorite" type="checkbox" id="favorite" value="1">英语
         <input name="favorite" type="checkbox" id="favorite" value="2">体育
         <input name="favorite" type="checkbox" id="favorite" value="3">旅游
      </td>
    </tr>
    <tr bgcolor="#FFFFFF">
      <td height="30">工作简历:</td>
      <td height="30" colspan="3"><textarea name="summery" cols="60" rows="8" id=
"summery"></textarea></td>
    </tr>
    <tr bgcolor="#FFFFFF">
      <td height="30"> </td>
      <td height="30" colspan="3"
align="center"><input type="submit"
name="Submit" value="提交">
            
     <input type=
"reset" name= "Submit2" value="重置">
</td>
    </tr>
  </table>
  </form>
  </body>
  </html>
```

保存文件为 "index.htm"。在 IE 浏
览器中打开该文件，运行结果如图 3-25
所示。

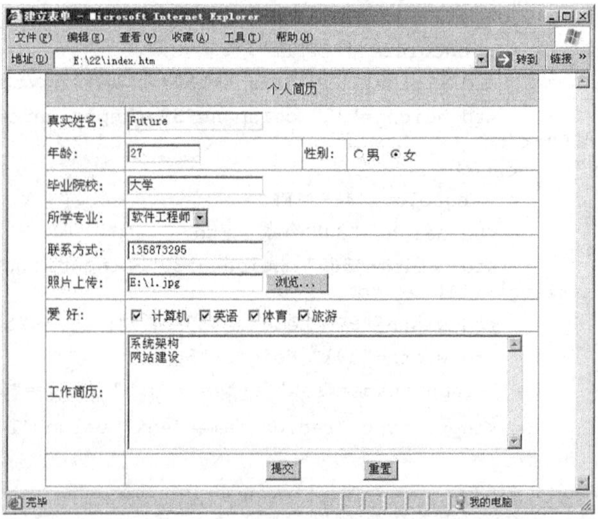

图 3-25　建立表单

3.7　HTML5 结构

1．新增的主体结构元素

在 HTML5 中，为了使文档的结构更加清晰明确，追加了几个与页眉、页脚、内容区块等文档结构相关联的结构元素。

（1）article 元素。

article 元素代表文档、页面或应用程序中独立的、完整的、可以独自被外部引用的内容。它可以使一篇博客或报刊中的文章、一篇论坛帖子、一段用户评论或独立的插件，或其他任何独立的内容。

除了内容部分，一个 article 元素通常有它自己的标题（通常放在一个 header 元素里面），有时还有自己的脚注。

【例 3-23】　我们以博客为例来看一段关于 article 元素的代码的示例，代码如下：

```
<article>
    <header>
        <h1>编程词典简介</h1>
        <p>发表日期: <time pubdate="pubdate">2011/10/11</time></p>
    </header>
    <p><b>编程词典</b>，是明日科技公司数百位程序员...（"编程词典"文章正文）</p>
    <footer>
        <p><small>著作权归***公司所有。</small></p>
    </footer>
</article>
```

运行这段代码，效果如图 3-26 所示。

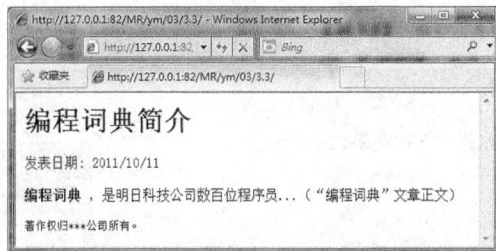

图 3-26　article 元素的实例运行效果

这个示例是一篇讲述编程词典的博客文章，在 header 元素中嵌入了文章的标题部分，在这部分中，文章的标题"编程词典"被嵌在 h1 元素中，文章的发表日期嵌在 p 元素中。在标题下部的 p 元素中，嵌入了一大段该博客文章的正文，在结尾处的 footer 元素中，嵌入了文章的著作权，作为脚注。整个实例的内容相对比较独立、完整，因此，对这部分内容使用了 article 元素。

另外，article 元素是可以嵌套使用的，内层的内容在原则上需要与外层的内容相关联。例如，一篇博客文章中，针对该文章的评论就可以使用嵌套 article 元素的方式；用来呈现评论的 article 元素被包含在表示整体内容的 article 元素里面。

（2）section 元素。

section 元素代表文档或应用程序中一般性的"段"或者"节"。"段"在这里的上下文种，指的是对内容按照主题的分组，通常还附带标题。例如，书本的章节，带标签页的对话框的每个标签页，或者一篇论文的编节号。网站的主页也可以分为不同的节，比如介绍、新闻列表和联系信息。一个 section 元素通常由内容及其标题组成。但 section 元素并非一个普通的容器元素，当一个容器需要被直接定义样式或通过脚本定义行为时，推荐使用 div 而非 section 元素。

section 元素的作用是对页面上的内容进行分块，或者说对文章进行分段，但是不要与 article 混淆，因为 article 是有着自己的完整的、独立的内容。

下面我们来看 article 元素与 section 元素结合使用的两个实例，来更好地理解 article 元素与 section 元素的区别。

【例 3-24】 首先来看一个带有 section 元素的 article 元素实例，实例代码如下：

```
<article>
    <h1>葡萄</h1>
    <p><b>葡萄</b>，植物类水果，...</p>
    <section>
        <h2>巨峰</h2>
        <p>欧美杂交，为四倍体葡萄品种...</p>
    </section>
    <section>
        <h2>赤霞珠</h2>
        <p>本身带有黑加仑、黑莓子等香味...</p>
    </section>
</article>
```

运行这段代码，效果如图 3-27 所示。

图 3-27 带有 section 元素的 article 元素实例

上面的代码中内容首先是一段独立的、完整的内容，因此使用 article 元素。该内容是一篇关于葡萄的文章，该文章分为 3 段，每一段都有一个独立的标题，因此使用了两个 section 元素。这里需要注意的是，对文章分段的工作也是使用 section 元素完成的。

【例 3-25】 我们再来看一个包含 article 元素的 section 元素实例，实例代码如下：

```
<section>
    <h1>水果</h1>
    <article>
        <h2>苹果</h2>
        <p>苹果，植物类水果，多次花果...</p>
    </article>
    <article>
        <h2>橘子</h2>
        <p>橘子，是芸香科柑桔属的一种水果...</p>
    </article>
    <article>
        <h2>香蕉</h2>
        <p>香蕉，属于芭蕉科芭蕉属植物，又指其果
实...</p>
    </article>
</section>
```

运行这段代码，效果如图 3-28 所示。

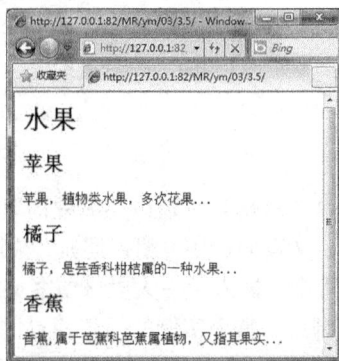

图 3-28 包含 article 元素的 section 元素实例

这个实例比前面的实例复杂了一些，首先，它是一篇文章中的一段，因此最初没有使用 article 元素。但是，在这一段中有几块独立的内容，因此，嵌入了几个独立的 article 元素。

通过上面的两个实例，可能大家还会很迷糊，这两个元素可以互换使用吗？它们的区别到底是什么呢？事实上，在 HTML5 中，article 元素可以看成是一种特殊种类的 section 元素，它比 section 元素更强调独立性，即 section 元素强调分段或分块，而 article 强调独立性。总结来说，如果一块

内容相对来说比较独立、完整的时候，应该使用 article 元素，但是如果你想将一块内容分成几段的时候，应该使用 section 元素。另外需要注意的是，在 HTML5 中，div 元素变成了一种容器，当使用 CSS 样式的时候，可以对这个容器进行一个总体 CSS 样式的套用。最后对 section 元素的注意事项进行如下总结。

① 不要将 section 元素用作设置样式的页面容器，那是 div 元素的工作。

② 当 article 元素、aside 元素或 nav 元素更符合页面要求时，尽量不要使用 section。

③ 不要为没有标题的内容区块使用 section 元素。

（3）nav 元素。

nav 元素用来构建导航。导航定义为一个页面中（例如，一篇文章顶端的一个目录，它可以链接到同一页面的锚点）或一个站点内的链接。但是，并不是链接的每一个集合都是一个 nav，只需要将主要的、基本的链接组放进 nav 元素即可。例如，在页脚中通常会有一组链接，包括服务条款、版权声明、联系方式等。对于这些 footer 元素就足够放置了。一个页面中可以拥有多个 nav 元素，作为页面整体或不同部分的导航。

nav 元素的内容可能是链接的一个列表，标记为一个无序的列表，或者是一个有序的列表，这里需要注意的是 nav 元素是一个包装器，它不会替代<ol>或<ul>元素，但是会包围它。通过这种方式，不理解该元素的遗留的浏览器将会看到列表元素和列表项，并且它们行为正常。

【例 3-26】 下面是一个 nav 元素的使用实例，在这个实例中，一个页面由几部分组成，每个部分都带有链接，但只将最主要的链接放入了 nav 元素中。实例代码如下：

```
<body>
<h1>编程词典简介</h1>
<nav>
    <ul>
        <li><a href="/">主页</a></li>
        <li><a href="/mr">简介文档</a></li>
        ...more...
    </ul>
</nav>
<article>
    <header>
        <h1>编程词典功能介绍</h1>
        <nav>
            <ul>
                <li><a href="#gl">管理功能</a></li>
                <li><a href="#kf">开发功能</a></li>
                ...more...
            </ul>
        </nav>
    </header>
    <section id="rum">
        <h1>编程词典的入门模式</h1>
        <p>编程词典的入门模式介绍</p>
    </section>
    <section id="kf">
        <h1>编程词典的开发模式</h1>
        <p>编程词典的开发模式介绍</p>
    </section>
    ...more...
```

```
    <footer>
        <p>
            <a href="?edit">编辑</a> |
            <a href="?delete">删除</a> |
            <a href="?rename">重命名</a>
        </p>
    </footer>
</article>
<footer>
    <p><small>版权所有：明日科技</small></p>
</footer>
</body>
```

运行这段代码，效果如图 3-29 所示。

在这个例子中，第一个 nav 元素用于页面的导航，将页面跳转到
其他页面上去（跳转到网站主页或开发文档目录页面）；第二个 nav
元素放置在 article 元素中，用作这篇文章中组成部分的业内导航。

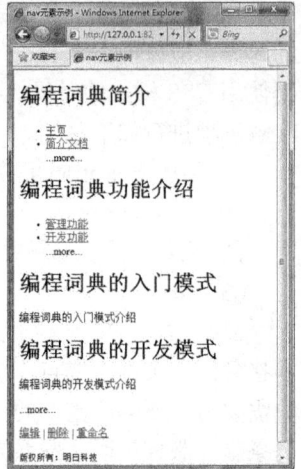

图 3-29　包含 article 元素的
section 元素实例

这里需要提醒大家注意的是，在 HTML5 中不要用 menu 元素
代替 nav 元素。因为 menu 元素是用在一系列发出命令的菜单上的，是一种交互性的元素，或者
更确切地说是使用在 Web 应用程序中的。

（4）aside 元素。

aside 元素表示由与 aside 元素周围的内容无关的内容所组成的一个页面的一节，也可以认为
该内容与 aside 周围的内容是分开独立的。这样的节往往在印刷排版中用边栏表示。该元素可以
用于摘录引用或边栏这样的排版效果，用于广告、用于一组导航元素，以及用于认为应该与页面
的主内容区分开来的其他内容。

aside 元素主要有以下两种使用方法。

① 被包含在 article 元素中作为主要内容的附属信息部分，其中的内容可以是与当前文章有关
的信息、名词解释等。

【例 3-27】　下面是一个在文章内部的 aside 元素示例，实例代码如下：

```
<body>
<header>
    <h1>宋词赏析</h1>
</header>
<article>
    <h1><strong>水调歌头</strong></h1>
    <p>...但愿人长久，千里共婵娟(文章正文)</p>
    <aside>
        <!-- 因为这个 aside 元素被放置在一个 article 元素内部，
        所以分析器将这个 aside 元素的内容理解成是和 article 元素的内容相关联的。 -->
        <h1>名词解释</h1>
        <dl>
            <dt>宋词</dt>
            <dd>词，是我国古代诗歌的一种。它始于梁代，形成于唐代而极盛于宋代。(全部文章)</dd>
</dl>
        <dl>
            <dt>婵娟</dt>
            <dd>美丽的月光</dd>
        </dl>
```

```
  </aside>
</article>
</body>
```

运行这段代码，效果如图 3-30 所示。

在上面的实例中，网页的标题放在了 header 元素中，在 header 元素的后面将所有关于文章的部分放在了一个 article 元素中，将文章的正文部分放在了一个 p 元素中，但是该文章中还有一个名词解释的附属部分，用来解释该文章中的一些名词。因此，在 p 元素的下部又放置了一个 aside 元素，用来存放名词解释部分的内容。

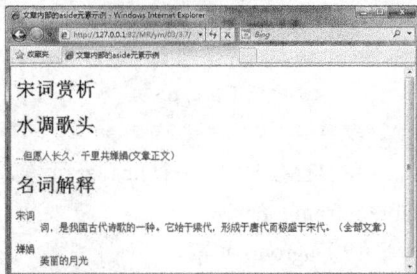

图 3-30　在文章内部的 aside 元素示例

② 在 article 元素之外使用，可以作为页面或站点全局的附属信息部分。最典型的形式就是侧边栏，其中的内容可以是友情链接，博客中其他文章列表、广告单元等。

【例 3-28】 下面这个实例为网页中一个侧边栏的友情链接的实例。

```
<aside>
    <nav>
        <h2>友情链接</h2>
        <ul>
            <li><a href="http://www.mrbccd.com">编程词典网</a></li>
            <li><a href="http://www.mingrisoft.com">明日科技网站</a></li>
            <li>
                <a href="http://www.mingribook.com">明日图书网</a>
            </li>
        </ul>
    </nav>
</aside>
```

运行这段代码，效果如图 3-31 所示。

在该实例为一个典型的网站"友情链接"的侧边栏部分，因此放在了 aside 元素中，但是该侧边栏又是具有导航作用的，因此放置在 nav 元素中，该侧边栏的标题是"友情链接"，放在 h2 元素中，在标题之后使用了一个 ul 列表，用来存放具体的导航链接。

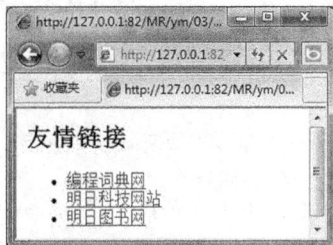

图 3-31　用 aside 元素实现的侧边栏实例

2. 新增的非主体结构元素

除了以上几个主要的结构元素之外，HTML5 内还增加了一些表示逻辑结构或附加信息的非主体结构元素。下面分别来介绍。

（1）header 元素。

header 元素是一种具有引导和导航作用的结构元素，通常用来放置整个页面或页面内的一个内容区块的标题，但也可以包含其内容，如搜索表单或相关的 logo 图片。

很明显，整个页面的标题应该放在页面的开头，我们可以用如下所示的形式书写页面的标题：

```
<header><h1>页面标题</h1></header>
```

这里需要强调一下，一个网页内并未限制 header 元素的个数，可拥有多个，可以为每个内容区块加一个 header 元素，代码如下：

```
<header>
    <h1>页面标题</h1>
</header>
<article>
```

```
        <header>
        <h1>文章标题</h1>
        </header>
        <p>文章正文</p>
    </article>
```

在 HTML5 中，一个 header 元素通常包括至少一个 heading 元素（h1~h6），也可以包括 hgroup、table、from、nav。

（2）hgroup 元素。

hgroup 元素是将标题及其子标题进行分组的元素。hgroup 元素通常会将 h1~h6 元素进行分组，如一个内容区块的标题及其子标题算一组。通常，如果文章只有一个主标题，是不需要 hgroup 元素的，如下面的代码所示：

```
<article>
    <header>
        <h1>文章标题</h1>
        <p><time datetime="2011-10-12">2011 年 10 月 12 日</p>
    </header>
    <p>文章正文</p>
</article>
```

但是，如果文章有主标题，主标题下有子标题，就需要使用 hgroup 元素了，如下面的代码所示：

```
<article>
    <header>
    <hgroup>
            <h1>文章主标题</h1>
        <h1>文章子标题</h1>
    </hgroup>
        <p><time datetime="2011-10-12">2011 年 10 月 12 日</p>
    </header>
    <p>文章正文</p>
</article>
```

（3）footer 元素。

footer 元素可以作为其上层父级内容区块或是一个根区块的脚注。footer 通常包括其相关区块的脚注信息，如作者、相关阅读链接及版权信息等。

在 HTML5 出现之前，我们使用的是下面的方式编写页脚，代码如下：

```
<div id="footer">
    <ul>
    <li>版权信息</li>
        <li>站点地图</li>
        <li>联系方式</li>
    </ul>
    <div>
```

但是到了 HTML5 之后，这种方式将不再使用，而是使用更加语义化的 footer 元素来替代，代码如下：

```
<footer>
    <ul>
    <li>版权信息</li>
        <li>站点地图</li>
        <li>联系方式</li>
```

```
    </ul>
</footer>
```

与 header 元素一样，一个页面中也没有对 footer 元素的个数。同时，可以为 article 元素或 section 元素添加 footer 元素，如下面的两个实例。

一个是在 article 元素中添加 footer 元素的实例。

```
<article>
    文章内容
    <footer>
    文章的脚注
    </footer>
</article>
```

另一个是在 section 元素中添加 footer 元素的实例。

```
<section>
    分段内容
    <footer>
    分段内容的脚注
    </footer>
</section>
```

（4）address 元素。

address 用于当前的<article>或文档的作者的详细联系方式，但不是用于邮政地址的一个通用性元素。联络细节可以是 E-mail 地址、邮政地址或者任何其他形式。例如，在下面的代码中，展示了一些博客中某篇文章评论者的名字及其在博客中的网址链接。

```
<address>
    <a href="http://blog.sina.com.cn/damai571">571</a>
</address>
```

3.8　构建框架

制作网页时，经常使用框架进行页面布局。本节介绍在网页中如何构建框架以及在框架中如何实现超链接。

3.8.1　框架的基本结构

框架的作用是把浏览器窗口划分成若干个区域，每个区域内可以显示不同的页面，并且各个页面之间不会受到任何影响。框架内每个页面都有不同的名字，作为彼此互动的依据，所以框架技术普遍应用于页面导航。

框架的基本结构如下：

```
<HTML>
<HEAD>
<TITLE>框架网页的基本结构</TITLE>
</HEAD>
<FRAMESET>
<FRAME>
<FRAME>
…
</FRAMESET>
</HTML>
```

构建框架的主要标记如下。

<FRAMESET>：框架集标记，用做框架的声明。<FRAMESET>为框架开始标记，对应的</FRAMESET>为框架结束标记。在框架网页中，将<FRAMESET>标记置于头部标记之后，以取代<BODY>的位置。

<FRAME>：框架标记，定义框架内容。在框架页面中有几个框架，就设置几个<FRAME>标记，它包含于<FRAMESET>和</FRAMESET>之间。

3.8.2 在网页中构建框架

1. 基本框架

基本框架是由<FRAMESET>标记和<FRAME>标记组建的。

（1）框架集标记<FRAMESET>。

框架集标记<FRAMESET>定义了框架的开始和结束。它还定义一组框架的结构，包括框架的数量、尺寸等。

<FRAMESET>标记的属性如下。

① cols 属性：在水平的方向，将浏览器分割成多个窗口。

语法：

```
<FRAMESET COLS="value,value,…">…</FRAMESET>
```

其中，value 表示水平方向上每个框架的宽度值，单位是像素或者以百分比形式表示。

② rows 属性：在垂直的方向，将浏览器分割成多个窗口。

语法：

```
<FRAMESET ROWS="value,value,…">…</FRAMESET>
```

其中，value 表示垂直方向上每个框架的宽度值，单位是像素或者以百分比形式表示。

③ framespacing 属性：设定框架集的边框宽度。

语法：

```
<FRAMESET FRAMESPACING="value">
```

其中，value 表示框架集的边框宽度值，单位为像素。

④ bordercolor 属性：设定框架集的边框颜色。

语法：

```
<FRAMESET BORDERCOLOR="color_value">
```

其中，color_value 表示框架集的边框颜色值，使用颜色的英文名称或者十六进制值表示。

⑤ frameborder 属性：设定是否显示框架集边框。

语法：

```
<FRAMESET FRAMEBORDER="value">
```

其中，value 值为 "yes" 代表显示框架集边框，值为 "no" 代表隐藏框架集边框。

（2）框架标记<FRAME>。

<FRAME>标记是用于定义每个框架的内容。每个框架最终都要有一个显示的页面，通过装载该页面就可以显示网页的内容了。

框架标记<FRAME>的属性如下。

① src 属性：通过 src 属性来定义框架装载文件的路径。

语法：

```
<FRAME SRC="file_name">
```

② name 属性：定义框架的名称，该名称将应用于页面的链接和脚本描述。

语法：

```
<FRAME SRC="file_name" NAME="frame_name">
```

③ frameborder 属性：设置是否显示框架边框。框架边框的显示情况将继承框架集边框属性的设定。

语法：

```
<FRAME SRC="file_name" FRAMEBORDER="value">
```

其中，value 值为"yes"代表显示框架边框，值为"no"代表隐藏框架边框。

④ scrolling 属性：设置框架内是否显示滚动条。

语法：

```
<FRAME SRC="file_name" SCROLLING="value">
```

其中，value 有以下 3 个取值。

yes：显示滚动条。

no：不显示滚动条。

auto：根据窗口内容决定是否显示滚动条。

⑤ marginwidth 属性、marginheight 属性：通过 marginwidth 属性和 marginheight 属性可以调整框架页面内容与边框的左右边缘和上下边缘的距离。

语法：

```
<FRAME SRC="file_name" MARGINWIDTH="value" MARGINHEIGHT="value">
```

⑥ noresize 属性：控制框架的尺寸是否可以调整。使用该属性则表示禁止改变框架的尺寸。

语法：

```
<FRAME SRC="file_name" NORESIZE>
```

（3）<noframes>标记。

某些版本的浏览器是不支持框架结构的，如果遇到这种情况，就可以使用<NOFRAMES>和</NOFRAMES>标记再声明一对文件主体标记<BODY>和</BODY>，代表在无法接受框架结构时显示的页面内容。

【例 3-29】　构建基本框架。

通过<FRAMESET>标记和<FRAME>标记定义一个顶部和嵌套的左侧框架，代码如下：

```
<html>
<head>
<meta http-equiv="Content-Type" content="text/html; charset=gb2312" />
<title>构建基本框架</title>
</head>
<frameset rows="80,*" cols="*" frameborder="no" border="0" framespacing="0">
  <frame src="top.htm" name="topFrame" scrolling="No" noresize="noresize" id="top
Frame" />
  <frameset cols="80,*" frameborder="no" border="0" framespacing="0">
    <frame src="left.htm" name="leftFrame" scrolling="No" noresize="noresize" id=
"leftFrame" />
    <frame src="main.htm" name="mainFrame" id="mainFrame" />
  </frameset>
```

```
</frameset>
<noframes>
<body>
```
很抱歉，您使用的浏览器不支持框架功能，请尝试使用其他浏览器！
```
</body>
</noframes>
</html>
```

将框架集保存为"index.htm"，框架页分别保存为"top.htm"、"left.htm"、"main.htm"。页面的设计效果如图 3-32 所示。

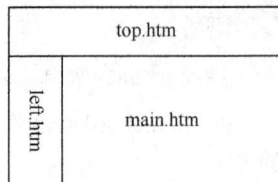

图 3-32　构建基本框架

<FRAMESET>标记是允许嵌套使用的。

2. 浮动框架

浮动框架是一种特殊的框架结构，它是在浏览的窗口中嵌套另外的网页文件。<IFRAME>为浮动框架标记。

语法：

```
<IFRAME></IFRAME>
```

<IFRAME>标记的属性如下。

① src 属性：指定浮动框架的文件路径。

语法：

```
<IFRAME SRC="file_name">
```

② name 属性：设定浮动框架的名称。

语法：

```
<IFRAME SRC="file_name" NAME="frame_name">
```

③ align 属性：设置浮动框架的对齐方式。

语法：

```
<IFRAME SRC="file_name" ALIGN="left/center/right">
```

④ width 属性、height 属性：分别设置浮动框架的宽度和高度。

语法：

```
<IFRAME SRC="file_name" WIDTH="valu" HEIGHT="value">
```

⑤ scrolling 属性：设置浮动框架滚动条的显示方式。

语法：

```
<IFRAME SRC="file_name" SCROLLING="value">
```

value 有以下 3 个取值。

yes：显示滚动条。

no：不显示滚动条。

auto：根据窗口内容决定是否有滚动条。

⑥ FRAMEBORDER 属性：指定是否显示浮动框架的边框。

语法：

```
<IFRAME SRC="file_name" FRAMEBORDER="value">
```

其中，value 值为 "yes" 代表显示框架边框，值为 "no" 代表隐藏框架边框。

⑦ marginwidth 属性、marginheight 属性：分别设置浮动框架中内容的左右边缘、上下边缘与边框的距离。

语法：

```
<IFRAME SRC="file_name" MARGINWIDTH="value" MARGINHEIGHT="value">
```

【例 3-30】　构建浮动框架。

在 index.htm 页面中使用<IFRAME>标记构建浮动框架，设置浮动页面名称为 "index01.htm"，并设定浮动框架的基本属性，如名称、宽度、高度、根据窗口内容显示滚动条、对齐方式等。

index.htm 文件中的代码如下：

```
<html>
<head>
<meta http-equiv="Content-Type" content="text/html; charset=gb2312" />
<title>构建浮动框架</title>
</head>
<body>
<iframe src="index01.htm" name="mainFrame" width="400" height="200" scrolling="auto"
align="center" marginheight="50" marginwidth="50">
</iframe>
</body>
</html>
```

index01.htm 文件中的代码如下：

```
<html>
<head>
<meta http-equiv="Content-Type"
content="text/html; charset=gb2312" />
</head>
<body>
<h3 align="center">在这里显示浮动框架页面
的内容</h3>
</body>
</html>
```

在 IE 浏览器中打开 index.htm 文件，运行结果如图 3-33 所示。

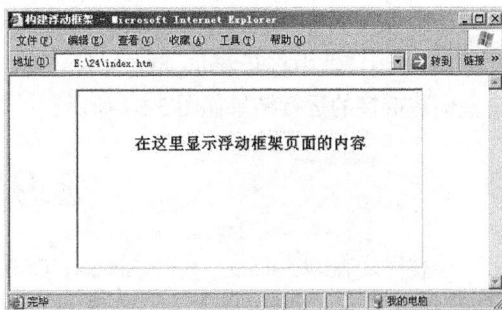

图 3-33　构建浮动框架

3.8.3　在框架中应用超链接

框架的一个主要用途是作为页面导航，方便用户查阅网页，了解网站结构。在框架中建立超链接，把框架的名称赋值给超链接<A>标记的 TARGET 属性，则指定的链接页面内容将在相应名称的框架中显示。

【例 3-31】　在框架中应用超链接。

应用<FRAMESET>标记和<FRAME>标记构建一个左侧框架。在框架页 left.htm 中指定超链接<A>标记的 target 属性值为 "mainframe"，即在主框架页 main.htm 中显示链接页面内容。

框架集页面 index.htm 的代码如下：

```
<html>
<head>
<meta http-equiv="Content-Type" content="text/html; charset=gb2312" />
<title>在框架中应用超链接</title>
```

```
</head>
<frameset cols="200,*" framespacing="1">
    <frame src="left.htm" name="leftFrame" scrolling="No" noresize="noresize" id="left
Frame" />
    <frame src="main.htm" name="mainFrame" id="mainFrame" marginheight="30" marginwidth=
"20" />
</frameset>
<noframes><body>
</body>
</noframes>
</html>
```

左框架页面 left.htm 的代码如下：

```
<html>
<head>
<meta http-equiv="Content-Type" content="text/html; charset=gb2312" />
</head>
<body>
<h2>构建框架</h2>
    <a href="01.htm" target="mainFrame">1.
框架的基本结构</a><br><br>
    <a href="02.htm" target="mainFrame">2.
在网页中构建框架</a><br><br>
    <a href="03.htm" target="mainFrame">3.
在框架中应用超链接</a>
</body>
</html>
```

在 IE 浏览器中打开 index.htm 文件，并单击左侧超链接的运行结果如图 3-34 所示。

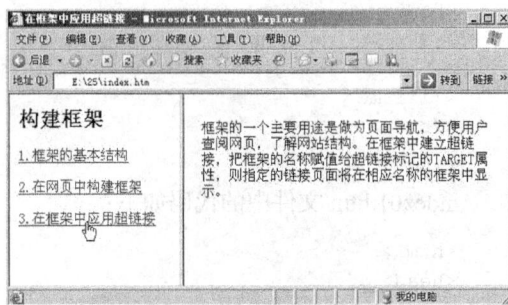

图 3-34　在框架中应用超链接

3.9　CSS

层叠样式表（Cascading Style Sheets，CSS）是 W3C 协会为弥补 HTML 在显示属性设定上的不足而制定的一套扩展样式标准。CSS 标准中重新定义了 HTML 中原来的文字显示样式，增加了一些新概念，如类、层等，可以对文字重叠、定位等。所谓"层叠"，实际上就是将显示样式独立于显示的内容，进行分类管理，如分为字体样式、颜色样式等，需要使用样式的 HTML 文件进行套用。

3.9.1　CSS 的特点

为了使读者更好地了解 CSS，下面介绍 CSS 的特点。

（1）将显示格式和文档结构分离。

HTML 定义文档的结构和各要素的功能，而 CSS 将定义格式的部分和定义结构的部分分离，能够对页面的布局进行灵活控制。

（2）对 HTML 处理样式的最好补充。

HTML 对页面布局上的控制很有限，如精确定位、行间距或者字间距等；CSS 可以控制页面中的每一个元素，从而实现精确定位，CSS 控制页面布局的能力逐步增强。

（3）体积更小加快网页下载速度。

样式表是简单的文本，文本不需要图像，不需要执行程序，不需要插件。这样 CSS 就可以减少图像用量、减少表格标签及其他加大 HTML 体积的代码，从而减小文件尺寸加快网页的下载速度。

（4）实现动态更新、减少工作量。

定义样式表，可以将站点上的所有网页指向一个独立的 CSS 文件，只要修改 CSS 文件的内容，整个站点相关文件的文本就会随之更新，减轻了工作负担。

（5）支持 CSS 的浏览器增多。

样式表的代码有很好的兼容性，只要是识别串接样式表的浏览器就可以应用 CSS。当用户丢失了某个插件时不会发成中断；使用老版本的浏览器时代码不会出现乱码的情况。

> 样式可以内嵌在 HTML 文件中，也允许定义为一个独立的 CSS 样式文件，这样可以把显示的内容和显示样式定义分离。一个独立的样式表可以用于多个 HTML 文件，为整个 Web 站点定义一致的外观。更改 CSS 的内容，与之相连接文件的文本将自动更新。

3.9.2　定义 CSS 样式

CSS 样式中主要包含 3 种选择符，分别为标记选择符、类选择符和 ID 选择符。下面根据这 3 种选择符来介绍如何定义 CSS 样式。

（1）标记选择符。

标记选择符就是 HTML 的标记符，如"BODY"、"TABLE"、"P"、"A"等。如果在 CSS 中定义了标记使用的样式，那么在整个网页中，该标记的属性都将应用定义中的设置。

语法：

```
tag{property:value}
```

例如，设置表格的单元格内的文字大小为 9pt，颜色为红色的 CSS 代码如下：

```
td{ font-size: 9pt; color: red;}
```

CSS 可以在一条语句中定义多个标记选择符。例如，将单元格内的文字和段落文本设置为蓝色的 CSS 代码如下：

```
td,p{color: blue;}
```

（2）类选择符。

如果在页面中不希望一种标记遵循同一种样式或者希望不同的标记遵循相同的样式，利用类选择符和标记的 class 属性就可以做到这两点。

类选择符在 CSS 中有两种定义格式。

① 格式 1。

语法：

```
tag.Classname{property:value}
```

这种格式的类选择符所定义的样式只能用在特定的标记上。

例如，针对<p>标记定义一个类 blue 样式，即只有 class 属性为"blue"的<p>标记才遵循此样式中的定义，代码如下：

```
<head>
<style type="text/css">
p.blue{background-color:#0000FF;}
</style>
</head>
<body>
```

```
<p class="blue">本段文字的背景颜色为#0000FF（蓝色）</p>
<p>本段文字无背景颜色</p>
</body>
```

② 格式 2。

语法：

```
.Classname{property:value}
```

这种格式的类选择符可以使不同的标记遵循相同的样式，只要将标记的 class 属性值设置为类名就可以了。

例如，定义类 text，这相当于将文件定义为*.text（即标记名是通配符表示的，匹配所有标记），该样式将应用于<h2>标记和<font>标记，代码如下：

```
<head>
<style type="text/css">
.text{font-family:"宋体";font-size:12px;color:red;}
</style>
</head>
<body>
<h2 class="text">美丽天空</h2>
<font class="text">美丽天空，有梦飞翔</font>
</body>
```

（3）ID 选择符。

ID 选择符用于定义一个元素的独有样式。ID 选择符的用法是在 HTML 标记的 ID 属性中引用 CSS 样式。

语法：

```
#IDname{property:value}
```

例如，定义#text 样式，引用该样式的<p>标记内的文本字体为"黑体"，代码如下：

```
<head>
<style type="text/css">
#text{font-family:"黑体"; }
</style>
</head>
<body>
<p id="text">我的文字</font>
</body>
```

3.9.3 引用 CSS 样式的方式

引用 CSS 样式的方式有 4 种，分别为链接到外部的样式表、引入外部的样式表、<style>标记嵌入样式和内联样式。

1. 链接到外部的样式表

如果多个 HTML 文件要共享样式表，可以将样式表定义为一个独立的 CSS 样式文件。HTML 文件在头部用<link>标记链接到 CSS 样式文件。

例如，在<HEAD>标记内用<link>标记链接 CSS 样式文件 style1.css，代码如下：

```
<link rel="stylesheet" href="style1.css" type="text/css">
```

2. 引入外部的样式表

这种方式是在 HTML 文件的头部<style></style>标记之间，通过@import 声明引入外部样式表。格式如下：

```
<style>
    @import URL("外部样式表文件名称");
    …
</style>
```

例如，通过@import 声明引入外部样式表，代码如下：

```
<style>
    @import URL("style1.css");
    @import URL("http://www.mrbccd.com/css/style2.css");
</style>
```

引入外部样式表的使用方式与链接到外部样式表很相似，都是将样式定义保存为单独文件。两者的本质区别是：引入方式在浏览器下载 HTML 文件时将样式文件的全部内容拷贝到@import 关键字位置，以替换该关键字；而链接到外部的样式表方式仅在 HTML 文件需要引用 CSS 样式文件中的某个样式时，浏览器才链接该样式文件，读取需要的内容并不进行替换。

3. <style>标记嵌入样式

在 HTML 文件的头部<style>…</style>标记内可以定义 CSS 样式。

例如，对"P"标记定义段落文字大小为 16pt，代码如下：

```
<head>
<style type="text/css">
<!--
p{font-size:16pt;}
</style>
-->
```

<style>标记的 type 属性用于指明样式的类别，其默认值为"text/css"。<style>标记内定义的前后加上注释符<!--……-->的作用是使不支持 CSS 的浏览器忽略样式表的定义。<style>标记内定义的样式的作用范围是在本 HTML 文件内。

4. 内联样式

这种方式是在 HTML 标记中，将定义的样式规则作为标记 style 属性的属性值。样式定义的作用范围仅限于此标记范围之内。

一个内联样式的应用如下：

```
<table style="font-family:"宋体";font-size:12pt;background-color:yellow">
```

以上代码表明在此<table>标记中的内容将应用 style 属性内的设置。

要在一个 HTML 文件中使用内联样式，必须在该文件的头部对整个文件进行单独的样式表语言声明，声明如下：

```
<meta http-equiv="Content-Type" content="text/css">
```

内联样式主要应用于样式，仅适用于单个页面元素的情况。它将样式和要展示的内容混在一起，自然会失去一些样式表的优点。所以建议尽量少用这种方式。

小　结

本章主要介绍了制作 Web 页面不可缺少的两个部分：HTML 标记和 CSS。读者在了解其基本概念的基础上，应能灵活使用各种 HTML 标记以及 CSS 制作 Web 页面。例如，设置页面中的文本内容、在页面中建立超链接、使用表格实现页面布局、在表单中插入控件、使用 CSS 样式规范页面显示格式等。

习　题

3-1　什么是 HTML？构成 HTML 文件的主要标记有哪些？

3-2　段落标记<P>与换行标记
的区别是什么？

3-3　在 Web 页面中插入图像、播放视频、播放背景音乐分别使用什么标记？

3-4　表格的基本标记有哪些？表格是否可以嵌套？

3-5　在表单中使用<input>标记可以插入几种按钮？

3-6　在框架中应用超链接，主要是将<A>标记中的 TARGET 属性值设置为什么？

3-7　如何定义 CSS 样式？在 Web 页面中引用 CSS 样式的方法有哪些？

3-8　以下哪些标记表示表单控件？

（1）<INPUT>标记　　　　　　　（2）<TEXTAREA>标记

（3）<SELECT>标记　　　　　　　（4）<TABLE>标记

（5）<FRAMESET>标记　　　　　　（6）<MARQUEE>标记

3-9　在 HTML5 中新增了哪些主体结构元素？

（1）aside 元素　　　　　　　　（2）article 元素

（3）section 元素　　　　　　　（4）nav 元素

（5）header 元素　　　　　　　　（6）footer 元素

上 机 指 导

3-1　使用<FONT>标记设置页面中的文本字体为"宋体"，字号为"12pt"，颜色为"蓝色"；同时，设置文本从页面的右边向左边滚动。

3-2　在 Web 页面中应用<A>标记建立超链接，使链接的页面在一个新窗口中打开。

3-3　在页面中插入一个用于用户登录的表单。在表单中建立一个 3 行 2 列的表格，在第 1 行第 2 列和第 2 行第 2 列分别插入一个单行文本框和密码文本框，用于输入用户名和密码；合并第 3 行的单元格，并插入一个"提交"按钮和一个"重置"按钮。

3-4　在页面中建立一个 1 行 2 列的表格。在该表格的第 1 行第 1 列建立 3 个超链接，在第 1 行 2 列插入一个浮动框架，并设置单击超链接后在浮动框架中显示打开的页面。

3-5　使用 HTML5 新增的主体结构元素与新增的非主体结构元素，制作一个 Web 网页，在该网页中实现一个导航功能、左侧公告栏、尾部的版权声明等。

第4章
ASP 开发基础

本章介绍开发 ASP 程序需要了解和掌握的基础知识，主要内容包括 ASP 基本语法、ASP 指令的使用、如何申请域名和空间、发布网站等。通过本章的学习，读者应掌握 ASP 文件的结构、代码编写格式以及输出指令和包含指令的使用。为了更好地维护自己的网站，读者还应了解申请域名和空间的过程，并能将自己建设的网站发布到互联网上。

4.1 ASP 基本语法

4.1.1 ASP 的文件结构

ASP 文件以.asp 为扩展名，其中可以包含以下内容。

（1）HTML 标记：HTML 标记语言包含的标记。

（2）脚本命令：包括 VBScript 或 JavaScript 脚本。

（3）ASP 代码：位于"<%"和"%>"分界符之间的命令。在编写服务器端的 ASP 脚本时，也可以在<script>和</script>标记之间定义函数、方法、模块等，但必须在<script>标记内指定 RunAT 属性值为"Server"。如果忽略了 RunAT 属性，脚本将在客户端执行。

（4）文本：网页中说明性的静态文字。

下面给出一个简单的 ASP 程序，以了解 ASP 文件的结构。

例如，输出当前系统日期、时间，代码如下：

```
<html>
<head>
<title>ASP 程序</title>
</head>
<body>
当前系统日期时间为：<%= Now()%>
</body>
</html>
```

运行以上程序代码，在浏览器中将显示"当前系统日期时间为：2008-6-17 15:24:43"的输出结果。

以上代码，是在一个标准的 HTML 文件中嵌入 ASP 程序而形成的.asp 文件。其中，<html>…</html>为 HTML 文件的开始标记和结束标记；<head>…</head>为 HTML 文件的头部标记，在头部标记之间，定义了标题标记<title>…</title>，用于显示 ASP 文件的标题信息；<body>…</body>为 HTML 文件的主体标记。文本内容"当前系统日期时间为："以及 ASP 代码"<%= Now()%>"都是嵌入在<body>…</body>标记之间的。

4.1.2 声明脚本语言

在编写 ASP 程序时，可以声明 ASP 文件所使用的脚本语言，以通知 Web 服务器该文件是使用何种脚本语言来编写程序的。声明脚本语言有 3 种方法，下面分别介绍。

1. 在 IIS 中设定默认 ASP 语言

在配置 IIS 服务器时，可以设置 ASP 程序所使用的脚本语言。具体步骤如下。

（1）以 Windows 2003 操作系统为例，打开 Internet 信息服务（IIS）管理器，展开"网站"节点，鼠标右键单击"默认网站"，在弹出的快捷菜单中选择"属性"命令，将打开"默认网站属性"对话框，然后选择"主目录"选项卡，并单击"配置"按钮，如图 4-1 所示。

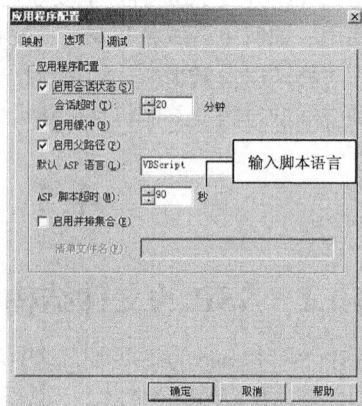

（2）在打开的"应用程序配置"对话框中，选择"选项"选项卡，然后在"默认 ASP 语言"文本框中，输入所要声明的脚本语言，这里输入的是 VBScript，如图 4-2 所示。

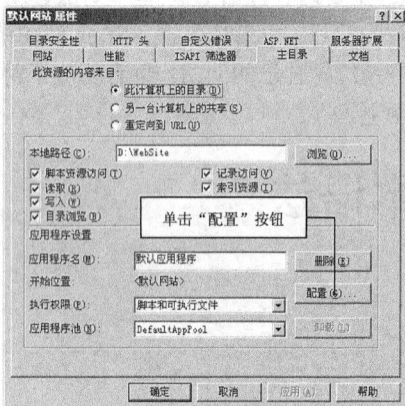

图 4-1　"默认网站属性"对话框　　　　　图 4-2　"应用程序配置"对话框

（3）依次单击"确定"按钮，完成设置。

2. 使用@LANGUAGE 声明脚本语言

在 ASP 处理指令中，可以使用 LANGUAGE 关键字在 ASP 文件的开始设置使用的脚本语言。使用这种方法声明的脚本语言，只作用于该文件，对其他文件不会产生影响。

语法：

```
<%@LANGUAGE=scriptengine%>
```

其中，scriptengine 表示编译脚本的脚本引擎名称。Internet 信息服务（IIS）管理器中包含两个脚本引擎，分别为 VBScript 和 JavaScript。默认情况下，文件中的脚本将由 VBscript 引擎进行解释。

例如，在 ASP 文件的第一行设定页面使用的脚本语言为 VBScript，代码如下：

```
<%@LANGUAGE="VBScript"%>
```

这里需要注意的是，如果在 IIS 服务器中设置的默认 ASP 语言为 VBScript，且文件中使用的也是 VBScript，则在 ASP 文件中可以不用声明脚本语言；如果文件中使用的脚本语言与 IIS 服务器中设置的默认 ASP 语言不同，则需使用@LANGUAGE 处理指令声明脚本语言。

> 使用@LANGUAGE 处理指令声明脚本语言的语句必须放在 ASP 文件的第一行，否则将出现错误。

3. 通过<script>标记声明脚本语言

通过设置<script>标记中的 language 属性值，可以声明脚本语言。需要注意的是，此声明只作用于<script>标记。

　　语法：

```
<script language=scriptengine runat="server">
//脚本代码
</script>
```

其中，scriptengine 表示编译脚本的脚本引擎名称；runat 属性值设置为 server 表示脚本运行在服务器端。

　　例如，在<script>标记中声明脚本语言为 javascript，并编写程序用于向客户端浏览器输出指定的字符串，代码如下：

```
<script language="javascript" runat="server">
Response.write("Hello World!");          //调用 Response 对象的 write 方法输出指定字符串
</script>
```

　　运行程序，输出的结果为：Hello World!

4.1.3　ASP 与 HTML

　　在 ASP 网页中，ASP 程序包含在"<%"和"%>"之间，并在浏览器打开网页时产生动态内容。它与 HTML 标记两者互相协作，构成动态网页。ASP 程序可以出现在 HTML 文件中的任意位置，同时在 ASP 程序中也可以嵌入 HTML 标记。

　　【例 4-1】　ASP 程序中嵌入 HTML 标记。

　　编写 ASP 程序，通过 Date()函数输出当天日期，并应用<font>标记定义日期显示颜色，代码如下：

```
<%@LANGUAGE="VBSCRIPT" CODEPAGE="936"%>
<html>
<head>
<meta http-equiv="Content-Type" content="text/html; charset=gb2312" />
<title>ASP 程序中嵌入 HTML 标记</title>
</head>
<body>
今天是:
<%
Response.Write("<font color=red>")
Response.Write(Date())
Response.Write("</font>")
%>
</body>
</html>
```

图 4-3　ASP 程序中嵌入 HTML 标记

　　以上代码中，通过 Response 对象的 Write 方法向浏览器端输出<font></font>标记以及当前系统日期。在 IIS 中浏览该文件，运行结果如图 4-3 所示。

4.2　ASP 指令的使用

　　在 ASP 中通过指令可以完成特定的功能，如向客户端浏览器输出信息、包含其他文件等。本节介绍输出指令和#include 包含指令的使用。

4.2.1　使用输出指令

　　在 ASP 文件中，使用输出指令向客户端浏览器输出指定的信息。

ASP 输出指令的形式如下：

```
<%=expression%>
```

其中，expression 为表达式。在"<%"和"%>"分界符之间使用赋值符号可以显示表达式的值。ASP 输出指令等同于调用 Response 对象的 Write 方法显示指定的信息。

例如，在 ASP 文件中，首先为变量 str 赋值，然后输出该变量的值，代码如下：

```
<%
    Dim str                            '定义变量 str
    str="This is a Program!"           '为变量 str 赋值
%>
<%=str%>                               '使用输出指令输出变量 str 的值
```

运行程序输出的结果为：This is a Program!

4.2.2   使用#include 指令包含文件

在 ASP 文件中，可以使用包含指令#include 调用指定路径的其他文件。

语法：

```
<!--#include keyword=filename-->
```

其中，keyword 表示指令关键字，它可以为 file 或 virtual 关键字；filename 表示指定文件的路径。

注意　使用#include 指令包含的文件中不能存在与现有文件中重复的 HTML 文件结构，即不能出现两对或更多的<html>…</html>、<head>…</head>与<body>…</body>标记，否则将出现错误。

在调用#Include 指令的语句中，可以使用 file 或者 virtual 关键字指定文件的相对路径或者虚拟路径。下面介绍#include file 与#include virtual 的区别。

（1）如果文件在网站根目录下，可以使用 file 或者 virtual 关键字直接引用该文件的名称。

例如，使用 file 或 virtual 关键字包含 conn.asp 文件（其中，conn.asp 文件位于网站根目录下），代码如下：

```
<!--#include file="conn.asp"-->
```

或者

```
<!--#include virtual="conn.asp"-->
```

以上两个语句实现的效果是等同的。

（2）如果同一站点下有两个虚拟目录，分别为 ASPWeb1 和 ASPWeb2，并且在 ASPWeb1 下的文件需要引用 ASPWeb2 下的文件，则需要使用 virtual 关键字。

例如，在 ASPWeb1 下的文件中，引用 ASPWeb2 下的 counter.asp 文件，代码如下：

```
<!--#include virtual="ASPWeb2/counter.asp"-->
```

在这种情况下，不能使用 file 关键字。

（3）在#include file 语句中使用"../"表示文件的相对路径；在#include virtual 语句中使用"/"表示相对于网站根目录的文件相对路径。

例如，在 manage 文件夹下的文件引用 include 文件夹下的 conn.asp 文件，其中 manage 文件夹和 include 文件夹都位于网站根目录下，代码如下：

```
<!--#include file="../include/conn.asp"-->
```

或者

```
<!--#include virtual="/include/conn.asp"-->
```

4.3 申请域名和空间

要将网站放在互联网上供用户浏览，首先要注册域名和申请空间。也就是说，要给网站申请一个名字以及一个存放空间，通过这个名字可以让浏览者方便地访问网站。

4.3.1 了解域名

域名是互联网上服务器或网络系统的名字，域名在全世界具有唯一性。从技术上讲，域名只是一种在互联网中用于解决地址对应问题的方法。

1. 什么是域名

域名是一个企业或机构在互联网上的名字，是网络用户联络企业的唯一途径。由于国际域名在全世界是统一注册的，因此在全世界的范围内如果一个域名被注册了，其他的任何机构就都无权再注册该域名。可以说，一个域名对应一个唯一的 IP 地址，在互联网上没有重复的域名。要建立网站，首先需要给网站申请一个域名（例如，www.mrbccd.com）。网络用户可以通过这个域名访问其对应的网站，在这个过程中网站所属的企业可以达到在网上宣传自己产品和服务的目的。

2. 域名的分类

在实际应用中把域名分成两类，一类称为国际顶级域名（简称国际域名），另一类称为国内域名。一般国际域名的最后一个后缀是“国际通用域”，如 COM、NET 等。国内域名的后缀通常包括“国际通用域”和“国家域”两部分，而且要以“国家域”作为最后一个后缀。各个国家都有自己固定的国家域后缀，如 CN 代表中国。

国际域名是由国际管理机构确定的。常见的国际域名如表 4-1 所示。

表 4-1　　　　　　　　　　　国际域名

域　　名	含　　义	域　　名	含　　义
.CC	商业	.COM	商业组织、公司
.EDU	教研机构	.GOV	政府部门
.MIL	军事机构	.NET	网络服务商
.BIZ	商务组织	.ORG	非营利组织
.INFO	信息	.INT	国际组织

域名一般按照国家不同分成不同的国家域。常见的国家域名如表 4-2 所示。

表 4-2　　　　　　　　　　　国家域名

国　　家	域　　名	国　　家	域　　名
中国	.CN	英国	.UK
韩国	.KR	日本	.JP
加拿大	.CA	德国	.DE
美国	.US	法国	.FR
意大利	.IT	澳大利亚	.AU

例如，****.com 是一个国际域名，****.com.cn 则是一个中国国内域名。

3. 域名的层次结构

域名可分为不同级别，包括顶级域名、二级域名等。

顶级域名又分为国际顶级域名和国内顶级域名。例如，.com 为国际顶级域名，.CN 为国内顶级域名。

二级域名是指顶级域名之下的域名。在国际顶级域名下，它是指域名注册人的网上名称，例如 microsoft，yahoo 等；在国内顶级域名下，它是表示注册企业类别的符号，如 com，edu，gov，net 等。在二级域名下还可以有三级域名，二级域名下的域名可以称为子域名。

4. 域名的命名规则

注册域名时，首先要明确自己要注册什么样的域名，然后根据网上提供的域名注册步骤就可以完成域名注册了。完成域名注册并在域名开通后，就可以在自己的域名上发布网站。

在注册域名时，域名的命名要符合以下规则。

（1）域名中只能包含以下字符：

① 26 个英文字母；

② 0～9 这 10 个数字；

③ "-" 英文连接符号。

（2）域名中字符的组合规则：

① 在域名中，不区分英文字母的大小写；

② 对于一个域名的长度是有一定限制的。

（3）CN 下域名命名的规则：

① 遵照域名命名的所有规则；

② 只能注册到三级域名，三级域名用字母（A～Z，a～z，大小写等价）、数字（0～9）和连接符（-）组成，各级域名之间用实点（.）连接，三级域名长度不得超过 20 个字符；

③ 名称不得使用的情况如下。

- 注册含有 "CHINA"、"CHINESE"、"CN"、"NATIONAL" 等须经国家有关部门正式批准的名称；
- 其他国家或者地区名称、外国地名、国际组织名称不得使用；
- 县级以上（含县级）行政区名称的全称或者缩写要经相关县级以上（含县级）人民政府正式批准；
- 行业名称或者商品的通用名称不得使用；
- 他人已在中国注册过的企业名称或者商标名称不得使用；
- 对国家、社会或者公共利益有损害的名称不得使用。

> **说明**　由于目前主流域名的命名都是以英文命名为主，所以这里主要针对域名的英文命名规则进行详解。

4.3.2　注册域名

用户只有注册域名后才可以通过网络访问自己的网站，下面介绍域名注册的过程。

（1）查询域名。

在域名提供商网站上，可以查询自己想要注册的域名是否已被注册。例如，访问 www.net.cn（中国万网）、www.xinnet.com（新网）等。

如果域名已经被注册，网站将会向用户返回包括域名、域名注册单位、管理联系人、技术联系人等提示信息；如果域名未被注册，用户就可以继续注册域名。

（2）填写注册域名申请表。

用户可以在域名提供商网站上填写域名申请表，或者通过电话等方式联系服务商并填写域名申请表进行注册。

（3）注册域名。

域名注册应根据用户的实际情况选择注册域名的类型。域名注册分为付费和免费两种。网上有很多免费域名资源，相对来说，付费的域名更加稳定，而且有套餐服务。如果是架构企业网站，建议选择申请付费的域名。

用户填写注册申请表，并且付款后，即可完成域名注册的全过程。此时用户可以要求服务商将域名指向某个 IP 地址或者某个 URL 地址，也可以设置一定数量的二级域名。每个域名都会有使用期限，如果用户还想继续使用该域名，一定要在域名到期之前续费，否则有可能被其他用户注册。

4.3.3　申请空间

注册域名后，用户需要为网站申请存放的空间。所谓申请空间，就是为网站申请与互联网连接的虚拟主机。

1. 什么是虚拟主机

虚拟主机是使用特殊的软硬件技术，把一台计算机主机分成多台独立的"虚拟"的主机，每一台虚拟主机都具有独立的域名和 IP 地址（或共享的 IP 地址），并具有完整的互联网服务器功能。在同一台计算机、同一个操作系统上，为多个用户打开不同的服务器程序，互不干扰；而各个用户拥有自己的一部分系统资源（IP 地址、文件存储空间、内存、CPU 等）。虚拟主机之间完全独立，在外界看来，每一台虚拟主机和一台独立的主机的表现完全一样。在使用意义上是指在服务器硬盘上为用户开辟一块空间，并为用户分配相应的网络资源，这样用户就可以拥有自己的互联网地址，从而使全球各地的互联网用户能够很方便地通过用户的域名访问相应的网址。

虚拟主机的主要功能如下：

（1）储存网站文件；

（2）搭建程序的运行环境；

（3）配置数据库；

（4）提供 Web、FTP、SMTP、NNTP 等服务。

2. 选择虚拟主机的类型

若想建立一个自己的网上站点，就要选择适合自身条件的虚拟主机。目前，主要有以下 4 种类型的虚拟主机。

（1）购买个人服务器。

服务器空间的大小可根据需要增减服务器硬盘空间。选择好服务商，将服务器接入互联网，将网页内容上传到服务器中，这样其他互联网用户就可以访问此网站了。服务器管理一般有两种办法，即服务器托管和专线接入维护。

（2）租用专用服务器。

即用户建立一个专用的服务器，该服务器只为用户使用，用户有完全的管理和控制权。中小企业用户适用于这种服务，但个人用户一般不适合这种服务，因为其费用很高。

（3）共享服务器。

利用虚拟主机技术，把一台真正的主机分成许多"虚拟"的主机，每一台虚拟主机都具有独立的域名和 IP 地址，具有完整的 Internet 服务器（WWW、FTP、E-mail）功能。虚拟主机之间完全独立。这种技术的目的是让多个用户共用一个服务器，但是对于每一个用户而言，感觉不到其他用户的存在。

由于这种方式中多个用户共同使用一个服务器，所以价格是租用专用服务器的十几分之一，而且可以让用户有很大的管理权和控制权。

（4）免费网站空间。

这种服务是免费的。用户加入该服务后，服务商会为用户提供相应的免费服务，不过权限会受到很大限制，很多操作都不能使用。

用户可以根据个人的需要来选择虚拟主机的类型。如果想尝试做网络管理员，则可以考虑申请共享服务器；如果想建立很专业的商业网站，建议租用服务器或购买个人服务器。

3. 注册虚拟主机

虚拟主机注册分为付费和免费两种。

（1）付费虚拟主机注册。

申请网络空间时，用户需要和出租网络空间的公司签署合同，标明双方的权利和义务。在确认合同生效后，用户需要向出租网络空间的公司缴纳费用。如果是在网站上直接申请，可以通过邮局汇款或者银行转账的形式向对方付款。

出租网络空间的公司在收到用户所缴纳的费用后，会在公司的服务器上为用户划分一块用户指定大小的空间，同时会将用户空间的 FTP 账号和密码发送给用户，这样用户就可以使用这个账号和密码将文件上传到申请的空间中去。

用户将所申请空间的 IP 地址通知域名公司绑定域名和 IP 地址，这样当网络用户输入域名时就可以直接访问此网站了。

（2）免费虚拟主机注册。

免费虚拟主机无须任何费用，可作为个人主页、小型博客、广告宣传等 Web 应用。但是支持的服务少，限定的空间小，速度慢，得不到相应的技术支持。

4.4 发 布 网 站

发布网站是指将网站放置在指定的空间以供用户浏览。本节将介绍在局域网内发布网站和通过 FTP 工具上传网站文件到互联网上。

4.4.1 局域网内发布网站

在局域网内，可以应用 DNS 服务器发布带域名的网站，使用户可以通过输入域名而不是输入难于记忆的 IP 地址来访问网站。域名服务器（Domain Name Server，DNS）主要为 Internet 上的计算机提供名称到 IP 地址的映射服务以及域名解析。

下面介绍应用 DNS 服务器发布带域名网站的具体步骤。

1. 安装 DNS 服务

下面以 Windows 2003 Server 系统为例，介绍安装 DNS 服务的步骤。

（1）选择"开始"/"设置"/"控制面板"菜单项，打开"控制面板"窗口。

（2）在"控制面板"窗口中双击"添加或删除程序"图标，打开"添加或删除程序"对话框。然后在左边项目栏中，单击"添加/删除 Windows 组件"按钮。

（3）在打开的"Windows 组件向导"对话框的"组件"列表框中，选中"网络服务"复选框，如图 4-4 所示。

（4）单击"详细信息"按钮，打开"网络服务"对话框。在该对话框中用户可以选择自己所需要安装的任何网络服务或协议。在此，选择安装"域名系统（DNS）"服务，然后单击"确定"按钮，如图 4-5 所示。

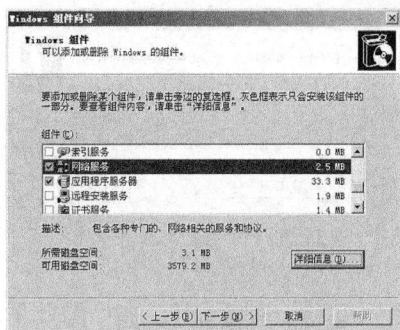

图 4-4 选择"网络服务"复选框

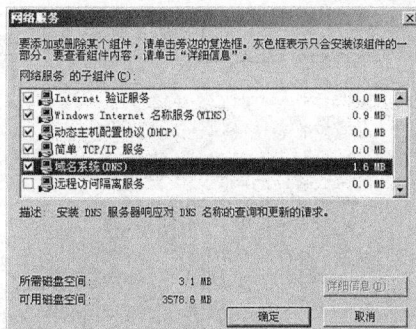

图 4-5 选择"域名系统（DNS）"服务

（5）单击"下一步"按钮开始网络服务组件的安装，如图 4-6 所示。在安装的过程中需要将系统的安装盘插入到光驱中。如果没有插入系统安装盘，在安装的过程中则会打开一个"插入磁盘"的对话框，插入光盘后单击"确定"按钮即可继续进行安装。

（6）单击"下一步"按钮，在弹出的"完成安装"对话框中单击"完成"按钮，即可完成 DNS 服务的安装。

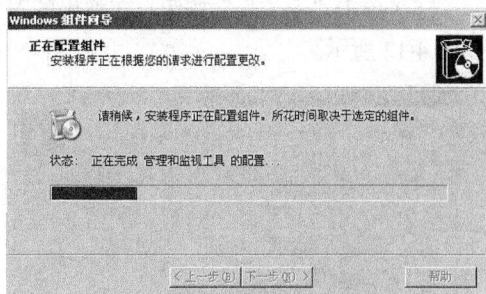

图 4-6 网络服务组件的安装

2. 创建 DNS 区域

在 Windows 2003 Server 系统中，通过手动添加 DNS 服务后，还需要对 DNS 服务进行相应的配置。下面介绍创建 DNS 区域的具体方法。

（1）单击"开始"按钮，选择"管理工具"/"DNS"菜单项，打开 DNS 服务控制台，如图 4-7 所示。

（2）在 DNS 服务控制台的左侧窗口中，用鼠标右键单击"正向查找区域"，在弹出的快捷菜单中选择"新建区域"命令，如图 4-8 所示。

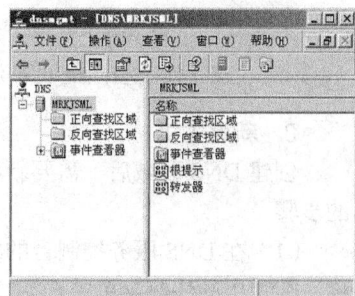

图 4-7 DNS 服务控制台

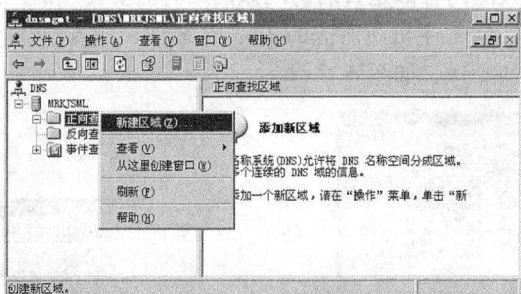

图 4-8 新建 DNS 区域

（3）启动"新建区域向导"对话框，进行区域类型的选择，如图 4-9 所示。

（4）区域类型选择后，单击"下一步"按钮创建新区域文件，在"创建新文件，文件名为"文本框中输入需要创建的新区域文件的名称，如图 4-10 所示。单击"下一步"按钮进行动态更新的选择，如图 4-11 所示。

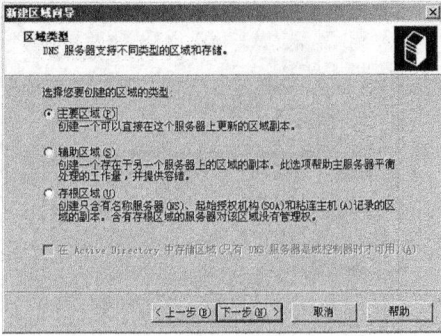

图 4-9　"新建区域向导"对话框

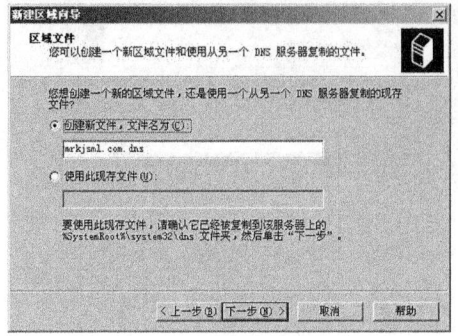

图 4-10　创建新区域文件

（5）单击"下一步"按钮，在弹出的对话框中单击"完成"按钮，即可完成新建区域的创建，如图 4-12 所示。

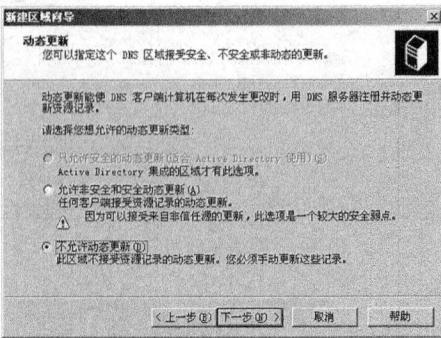

图 4-11　选择动态更新类型

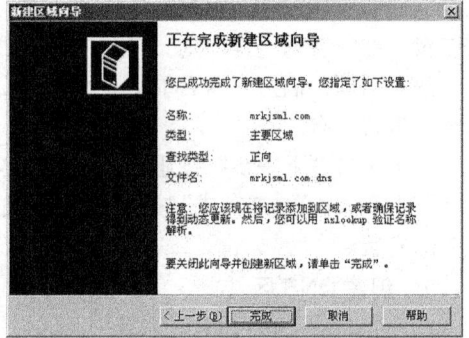

图 4-12　新建区域创建成功

3. 新建主机

创建 DNS 区域后，需要新建主机，因为 DNS 服务器查询的是主机信息。下面介绍新建主机的步骤。

（1）在 DNS 服务控制台的左侧窗口中，用鼠标右键单击"正向查找区域"下的 DNS 区域名称，在弹出的快捷菜单中选择"新建主机"命令，如图 4-13 所示。

（2）在打开"新建主机"对话框中的"名称"文本框中输入新建的主机名称，如"www"。需要注意的是，在这里输入的内容即是日后访问该网站时需要使用的网站地址。

在"IP 地址"文本框中输入主机所对应的实际 IP 地址。输入 IP 地址后，单击"添加主机"按钮，完成新建主机的添加操作，如图 4-14 所示。

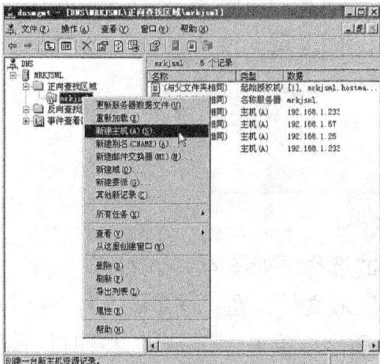

图 4-13　选择"新建主机"命令

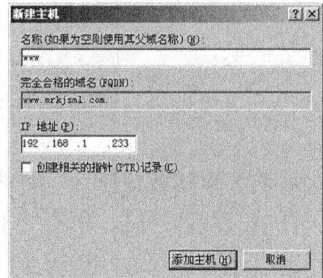

图 4-14　添加主机 IP 地址

4. 配置 DNS 客户机

以上对安装 DNS 服务器、创建 DNS 区域、新建主机进行了介绍，下面介绍如何在客户端配置 DNS 客户机。

（1）以 Windows 2003 Server 为例，在客户机"网络连接"对话框中的"本地连接"图标上单击鼠标右键，在弹出的快捷菜单中选择"属性"命令，如图 4-15 所示。

（2）单击"属性"命令后，将弹出"本地连接属性"对话框，如图 4-16 所示。

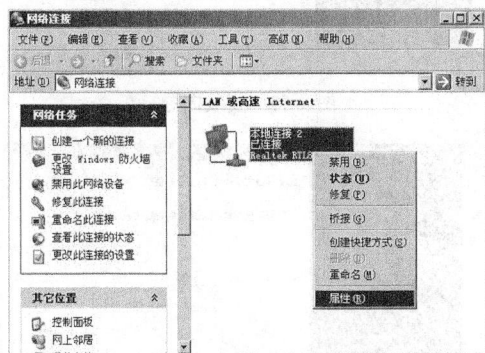

图 4-15　"网络连接"对话框

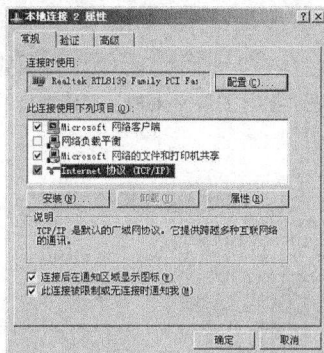

图 4-16　"本地连接属性"对话框

（3）在"本地连接属性"对话框中的列表项目中选择"Internet 协议（TCP/IP）"选项，单击"属性"按钮，打开如图 4-17 所示的"Internet 协议（TCP/IP）属性"对话框。

在"使用下面的 DNS 服务器地址"中输入 DNS 服务器的 IP 地址，分别是首选 DNS 服务器和备用 DNS 服务器。首选是指连接网络时指定的 IP 地址，备选是指当首选 DNS 服务器有问题时，计算机自动选择的备选 DNS 服务器。

（4）将首选和备用 DNS 服务器的 IP 地址填加完毕后，单击"确定"按钮完成设置。

5. 配置默认站点

在完成 DNS 服务器的配置后，就需要对 IIS 上的

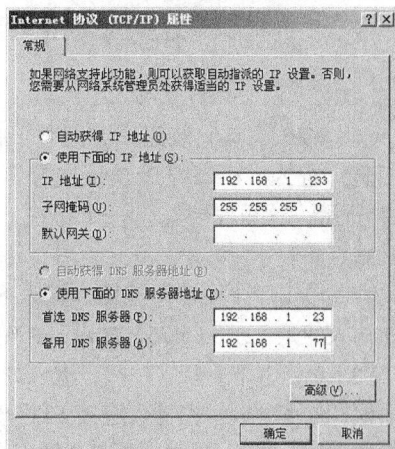

图 4-17　"Internet 协议（TCP/IP）属性"对话框

默认站点进行配置了。具体的配置方法请参见 2.3 节的介绍，这里就不再赘述了。需要注意的是，默认站点所选择的 IP 地址一定为"新建主机"时所使用的 IP 地址。

4.4.2　通过 FTP 上载网站

应用 FTP 工具可以将网站发布到互联网上。FTP 工具种类丰富，下面以 CuteFTP 软件为例，介绍安装和利用其上传网站文件的步骤。

（1）用鼠标双击 FTP 工具的安装文件，此时进入 FTP 工具的安装启动界面，如图 4-18 所示。

（2）在"安装向导"对话框中，单击"下一步"按钮继续安装，如图 4-19 所示。

（3）在图 4-20 中通过单击"浏览"按钮可以为 FTP 安装程序指定"目的地文件夹"。

（4）选择 FTP 安装路径后，单击"下一步"按钮，继续安装 FTP 工具。

（5）安装完成后，出现如图 4-21 所示的界面，单击"完成"按钮完成 FTP 工具的安装。

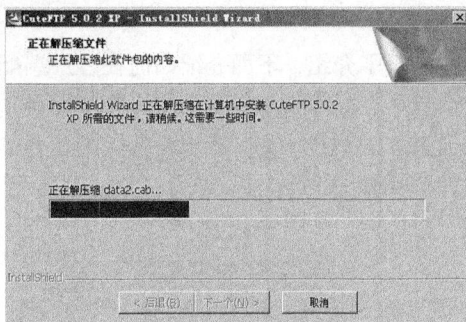

图 4-18　安装 CuteFTP 上传工具的启动界面

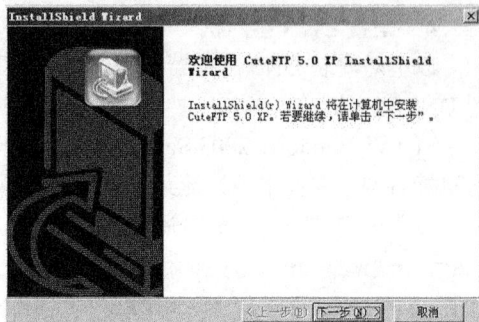

图 4-19　安装向导

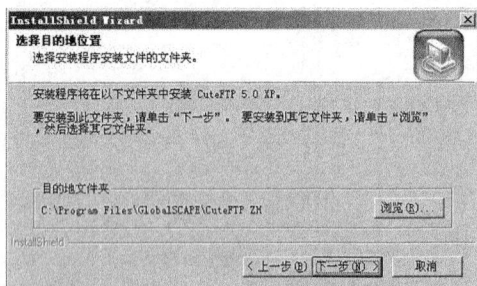

图 4-20　选择 FTP 安装路径

图 4-21　完成 FTP 上传工具的安装

（6）FTP 工具安装完成的同时，将启动 FTP 上传工具。进入"CuteFTP 连接向导"对话框，如图 4-22 所示，这里需要输入一个标签，主要用来识别 FTP 站点。

（7）单击"下一步"按钮，输入 FTP 主机地址。在此输入的是 221.8.65.76，如图 4-23 所示。

（8）单击"下一步"按钮，进入如图 4-24 所示的对话框，在该对话框中输入连接 FTP 站点时需要的用户名和密码。如果要连接的 FTP 站点允许匿名登录，可以直接将"匿名登录"复选框选中；否则需要输入正确的用户名和密码。

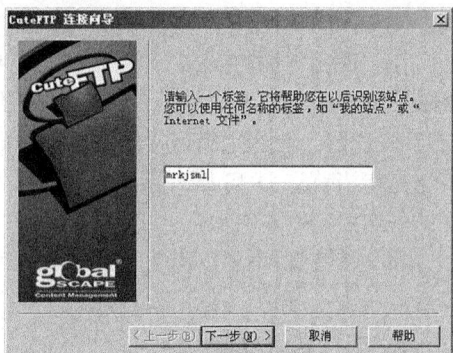

图 4-22　"CuteFTP 连接向导"对话框

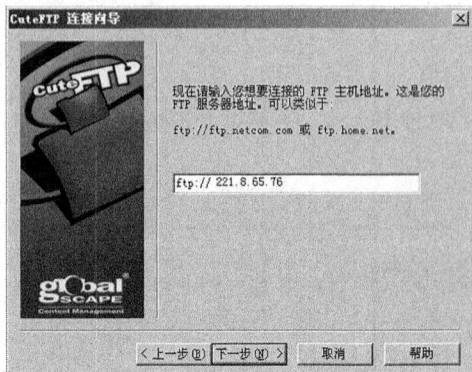

图 4-23　输入 FTP 主机地址

图 4-24　输入登录用户名和密码

（9）单击"下一步"按钮，打开如图 4-25 所示的对话框，在此需要选择默认本地目录。

（10）单击"下一步"按钮，在图 4-26 中可以选择"自动连接到该站点"和"添加到右键外壳集成"两个选项，然后单击"完成"按钮，完成 FTP 站点的连接设置。

图 4-25　选择默认本地目录

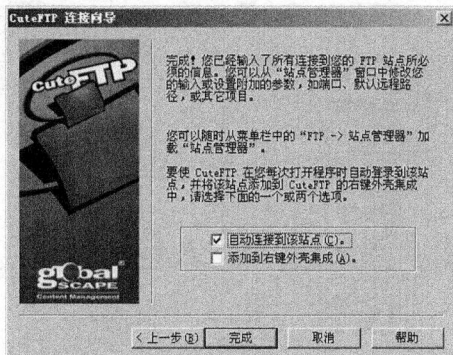

图 4-26　完成 FTP 站点连接设置

（11）如果 FTP 站点连接成功，将进入 FTP 上传工具的主窗口，如图 4-27 所示。

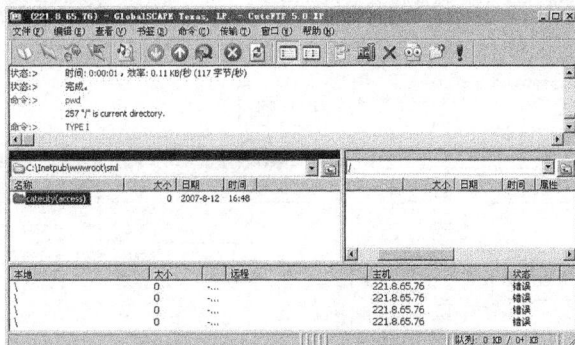

图 4-27　FTP 上传工具主窗口

（12）在 FTP 上传工具主窗口中，用户还可以单击工具栏中的 按钮后，在工具栏下面的"主机"、"用户名"、"密码"和"端口"文本框中输入相应内容，按<Enter>键或单击"端口"文本框后面的 按钮，对 FTP 站点进行连接，如图 4-28 所示。

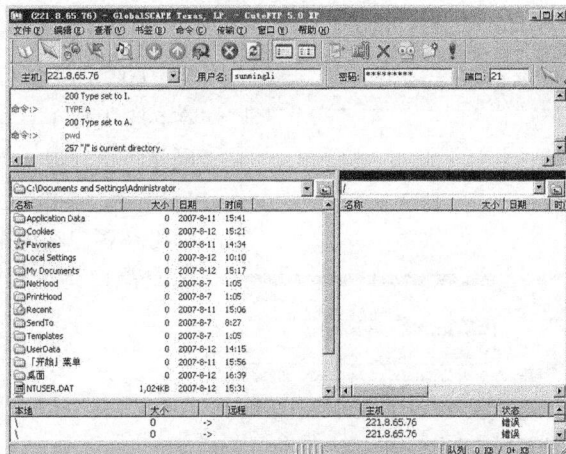

图 4-28　FTP 站点连接

图 4-29　开始上传网站

（13）在已经连接 FTP 站点的 FTP 上传工具的主窗口中，选中要上传的网站，单击鼠标右键，在弹出的快捷菜单中选择"上传"命令；或者直接将要上传的网站，用鼠标左键拖放到已连接 FTP 站点上的指定文件夹中，如图 4-29 所示。

（14）在上传网站的过程中，FTP 上传工具主窗口的上部分显示正在传送哪些文件；左边部分显示正在传送的文件所在文件夹中的所有文件；右边部分显示正在向哪个文件夹中传送文件，并且处于不可编辑的状态；下边部分显示文件传送的状态，如图 4-30 所示。

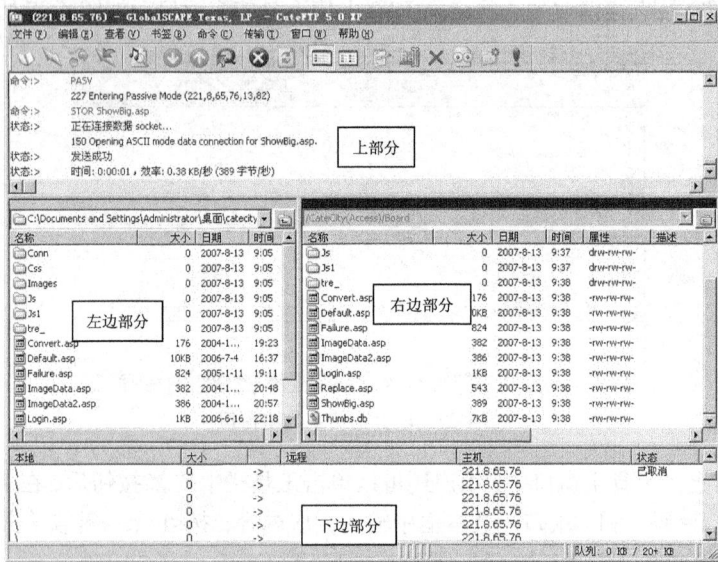

图 4-30　正在上传网站

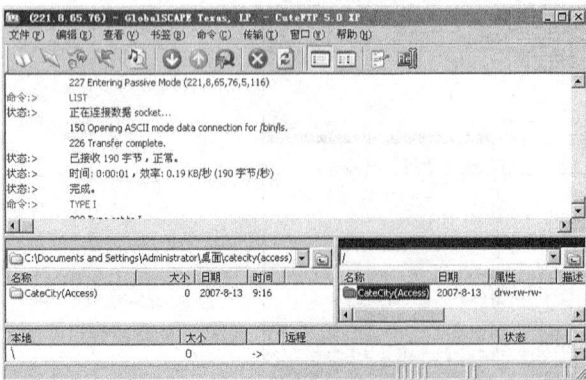

图 4-31　完成网站上传

（15）指定的网站上传成功后，会在 FTP 上传工具主窗口的上面部分显示网站传送完成，如图 4-31 所示。

（16）网站上传成功后，其他用户即可在客户端浏览器通过输入网站的域名或者 IP 地址对网站进行访问。

小　　结

本章主要介绍了 ASP 开发的基础知识以及发布网站到互联网上的方法。读者在开发 ASP 应用程序之前需要掌握 ASP 的基本语法，如 ASP 的文件结构、声明使用的脚本语言、输出指令和 #include 包含指令的使用方法等。为了使读者加深对网络的认识，本章还介绍了申请域名和空间的方法，并演示如何将网站发布到互联网上。

习　　题

4-1　编写 ASP 代码的分界符是什么？

4-2　在 ASP 页面中使用什么指令声明脚本语言？

4-3　在<script>标记中声明的脚本语言的应用范围是什么？

4-4　ASP 代码可以出现在 HTML 文件中的任意位置，那么在 ASP 代码中可以嵌入 HTML 标记吗？如何嵌入？

4-5　ASP 的输出指令是什么？#include 指令的作用是什么？

4-6　域名可以分为哪两类？域名的层次结构如何？域名的作用是什么？

4-7　虚拟主机的类型有哪些？

4-8　下面哪个是国际顶级域名？

（1）yyy.xxx.com　　　　　　　　　　　　（2）xxx.net

（3）xxx.com.cn　　　　　　　　　　　　　（4）xxx.cn

上 机 指 导

4-1　在 IIS 服务器中设定 ASP 使用的默认脚本语言。

4-2　在互联网上注册一个域名，根据实际情况选择付费或者免费的域名。

4-3　申请一个虚拟主机，应考虑该虚拟主机的服务范围。

4-4　利用 4-2 和 4-3 中申请的域名和空间，使用 FTP 工具将自己建设的网站发布到互联网上。

第5章
VBScript 脚本语言

本章介绍 VBScript 脚本语言的语法及其应用，主要内容包括 VBScript 语言概述以及 VBScript 的常量、变量、运算符、函数、数组、流程控制语句、注释语句、过程等。通过本章的学习，读者可以全面地了解 VBScript 脚本语言的特点，扎实掌握其语法要求，深刻理解 VBScript 脚本语言包含的每个元素及其作用。

5.1　VBScript 语言概述

在 ASP 中，通过使用 VBScript 脚本语言编写程序代码，可以实现主要的功能模块。本节介绍 VBScript 脚本语言的概念以及 VBScript 代码的编写格式。

5.1.1　了解 VBScript 语言

VBScript 是 Microsoft Visual Basic Script Edition 的简称，是一种脚本语言。可以将 VBScript 程序嵌入到 HTML 中，制作出动态交互的 Web 页面。VBScript 是程序开发语言 Visual Basic 的一个子集，为 ASP 默认的脚本编程语言。

VBScript 脚本语言具有以下特点。

（1）语言简单、易学易用。VBScript 是 Visual Basic 的简化版本。VBScript 继承了 Visual Basic 简单易学的特点。

（2）增强客户端功能、降低 Web 服务器负荷。VBScript 使得程序在将表单数据发送到服务器之前，就可以验证表单上的数据，以进行相应处理，还可以动态地创建新的 Web 内容，甚至可以编写完全在客户端运行的应用程序（如游戏应用程序等），并可以用于扩展客户端的功能。

（3）可用于 ASP 程序设计。ASP 提供一个服务器端的脚本环境，应用 VBScript 语言可编写动态、交互、高效的应用程序。

（4）多种嵌入形式。开发者可以应用免费的 VBScript 脚本来编写程序。VBScript 与 IE 浏览器是集成在一起的，VBScript 和 ActiveX 控件也可以在应用程序中结合使用以实现特定的功能。

5.1.2　VBScript 代码编写格式

VBScript 是 Microsoft 公司开发的 VB 语言的一个子集，它是专门为 IE 开发的编程语言，是一个简单易学的脚本语言，使用 VBScript 脚本的目的是控制页面内容的动态交互性。因此，它被广泛地应用于服务器端和客户端。也就是说，使用 VBScript 既可以编写服务器端脚本，也可以编写客户端脚本。

1. 服务器端脚本编写格式

服务器端脚本在 Web 服务器上执行，由服务器根据脚本的执行结果生成相应的 HTML 页面发送到客户端浏览器中并显示。只有服务器端脚本才能真正地实现"动态网页"的功能。服务器端脚本的执行不受浏览器的限制，脚本在网页通过网络传送给浏览器之前被执行，Web 浏览器收到的只是标准的 HTML 文件。

在 ASP 程序中，编写服务器端脚本有两种方法。

（1）方法一：将脚本代码放置在<%…%>标识符之中。格式如下：

```
<% VBScript 代码 %>
```

【例 5-1】　在<%…%>中编写 VBScript。

编写 VBScript 代码，在变量 Num 值不为"0"的情况下，向客户端浏览器输出指定字符串，代码如下：

```
<html>
<head>
<meta http-equiv="Content-Type" content="text/html; charset=gb2312" />
<title>服务器端脚本 1</title>
</head>
<body>
<%
Dim Num
Num=1
If Num <> 0 Then Response.Write("欢迎
来到 ASP 编程世界！")
%>
</body>
</html>
```

图 5-1　在<%…%>中编写 VBScript

保存文件为"index.asp"。在 IIS 中浏览该文件，运行结果如图 5-1 所示。

（2）方法二：将脚本代码放置在<script>…</script>标记之间。格式如下：

```
<script language="vbscript" runat="server">
    VBScript 代码
</script>
```

【例 5-2】　在<script>…</script>中编写 VBScript。

定义<script>标记中 runat 属性为"server"，编写服务器端脚本输出指定字符串，代码如下：

```
<html>
<head>
<meta http-equiv="Content-Type" content="text/html; charset=gb2312" />
<title>服务器端脚本 2</title>
</head>
<body>
<script language="vbscript" runat= "server">
    Response.Write("...编程无极限...")
</script>
</body>
</html>
```

图 5-2　在<script>…</script>中编写 VBScript

保存文件为"index.asp"。在 IIS 中浏览该文件，运行结果如图 5-2 所示。

2. 客户器端脚本编写格式

客户端脚本由浏览器解释执行。由于客户端脚本随着 HTML 页面下载到客户端浏览器，在用户本地执行，因此其执行速度明显快于服务器端脚本。客户端脚本常用于做简单的客户端验证或实现网页特效等。

客户端脚本的代码是写在<script>和</script>标记之间的。可以将编写完成的代码块放置在 HTML 文档中的任何位置。但是通常情况下，是将代码块放在<Head>标记之间，以便查看和使用。

语法格式如下：

```
<script language="脚本语言" [event="事件名称"] [for="对象名称"]>
<!--
    //脚本代码
-->
</script>
```

language：用于指定脚本代码所使用的脚本语言。其参数值可以为 JavaScript、VBScript、Jscript 等。

event：用于指定与脚本代码相关联的事件。

for：用于指定与脚本代码相关联的对象。

> 在<script></script>之间嵌入的注释标记<!--和-->，其目的是为了使不能识别 Script 标记的浏览器，在遇到此段代码时忽略其功能，使页面能够正常浏览。

【例 5-3】 编写客户端脚本。

在页面中插入一个"按钮"控件，当用户单击此按钮时，弹出相应的提示信息，代码如下：

```
<html>
<head>
<meta http-equiv="Content-Type" content="text/html; charset=gb2312" />
<title>客户端脚本</title>
<script language="vbscript" event="onClick" for="btn1">
    MsgBox "您单击了此按钮！"
</script>
</head>
<body>
<input name="btn1" type="button" id="btn1"
value="单击按钮" />
</body>
</html>
```

保存文件为"index.asp"。在 IIS 中浏览该页面并单击按钮，运行结果如图 5-3 所示。

图 5-3 编写客户端脚本

> VBScript 的 MsgBox 函数不能在服务器端脚本中使用。因为信息框是用户界面元素，不能在服务器端执行。

5.2 常量与变量

常量与变量是 VBScript 语言的常见元素。本节介绍 VBScript 中常量、变量的声明和赋值，以及如何确定变量的作用域和存活期。

5.2.1　VBScript 常量

常量是具有一定含义的名称，用于代替数值或字符串，在程序执行期间其值不会发生变化。常量可分为普通常量和符号常量。普通常量通常可以称为文字常量，它不必定义就可以在程序中使用，而符号常量则要用 Const 语句加以声明才能使用。

1．文字常量

按照数据类型的不同，普通常量可以分为字符串常量、数值常量和日期时间常量。

（1）字符串常量。

字符串常量主要是由一对双引号括起来的字符序列所组成。其中字符主要包含字母、汉字、数字以及标点符号等，长度不能超过 20 字符。

例如：

```
"VBScript 脚本语言--阶段 1"
```

（2）数值常量。

数值常量可以分为整型常量、长整型常量和浮点型常量。其中整型常量和长整型常量可以用十进制、十六进制和八进制 3 种形式来表示。

例如：

```
&H73          '表示为十六进制

&O82          '表示为八进制
```

（3）日期时间常量。

日期时间常量用一对#号括起来。

例如：

```
#2007-10-9 13:30:00#
```

2．符号常量

符号常量是通过一个标识符表示的常量，用于代替数字或字符串，在程序执行期间其值不会发生变化。在 VBScript 中，可以通过关键字 Const 语句定义符号常量。符号常量可以分为预定义符号常量和用户自定义常量。

（1）预定义符号常量。

预定义符号常量是在 VBScript 中建立的，并且在使用之前不必定义的常量。在代码的任意位置都可以使用此常量所表示的说明值。

例如，vbCr 表示回车；Empty 表示没有初始化之前的值。

（2）用户自定义常量。

用户自定义常量是通过 Const 语句来创建的。使用 Const 语句可以创建具有一定意义的字符串型或数值型常量，并赋予一个常量值。

例如，定义一些常量，代码如下：

```
Const PI=3.14159265358979323846
Const OlympicsBJ=#2008-8-8#
```

5.2.2　变量的声明和赋值

VBScript 中的变量是一种使用方便的占位符，主要用于引用计算机的内存地址来存储脚本运行时更改的数据信息。在 VBScript 中的变量不区分大小写，在使用变量时，用户不需要知道变量在计算机的内存中是如何存储的，只要引用变量名来查看或更改变量的值就可以了。

1. 变量命名规则

在 VBScript 中，变量命名必须遵循以下规则：

（1）变量名必须以字母开头；

（2）变量名中不能含有句点（.）；

（3）名字的长度不能超过 255 个字符；

（4）不能与 VBScript 的关键字相同；

（5）在被声明的作用域内必须唯一。

2. 声明变量

VBScript 中声明变量有两种方式，一种是显式声明，另一种是隐式声明。

（1）显式声明。

显式声明是通过变量声明语句来声明变量，它可以在定义变量的时候为变量在内存中预留空间。声明语句包括 Dim 语句、Public 语句和 Private 语句。一个声明语句可以声明多个变量，并且应用逗号将多个变量分开。

① 通过 Dim 语句声明变量。

语法：

```
Dim 变量名[,变量名]
```

例如，使用 Dim 语句分别声明 1 个变量、4 个变量及 1 个一维数组，代码如下：

```
Dim i
Dim Conn,ConnStr,Rs,sqlstr
Dim Array(10)
```

② 通过 Public 语句声明变量。

Public 语句是用来声明全局变量的，这些变量可以在网页中的所有脚本和过程中使用。

语法：

```
Public 变量名[,变量名]
```

例如：

```
Public Standard
```

③ 通过 Private 语句声明变量。

Private 语句是用来声明私有变量的，声明的变量只能在声明它的脚本中或在声明的 <Script></Script> 标记之间使用。

语法：

```
Private 变量名[,变量名]
```

（2）隐式声明。

因为在 VBScript 中只有一种数据类型，即变体类型，所以在 VBScript 中使用一个变量前是无须声明的，可以直接在脚本代码中使用。当在程序运行过程中检查到该变量时，系统会自动在内存中开辟存储区域并登记该变量名。

为了避免隐式声明时因写错变量名等引起的问题，在 VBScript 中提供了 Option Explicit 语句来强制显式声明变量。如果在程序中应用了该语句，则所有的变量必须先声明，然后才能使用，否则会出错。强制声明会增加代码量，但可以提高程序的可读性，减少出错的机会。Option Explicit

语句必须位于 ASP 处理命令之后、任何 HTML 文本或脚本命令之前。

例如，使用 Option Explicit 语句强制显式声明变量，代码如下：

```
<%@LANGUAGE=VBSCRIPT%>
<%
Option Explicit
Dim Company
%>
```

3. 为变量赋值

在 VBScript 中，可以通过赋值运算符 "=" 为指定的变量赋值。变量位于赋值运算符的左边，要赋的值位于赋值运算符的右边。所赋的值可以是任何数值、字符串、常数或表达式。具体的语法格式如下：

变量名=变量值

例如，为一些变量赋值，代码如下：

```
Company="欣欣向荣"
BookName="新书发布"
PublishDate=#2009-1-1#
```

5.2.3　变量的作用域和存活期

1. 变量的作用域

变量的作用域是由声明它的位置决定的。如果在过程中声明变量，则只有该过程中的代码可以访问或更新变量值，此时变量具有局部作用域并被称为过程级变量。如果在过程之外声明变量，则该变量可以被脚本中所有过程所识别，称为脚本级变量，具有脚本级作用域。

【例 5-4】　区分变量的作用域。

在页面中使用 Dim 语句声明一个脚本级变量 str 并赋值；使用 call 语句调用子过程 GetResult（）；调用 Response 对象的 Write 方法输出变量 str 的值。自定义的子过程 GetResult（）中，使用 Dim 语句再次声明变量 str（过程级变量），并赋予不同的变量值。代码如下：

```
<%@LANGUAGE="VBSCRIPT" CODEPAGE="936"%>
<html>
<head>
<meta http-equiv="Content-Type" content="text/html; charset=gb2312" />
<title>区分变量的作用域</title>
</head>
<body>
<%
Dim str                      '声明脚本级变量
str="体育项目"               '给脚本级变量赋值
call GetResult()             '调用 GetResult()子过程
Response.Write str           '输出变量 str 的值

'下面定义 GetResult()子过程
Sub GetResult()
Dim str                      '声明过程级变量
str="网球、乒乓球、游泳..."  '给过程级变量赋值
```

```
End Sub
%>
</body>
</html>
```

以上代码中，虽然在过程中声明了同名称变量 str，但程序最终输出的仍是脚本级变量 str 的值。这是因为过程级变量在过程外是不起作用的，当过程级变量与脚本级变量同名时，在过程中对变量进行操作或运算是不会影响到脚本级变量的。

图 5-4　区分变量的作用域

保存文件为 "index.asp"。在 IIS 中浏览该文件，运行结果如图 5-4 所示。

但是，如果在过程内都未使用 Dim 语句声明变量，则程序将会改变脚本级变量的值。代码如下：

```
<%
Dim str                              '声明脚本级变量
str="体育项目"                       '给脚本级变量赋值
call GetResult()                     '调用 GetResult()子过程
Response.Write str                   '输出变量 str 的值

'下面定义 GetResult()子过程
Sub GetResult()
str="网球、乒乓球、游泳……"         '给脚本级变量赋值
End Sub
%>
</body>
</html>
```

运行结果为：网球、乒乓球、游泳……

为了避免混淆脚本级变量和过程级变量，要养成显式声明变量的习惯。

2．变量的存活期

变量存在的时间称为存活期。

脚本级变量的存活期从被声明的一刻起，直到脚本运行结束。

过程级变量的存活期仅是该过程运行的时间，该过程结束后，变量随之消失。在执行过程时，局部变量是理想的临时存储空间。在不同过程中可以使用同名的局部变量，这是因为每个局部变量只被声明它的过程识别。

5.3　运算符的应用

运算符是完成操作的一系列符号。在 VBScript 中，运算符包括算术运算符、连接运算符、关系运算符、逻辑运算符等几种类型。当表达式包含多个运算符时，将按预定顺序计算每一部分，该顺序称为运算优先级。

1．算术运算符

算术运算符，主要有以下几种。

（1）加法运算符（+）：用于计算两个数字的和。

（2）减法运算符（−）：用于计算两个数字的差。

（3）乘法运算符（*）：用于计算两个数相乘。

（4）指数运算符（^）：用于计算数的指数次方。

（5）除法运算符（/）：用于两个数值相除并返回以浮点数表示的结果。

（6）整数除法运算符（\）：用于两个数相除并返回以整数形式表示的结果。

以上运算符的优先级从高到低依次为^（指数运算符）、*或/（乘法和除法的优先级相同）、\、+或-（加法和减法的优先级相同）。

2. 连接运算符

连接运算符是将两个字符表达式连接起来，生成一个新的字符串。连接运算符有"+"和"&"。其中，"+"用于连接两个字符串，"&"可以用于连接两个不同类型的数据。例如，下面的代码：

```
<%
Dim s1,s2,s3,R1,R2
s1="Today "
s2="Is "
s3=#12/25/09#
R1=s1 + s2     '字符串与字符串的连接
R2=R1 & s3     '字符串与日期的连接
Response.Write R2
%>
```

运行结果为：Today Is 2009-12-25

3. 关系运算符

关系运算符用于对两个表达式的值进行比较（可以是数值的比较，也可以是字符串的比较）。关系运算符的语法格式如下：

```
NumExp = NumExp1 Operator NumExp2
```

其中，NumExp1 和 NumExp2 均为表达式，NumExp 为表达式的结果，Operator 表示关系运算符。VBScript 中的关系运算符如表 5-1 所示。

表 5-1　　　　　　　　　　　　　　关系运算符

运　算　符	含　　义	说　　明
=	相等	X=Y
<>	不相等	X<>Y
>	大于	X>Y
<	小于	X<Y
>=	大于等于	X>=Y
<=	小于等于	X<=Y

在程序应用中，关系运算的结果通常用于判断，如下面的代码：

```
<%
Dim X
X = 100
If X<>200 then     '判断 X 是否与 200 相等
    Response.Write "Not Equal"
Else
    Response.Write "Equal"
End if
%>
```

上述程序中，由于 X 不等于 200，关系运算结果为"真"，所以输出的结果为"Not Equal"。

4．逻辑运算符

逻辑运算符通常也称为布尔运算符，专门用于逻辑值之间的运算。用于完成逻辑运算的运算符有以下几种。

（1）取反运算符（Not）：对逻辑真取反的结果为逻辑假，而对逻辑假取反的结果为逻辑真。

（2）逻辑与运算符（And）：如果两个表达式的值都为真，结果才为真，否则结果为假。

（3）逻辑或运算符（Or）：两个表达式中只要有一个为真，结果就为真，只有两个都为假，结果才为假。

（4）异或运算符（Xor）：如果两个表达式同时为真或同时为假，则结果为假；两个表达式中一个为真，另一个为假，则结果为真。

（5）等价运算符（Eqv）：是异或运算符取反的结果，即如果两个表达式同时为真或同时为假，则结果为真，否则结果为假。

以上逻辑运算符的优先级顺序按从上到下的顺序逐渐降低。

5．运算符的优先级

当一个表达式包含有多个运算符时，系统是按照一定的计算顺序进行运算的。运算符的优先顺序如下：

算术运算符 > 连接运算符 > 关系运算符 > 逻辑运算符

对于同优先级的运算符，以从左到右的顺序进行运算。在表达式中，可以使用括号来改变计算的优先顺序，因为括号内的运算总是优先于括号外的运算。

5.4　函数的应用

VBScript 提供了许多重要的内部函数，通过使用这些函数，可以灵活、快速地开发出多功能的程序模块。本节将介绍字符串函数、转换函数、日期和时间函数、判断函数、数学函数以及其他函数的应用。

5.4.1　字符串处理

字符串函数是编写程序时使用最多的函数。字符串函数用于对字符串数据进行处理，常用字符串函数如表 5-2 所示。

表 5-2　　　　　　　　　　　　　　　　常用的字符串函数

函　　数	说　　明	举　　例
Asc(str)	返回第一个字符的 ASCII 字符代码	Asc("Apple")返回 65
InStr(start,str1,str2)	返回从字符串 str1 的 start 位置查找 str2 第一次出现的位置。str1 与 str2 相同时返回 0	InStr(1,"football","ball")返回 5
Lcase(str)	将字符串 str 中的所有字符转换为小写	Lcase("Hello　Everyone") 返回 "hello everyone"
Left(str,len)	返回字符串 str 中最左侧的长度为 len 的子字符串	Left("hello",2)返回"he"
Len(str)	返回字符串 str 的长度	Len(("hello")返回 5
Ltrim(str)	去除 str 左边的空格	Ltrim("　A and B")返回"A and B"

续表

函　数	说　明	举　例
Mid(str,start,len)	返回从 str 的第 start 个字符开始的 len 个字符	Mid("hello",4,2)返回"lo"
Right(str,len)	返回 str 右边的 len 个字符	Right("hello",3) 返回"llo"
Rtrim(str)	去掉字符串右边的空格	Rtrim("　A or B　")返回"　A or B"
StrComp(str1,str2[,method])	返回两个字符串的比较结果。如果字符串 str1 小于字符串 str2，则返回−1；如果两个字符串中相等则返回 0；如果字符串 str1 大于字符串 str2，则返回 1；如果其中任意一个字符串为空值 NULL，则返回空值 NULL。参数 method 表示比较方式，0 表示二进制比较方式，1 表示文字比较方式	StrComp("ASP","asp")返回−1
InStrRev(str1,str2)	返回字符串 str1 中从尾部开始搜索某子串 str2 第一次出现的位置	InStrRev("foot-ball","ball")返回 6
Trim(str)	去除字符串两端的空格	Trim("　A <> B　")返回"A <> B"
Ucase(str)	将字符串 str 中的所有字符串转换成 str 的大写	Ucase("Hello　Everyone") 返回 "HELLO EVERYONE"

【例 5-5】 取字符串的子串。

取时间 "2009-06-20 15:24:20" 中的年月日部分。首先应用 Instr 函数确定字符串中唯一的空格的位置，然后再应用 Mid 函数取出空格前面的年月日。代码如下：

```
<html>
<head>
<meta http-equiv="Content-Type" content="text/html; charset=gb2312" />
<title>取字符串的子串</title>
</head>
<body>
<script language="vbscript">
    Dim DT,RS
    DT="2009-06-20 15:24:20"
    RS=Mid(DT,1,Instr(DT," "))
    document.write RS        //应用 document 对象的 write 方法向客户端浏览器输出信息
</script>
</body>
</html>
```

以上程序，通过编写客户端脚本实现其功能并输出所获取到的字符串。

运行结果为：2009-06-20

5.4.2　数据转换

转换函数用于将一种类型的数据转换成其他类型的数据，常用的转换函数如表 5-3 所示。

表 5-3   常用的转换函数

函　数	说　明	举　例
CBool(expression)	将 expression 转换成布尔类型	CBool(0)返回 False
CByte(expression)	将 expression 转换成单字节类型	Cbyte(26.723)返回 27
CDate(expression)	将 expression 转换成日期类型	CDate("Feb 19,2009") 返回 2009-2-19
CDbl(expression)	将 expression 转换成双精度类型	CDbl("323.615")返回 323.615
Chr(expression)	将 expression 所表示的 ASCII 转换为对应字符串	Chr(65)返回 "A"
CInt(expression)	将 expression 转换成整数类型	Cint(12.399)返回 12
CLng(expression)	将 expression 转换成长整数类型	CLng("2009888.557") 返回 2009889
CSng(expression)	将 expression 转换成单精度类型	Csng("568.2")返回 568.2
CStr(expression)	将 expression 转换成字符串类型	CStr(5.65)返回"5.65"
Hex(expression)	将 expression 转换成十六进制字符	Hex("1234")返回 4D2
Int(expression)	将 expression 取整	Int(−207.2529)返回−208
Fix(expression)	将 expression 取整	Fix(−207.2529)返回−207
Oct(expression)	将 expression 转换成八进制字符	Oct("1234")返回 2322

转换函数主要用来完成对各种数据的转换操作。

【例 5-6】 将字符串转换为整型。

应用 Cint 函数对字符串"202"进行算术加 2 的操作，代码如下：

```
<%@LANGUAGE="VBSCRIPT" CODEPAGE="936"%>
<html>
<head>
<meta http-equiv="Content-Type" content="text/html; charset=gb2312" />
<title>将字符串转换为整型</title>
</head>
<body>
<%
Dim str,Num
str="202"
Num=Cint(str)+2
Response.Write Num
%>
</body>
</html>
```

运行结果为：204

这里值得注意的是，程序的返回结果是一个整型数据，而不是一个字符串。

5.4.3　日期时间数据的处理

日期时间函数用于对日期、时间数据进行处理，常用的日期时间函数如表 5-4 所示。

| 表 5-4 | | 常用的日期时间函数 |
函　　数	说　　明	举　　例
Date()	返回系统当前日期	Date()返回 2008-6-20
DateSerial(year,moth,day)	返回日期子类型	DateSerial(2009,2,8)返回 2009-02-08
DateValue(String)	将字符型转换成日期型	DateValue(#October 10,2007#) 返回 2007-10-10
Day(Date)	返回给定日期中的天	Day(#2009-8-24#)返回 24
Hour(Time)	返回给定时间中的小时	Hour(2007-10-10 9:59:00)返回 9
Minute(Time)	返回给定时间中的分钟	Minute(2007-10-10 10:32:00)返回 32
Second(Time)	返回给定时间中的秒数	Second(2007-10-10 11:02:33)返回 33
Now()	返回当前系统的日期和时间	Now()返回 2008-6-20 16:15:51
Time()	返回当前系统的时间	Time()返回 16:16:12
TimeValue(String)	将字符串转换成时间型	TimeValue("7:35:00 PM")返回 19:35:00
Year(Date)	返回给定日期的年份	Year(#2007-10-9#)返回 2007
Month(Date)	返回给定日期的月份	Month(#2007-10-9#)返回 10
WeekDay(Date)	返回一周中的某一天。1 代表星期日，依次类推，7 代表星期六	WeekDay(#2008-8-8#)返回 6
DateDiff("str",d1,d2)	计算两个日期 d1 与 d2 之间的间隔。str 为 yyyy 表示计算年间隔，为 m 表示计算月间隔，为 d 表示日间隔，为 ww 表示计算星期间隔，为 h 表示计算小时间隔，为 s 表示计算秒间隔	DateDiff("d","2008-06-20","2008-7-30")返回 40
DateAdd("str",num,d1)	返回日期 d1 加上数值 num 后的日期。其中 num 的单位根据 str 的值而不同	DateAdd("ww",2,Date())返回 2008-7-4

日期时间函数主要用于获取日期、时间或者将字符串数据转换为日期时间数据。

【例 5-7】 得到计算的时间。

应用 WeekDay 函数、Date 函数、DateAdd 函数、DateDiff 函数等，获取到计算后的时间，代码如下：

```
<html>
<head>
<meta http-equiv="Content-Type" content="text/html; charset=gb2312" />
<title>得到计算的时</title>
</head>
<body>
<script language="vbscript">
    document.write("今天是星期"& WeekDay(Date())-1 &"<br>")
    document.write("两年前今天是: "& DateAdd ("yyyy",-2,Date()) &"<br>")
    document.write("距离2010-10-30还有: "& Date Diff("d",Date(),#10/30/2010#) &"天! ")
</script>
</body>
</html>
```

保存文件为"index.asp"。在 IIS 中浏览该文件，运行结果如图 5-5 所示。

5.4.4　数据类型的判断

判断函数用于判断一个数据的数据类型，常用的数据类型判断函数如表 5-5 所示。

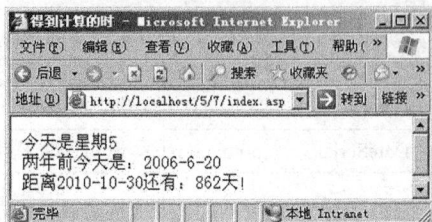

图 5-5　得到计算的时间

表 5-5　　　　　　　　　　　常用的数据类型判断函数

函　　数	说　　明	举　　例
IsArray(Var)	判断 var 是否为一个数组，var 为数组名称	Dim arry(10) Response.Write IsArray(arry) 返回 True
IsDate(Var)	判断 var 是否可以转换为日期类型	IsDate(Date())返回 True
IsEmpty(Var)	判断 var 是否已经被初始化	Dim Num Num=1 Response.Write IsEmpty(Num) 返回 False
IsNull(Var)	判断 var 是否为空	IsNull(Null)返回 True
IsNumeric(Var)	判断 var 是否为数字	IsNumeric(12)返回 True
IsObject(Var)	判断 var 是否为对象	IsObject(Response) True
VarType(Var)	判断 var 的类型。返回 0 表示空，2 表示整数，7 表示日期，8 表示字符串，11 表示布尔型，8 204 表示数组	Dim flag flag=True Response.Write VarType(flag) 返回 11

数据类型判断函数的应用比较广泛，在使用数据之前判断此数据的类型，有助于提高程序运行的有效性。

【例 5-8】　判断函数的应用。

应用 Isempty 函数判断变量值是否为空值，并输出相应的字符串信息，代码如下：

```
<%@LANGUAGE="VBSCRIPT" CODEPAGE="936"%>
<html>
<head>
<meta http-equiv="Content-Type" content="text/html; charset=gb2312" />
<title>判断函数的应用</title>
</head>
<body>
<%
Dim Num
Num=1
If Not Isempty(Num) Then
    Response.Write("变量 Num 不为空")
Else
    Response.Write("变量 Num 为空值")
End If
%>
</body>
</html>
```

运行结果为：变量 Num 不为空

5.4.5　数学函数的应用

在设计一些系统时，应用数学函数可以在很大程度上简化编写代码的工作量。常用的数学函数如表 5-6 所示。

表 5-6　　　　　　　　　　　　　　　常用的数学函数

函　　数	说　　明	举　　例
Rnd	用于返回一个随机数	Randomize Int((6 * Rnd) + 1)生成 1 到 6 之间的随机数值
Randomize	初始化随机数生成器	Randomize MyValue = Int((6 * Rnd) + 1) 对随机数生成器做初始化的动作，并生成 1 到 6 之间的随机数值
Int	返回数字的整数部分	Int(99.8)返回 99 Int(−99.8)返回−100
Fix	返回数字的整数部分	Fix(99.2)返回 99 Fix(−99.8)返回−99
Abs	用于返回数字的绝对值	Abs(−1)和 Abs(1)都返回 1
Exp	用于返回 e（自然对数的底）的幂次方	Exp(1)返回 2.718
Log	用于返回数值的自然对数	Log(2)返回 0.693
Sqr	用于返回数值的平方根	Sqr(4)返回 2
Round	用于返回按指定位数进行四舍五入的数值	pi = 3.141 59 Round(pi,2)返回 3.14

【例 5-9】　生成随机数。

应用 Randomize 函数和 Rnd 函数生成一个 1～6 的 3 位随机数，代码如下：

```
<%@LANGUAGE="VBSCRIPT" CODEPAGE="936"%>
<html>
<head>
<meta http-equiv="Content-Type" content="text/html; charset=gb2312" />
<title>生成随机数</title>
</head>
<body>
<%
Dim i,R,str
For i=1 to 3
    Randomize
    R=Int((6 * Rnd) + 1)
    str=str & R
Next
Response.Write "生成的随机数为: " & str
%>
</body>
</html>
```

保存文件为"index.asp"。在 IIS 中浏览该文件，运行结果如图 5-6 所示。由于是随机生成的数，所以该例子的显示结果可能每次都不同。

图 5-6　生成随机数

5.5　数组的创建与应用

数组是有序数据的集合。数组中的每一个元素都属于同一个数据类型，用一个统一的数组名和下标可以唯一地确定数组中的元素，下标是放在紧跟在数组名之后的括号中的。有一个下标的数组称为一维数组，有两个下标的数组称为二维数组，依此类推。数组的最大维数为 60。

5.5.1　创建数组

在 VBScript 中，数组有两种类型：固定数组和动态数组。

1. 固定数组

固定数组是指数组大小在程序运行时不可改变的数组。数组在使用前必须先声明，使用 Dim 语句可以声明数组。

声明数组的语法格式如下：

```
Dim array(i)
```

在 VBScript 中，数组的下标是从 0 开始计数的，所以数组的长度应为 "i+1"。

例如：

```
Dim ary(3)            '该数组的长度是 4，而不是 3
Dim db_array(5,10)    '声明一个 6*11 的二维数组
```

声明数组后，就可以对数组元素进行赋值。在对数组进行赋值时，必须通过数组的下标指明赋值元素的位置。

例如，在数组中使用下标为数组的每个元素赋值，代码如下：

```
Dim ary(3)
ary(0)="钢琴"
ary(1)="古筝"
ary(2)="小提琴"
```

2. 动态数组

声明数组时也可以不指明它的下标，这样的数组叫做变长数组，也称为动态数组。动态数组的声明方法与固定数组声明的方法一样，唯一不同的是没有指明下标。

例如：

```
Dim array()
```

虽然动态数组声明时无须指明下标，但在使用它之前必须使用 ReDim 语句确定数组的维数。对动态数组重新声明的语法格式如下：

```
Dim array()
Redim array(i)
```

【例 5-10】 使用动态数组。

创建动态数组，为数组元素赋值并输出元素值，代码如下：

```
<%
Dim i
Dim MyArray()          '声明动态数组
Redim MyArray(3)       '定义长度为 4
```

```
For i=0 to 3                    '使用 for...next 循环语句为数组元素赋值
    MyArray(i)=2*i
Next
Response.Write "数组 MyArray 中的元素为: <br>"
For i = 0 To 3                  '使用 for...next 循环语
句读取数组中数据
    Response.Write MyArray(i)&"<br>"
Next
%>
```

图 5-7　使用动态数组

保存文件为 "index.asp"。在 IIS 中浏览该文件，运行结果如图 5-7 所示。

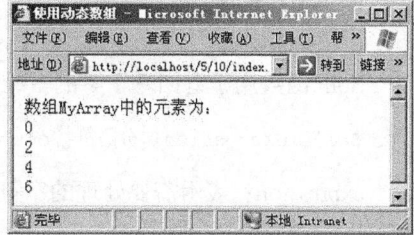

使用 Redim 语句可以多次改变元素下标，即重新调整动态数组大小的次数是没有任何限制的。但是使用 Redim 语句重新声明数组后，原有数组的数值将全部清空，如果希望保留原有下标的数值，则可以使用 Preserve 关键字。例如：

```
Dim MyArray ()
Redim MyArray (5)
……
ReDim Preserve MyArray (Ubound(MyArray)+1)
```

以上代码将数组长度加 1，但数组中原有的元素值不变。Ubound（）函数用于返回数组的上界。

5.5.2　应用数组函数

数组函数用于对数组的操作。数组函数主要包括 LBound 函数、UBound 函数、Split 函数和 Erase 函数，下面分别进行介绍。

1. LBound 函数

LBound 函数用于返回指定数组维的最小可用下标。其语法格式如下：

```
LBound(数组名称[,维数])
```

维数是指要返回指定维下界的整数。如果为 1 则表示第 1 维，为 2 则表示第 2 维，依次类推，如果省略维数，默认值为 1。

例如，返回数组 MyArray 第二维的最小可用下标，代码如下：

```
<%
Dim MyArray (5,10)
Response.Write(LBound(MyArray,2))
%>
```

结果为：0

2. UBound 函数

UBound 函数用于返回指定数组维的最大可用下标。其语法格式如下：

```
UBound(数组名称[,维数])
```

维数是指要返回指定维上界的整数。

例如，返回数组 MyArray 第二维的最大可用下标，代码如下：

```
<%
Dim MyArray (5,10)
```

```
Response.Write(UBound(MyArray,2))
%>
```

结果为：10

3. Split 函数

Split 函数用于返回基于零的一维数组，其中包含指定数目的子字符串。其语法格式如下：

```
Split(expression[,分隔符[,count[,比较类型]]])
```

expression：表示需要处理的字符串，包含子字符串和分隔符。如果表达式为零长度字符串，则 Split 函数返回空数组。

count：为可选项，表示被返回的子字符串数目，如果为-1，则返回所有子字符串。

比较类型：为可选项，用来指示在计算子字符串时使用的比较类型的数值。值为 0，表示执行二进制比较；值为 1，表示执行文本比较；值为 2，表示执行基于数据库中包含信息的比较。

例如，读取字符串 str 中以符号 "/" 分隔的各子字符串，代码如下：

```
<%
Dim str,str_sub,i
str="ASP 程序开发/VB 程序开发/ASP.NET 程序开发"
str_sub=Split(str,"/")
For i=0 to Ubound(str_sub)
  Response.Write(i+1&". "&str_sub(i)&"<br>")
Next
%>
```

结果为：

1. ASP 程序开发
2. VB 程序开发
3. ASP.NET 程序开发

通常情况下，结合使用 Split 函数与 Ubound 函数来操作数组中的数据。

---

4. Erase 函数

Erase 函数重新初始化固定大小数组的元素，并释放数组的存储空间。其语法格式如下：

```
Erase array
```

其中，array 表示数组名称。

例如，定义数组元素内容后，使用 Erase 函数释放数组存储空间，代码如下：

```
<%
Dim MyArray (1)
MyArray (0)="网络编程"
Erase MyArray
If MyArray(0)="" Then
  Response.Write("数组资源已释放！")
Else
 Response.Write(MyArray(0))
End If
%>
```

结果为：数组资源已释放！

5.6　流程控制语句

在 VBScript 语言中，有 3 种基本程序控制结构：顺序结构、选择结构和循环结构。顺序结构是程序设计中最基本的结构，在程序运行时，编译器总是按照先后顺次执行程序中的所有命令。通过选择结构和循环结构可以改变代码的执行顺序。本节介绍 VBScript 选择语句和循环语句。

5.6.1　运用 VBScript 选择语句

1. 使用 if 语句实现单分支选择结构

if…then…end if 语句称为单分支选择语句，可用于实现程序的单分支选择结构。该语句根据表达式结果是否为真，决定是否执行指定的命令序列。在 VBScript 中，if…then…end if 语句的基本格式如下：

```
if 条件语句 then
    …命令序列
end if
```

通常情况下，条件语句是使用比较运算符对数值或变量进行比较的表达式。执行该格式的命令时，首先对条件进行判断，若条件取值为真 true，则执行命令序列；否则跳过命令序列，执行 end if 后的语句。

例如，判断给定变量的值是否为数字，如果为数字则输出指定的字符串信息，代码如下：

```
<%
Dim Num
Num=105
If IsNumeric(Num) then
 Response.Write("变量 Num 的值是数字! ")
end if
%>
```

2. 使用 if…then…else 语句实现双分支选择结构

if…then…else 语句称为双分支选择语句，可用于实现程序的双分支选择结构。该语句根据条件语句的取值，执行相应的命令序列。基本格式如下：

```
if 条件语句 then
    …命令序列 1
else
    …命令序列 2
end if
```

执行该格式的命令时，若条件语句为 true，则执行命令序列 1，否则执行命令序列 2。

【例 5-11】判断当前系统时间输出相应的提示语。

应用 Time( )函数获取当前系统时间，然后使用 if…then…else 语句进行多个条件的判断，并应用 Response 对象的 Write 方法输出字符串信息，代码如下：

```
<%
Dim strTime
strTime=Time()
Response.Write "当前系统时间: " & strTime & "<br>"
If strTime < #12:00:00# Then
```

```
            Response.Write("上午好! ")
Else
        If strTime < #18:00:00# Then
                Response.Write("下午好! ")
        Else
                Response.Write("晚上好! ")
        End If
End IF
%>
```

图 5-8　判断当前时间输出相应的提示语

保存文件为"index.asp"。在 IIS 中浏览该文件，运行结果如图 5-8 所示。

3. 使用 select case 语句实现多分支选择结构

select case 语句称为多分支选择语句，该语句可以根据条件表达式的值，决定执行的命令序列。应用 select case 语句实现的功能，相当于嵌套使用 if 语句实现的功能。

语法：

```
select case 变量或表达式
    case 结果 1
        命令序列 1
    case 结果 2
        命令序列 2
        …
    case 结果 n
        命令序列 n
    case else
        命令序列 n+1
end select
```

在 select case 语句中，首先对表达式进行计算，可以进行数学计算或字符串运算；然后将运算结果依次与结果 1 至结果 n 作比较，如果找到相等的结果，则执行对应 case 语句中的命令序列，如果未找到相同的结果，则执行 case else 语句后面的命令序列；执行命令序列后，退出 select case 语句。

> **注意**　select case 语句可以嵌套使用，但是每一层嵌套的 select case 语句必须有与之匹配的 end select 语句。

【例 5-12】　使用 select case 语句判断季节并输出对应的月份。

自定义一个 Sub 过程 sel(str)，在该过程中使用 select case 语句判断变量 str 的值，并输出对应的月份信息。在程序中调用 sel(str)过程，代码如下：

```
<%
Sub sel(str)
  Select case str
    case "春季":
      Response.Write("一月、二月和三月")
    case "夏季":
      Response.Write("四月、五月和六月")
    case "秋季":
      Response.Write("七月、八月和九月")
    case "冬季":
```

```
        Response.Write("十月、十一月和十二月")
    case else
        Response.Write("未找到匹配的信息！")
  End Select
End Sub
sel("夏季")
%>
```

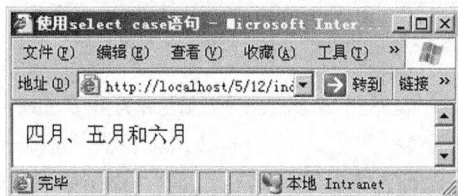

图 5-9　使用 select case 语句

保存文件为"index.asp"。在 IIS 中浏览该文件，运行结果如图 5-9 所示。

5.6.2　运用 VBScript 循环语句

1. do…loop 循环控制语句

do…loop 语句当条件为 true 时或条件变为 true 之前重复执行某语句块。根据循环条件出现的位置，do…loop 语句的语法格式分为以下两种形式。

（1）循环条件出现在语句的开始部分。

```
do while 条件表达式
    循环体
Loop
```

或者

```
do until 条件表达式
    循环体
Loop
```

（2）循环条件出现在语句的结尾部分。

```
do
    循环体
loop while 条件表达式
```

或者

```
do
    循环体
loop until 条件表达式
```

其中的 while 和 until 关键字的作用正好相反，while 是当条件为 true 时，执行循环体；而 until 却是条件为真之前执行循环体，也就是条件为 false 时执行循环体。

在 do…loop 语句中，条件表达式在前与在后的区别：当条件表达式在前时，表示在循环条件为真时，才能执行循环体；而当条件表达式在后时，表示无论条件是否满足都至少执行一次循环体。

在 do…loop 语句中，还可以使用强行退出循环的指令 exit do，此语句可以放在 do…loop 语句中的任意位置，它的作用与 for 语句中的 exit for 相同。

【例 5-13】 应用 do…loop 语句计算多个数值的和。

使用 do…loop 语句计算 1～50 数值的和，并输出最终结果，代码如下：

```
<%
Dim Num,Sum
Num=0
Sum=0
do while Num < 50
```

```
            Num=Num+1
            Sum=Sum+Num
loop
Response.Write "数值的和为: "& Sum
%>
```

保存文件为"index.asp"。在 IIS 中浏览该文
件，运行结果如图 5-10 所示。

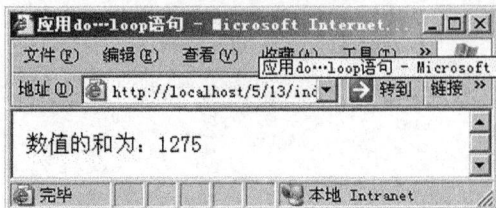

图 5-10　应用 do…loop 语句

2. While…wend 循环控制语句

while…wend 语句是当指定的条件为 true 时执行一系列的语句。该语句与 do…loop 循环语句
功能相似。while…wend 语句的语法格式如下：

```
while condition
 [statements]
Wend
```

condition：数值或字符串表达式，其计算结果为 true 或 false。如果 condition 为 null，则 condition
返回 false。

statements：在条件为 true 时执行的一条或多条语句。

在 while…wend 语句中，如果 condition 为 true，则 statements 中所有 wend 语句之前的语句都
将被执行，然后控制权将返回到 while 语句，并且重新检查 condition。如果 condition 仍为 true，
则重复执行上面的过程；如果为 false，则从 wend 语句之后的语句继续执行程序。

【例 5-14】　应用 while…wend 语句输出多个数值。

定义变量 i 的值为 3，然后使用 while…wend 语句在"i>0"的情况下循环输出变量 i 的值，
并且每次循环 i 的值减 1，代码如下：

```
<%
Dim i
i=3
while i > 0
    Response.Write "输出数字: " & i & "<br>"
    i=i-1
wend
%>
```

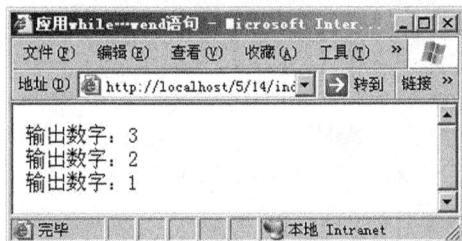

图 5-11　应用 while…wend 语句

保存文件为"index.asp"。在 IIS 中浏览该文件，运行结果如图 5-11 所示。

3. for…next 循环控制语句

for…next 语句是一种强制型的循环语句，它按指定次数重复执行一组语句。其语法格式如下：

```
for counter=start to end [step number]
    statement
     [exit for]
Next
```

counter：是用作循环计数器的数值变量。start 和 end 分别是 counter 的初始值和终止值。
number 为 counter 的步长，决定循环的执行情况，可以是正数或负数，其默认值为 1。

statement：表示循环体。

exit for：为 for…next 提供了另一种退出循环的方法，可以在 for…next 语句的任意位置放置
exit for。exit for 语句经常和条件语句一起使用。

for…next 语句可以嵌套使用，即可以把一个 for…next 循环放置在另一个 for…next 循环中，
此时每个循环中的 counter 要使用不同的变量名。例如：

```
for i=0 to 10
   for j = 0 to 10
     …
   next
     …
Next
```

【例 5-15】 应用 for…next 语句计算指定范围内奇数之和。

使用 for…next 语句计算 1～100 的奇数之和,代码如下:

```
<%
Dim i,sum
sum=0
for i=1 to 100 step 2
    sum=sum+i
next
Response.Write "1 到 100 之间奇数之和为: "&sum
%>
```

值得注意的是,以上代码使用 step 关键字定义计数器变量每次增加的值为 2。如果在 for…next 语句中省略 step 关键字,则循环变量每次加 1。

保存文件为 "index.asp"。在 IIS 中浏览该文件,运行结果如图 5-12 所示。

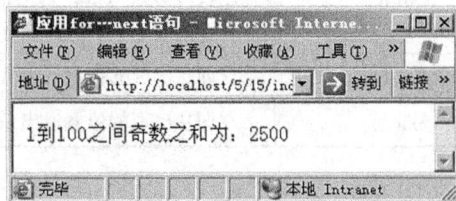

图 5-12　应用 for…next 语句

4. for each…next 循环控制语句

for each…next 语句主要针对数组或集合中的每个元素重复执行一组语句。虽然也可以用 for…next 语句完成该任务,但是如果不知道一个数组或集合中有多少个元素,使用 for each…next 语句循环语句则是较好的选择。其语法格式如下:

```
for each 元素 in 集合或数组
    循环体
      [exit for]
Next
```

【例 5-16】应用 for each…next 语句展示数组中的元素。

定义数组并为数组元素赋值,然后应用 for each…next 语句逐个输出数组元素值,代码如下:

```
<%
Dim MyArray(3)
MyArray(0)="网球"
MyArray(1)="游泳"
MyArray(2)="短跑"
Response.Write "开展的体育项目有: <br>"
for each i in MyArray
    Response.Write i & " "
next
%>
```

图 5-13　应用 for each…next 语句

保存文件为 "index.asp"。在 IIS 中浏览该文件,运行结果如图 5-13 所示。

5. exit 退出循环语句

exit 语句主要用于退出 do…loop、for…next、function 或 sub 代码块。其语法格式如下：

```
exit do
exit for
exit function
exit sub
```

exit 语句的语法中各参数的说明如表 5-7 所示。

表 5-7 参数说明

参　数	描　述
exit do	提供一种退出 do…loop 语句的方法。只能在 do…loop 语句中使用。exit do 将控制权转移到 loop 语句之后的语句。在嵌套的 do…loop 语句中使用时，exit do 将控制权转移到循环所在位置的上一层嵌套循环
exit for	提供一种退出 for 循环的方法。只能在 for…next 或 for each…next 循环中使用。exit for 将控制权转移到 next 之后的语句。在嵌套的 for 循环中使用时，exit for 将控制权转移到循环所在位置的上一层嵌套循环
exit function	立即从出现的位置退出 function 过程。继续执行调用 function 的语句后面的语句
exit sub	立即从出现的位置退出 sub 过程，继续执行调用 sub 的语句后面的语句

5.7　注释语句的使用

在 VBScript 脚本语言里，可以使用注释语句为程序代码添加注释。注释语句不会被执行，也不会显示在页面上，它只是为了增强源程序的可读性，便于程序员阅读和理解。VBScript 脚本语言中有两种注释方式：使用 rem 语句和使用单引号 "'"。

1. 使用 rem 语句

使用 rem 语句的语法格式：

```
rem 注释语句
```

例如：

```
<%
Dim Num
Num=3.14159
Response.Write Round(Num,4)     rem 对 Num 进行四舍五入运算，并保留小数点后 4 位数值
%>
```

运行结果为：3.141 6

2. 使用单引号 "'"

使用单引号 "'" 的语法格式：

```
'注释语句
```

例如：

```
<%
Dim i           '声明一个变量
Dim ary()       '声明一个动态数组
%>
```

在程序中，有效地使用注释语句可以使代码的结构更合理、更清晰，易于网站的管理和维护，有助于养成良好的编程习惯。

5.8　过程的创建与调用

过程是一组能执行指定任务的脚本命令。在 VBScript 中，过程被分为两类，分别为 Sub 过程和 Function 过程。两者的根本区别在于 Sub 过程没有返回值，而 Function 过程有返回值。

5.8.1　调用 Sub 过程

Sub 过程是指包含在 Sub 和 End Sub 语句之间的一组 VBScript 语句，该过程执行操作但没有返回值。Sub 过程可以使用参数（参数可以为调用过程传递的常量、变量或表达式），如果 Sub 过程无任何参数，则必须包含空括号（)。

声明一个过程的语法格式如下：

```
Sub 子程序名([参数1,参数2,…])
……
End Sub
```

在 ASP 页面中，调用 Sub 过程有以下两种方式。

（1）使用 Call 语句调用 Sub 过程。

```
Call 子程序名(参数1,参数2,…)        '使用 Call 语句可以将控制权传递给 Sub 过程
```

（2）直接调用 Sub 过程

```
子程序名 参数1,参数2,…
```

直接调用 Sub 过程时，只需指定过程名及所有参数值，参数值之间使用逗号分隔。如果使用了 Call 语句，则必须将所有参数包含在括号之中。

【例 5-17】　自定义 Sub 过程判断闰年。

在 Sub 过程中通过给定的条件（数值能被 4 整除，不能被 100 整除）判断年份是否为闰年并输出提示信息，然后使用 call 语句调用 Sub 过程，代码如下：

```
<%
Sub y(Num)
    If (Num mod 4 =0) and (Num mod 100 <> 0) Then
        Response.Write Num & "年是闰年！"
    Else
        Response.Write Num & "年不是闰年！"
    End If
End Sub
call y(2000)
%>
```

图 5-14　调用 Sub 过程

保存文件为 "index.asp"。在 IIS 中浏览该文件，运行结果如图 5-14 所示。

5.8.2　调用 Function 过程

Function 过程是包含在 Function 和 End Function 语句之间的一组 VBScript 语句。Function 过程与 Sub 过程类似，Function 过程是拥有返回值的过程。Function 过程可以使用参数（参数可以

为调用过程传递的常数、变量或表达式）。如果 Function 过程无任何参数，则 Function 语句必须包含空括号（ ）。Function 过程通过过程名返回一个值，这个值是在过程的语句中赋值给过程名的。Function 返回值的数据类型总是 Variant。

Function 过程的语法格式如下：

```
[Public | Private] Function name ([arglist])
   [statements]
   [name = expression]
   [Exit Function]
   [statements]
   [name = expression]
End Function
```

Function 过程各参数说明，如表 5-8 所示。

表 5-8　　　　　　　　　　　　　　Function 过程参数说明

参　　数	说　　明
Public	表示 Function 过程可以被脚本中的所有其他过程访问
Private	表示 Function 过程只能被声明它的脚本中的过程访问
name	指定 Function 过程的名称，遵循标准的变量命名规则
arglist	给出 Function 过程参数的变量列表，多个变量用逗号隔开
statements	在 Function 过程的主体中执行的任意语句组
expression	常量、变量或者表示式

Function 过程的调用方法和 Sub 过程调用方法相同。Function 过程的调用也有两种方式，分别为使用 Call 语句调用和在程序代码中使用过程名来调用。当 Function 过程没有返回值时，可以使用 Call 语句来调用过程；当 Function 过程有返回值时，使用过程名来调用过程。

【例 5-18】 定义 Function 过程限制标题显示的长度内容。

自定义一个带有参数的 Function 过程，参数代表需要处理的字符串。在此过程中使用 len 函数和 left 函数限制字符串显示长度不超过 20。代码如下：

```
<%
function title(tit)
if len(tit)>20 then
title=left(tit,20)&"……"
else
title=tit
end if
end function

Dim str
str="据最新报道**公司将于某年某月某日上市，请关注"
Response.Write "原标题名称为: "& str & "<br>"
Response.Write "裁剪后标题为: "& title(str)
%>
```

保存文件为 "index.asp"。在 IIS 中浏览该文件，运行结果如图 5-15 所示。

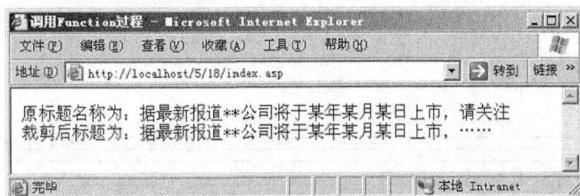

图 5-15　调用 Function 过程

小　　结

本章介绍了 ASP 使用的主要脚本语言 VBScript。本章对于每个知识点（如变量、运算符、函数、数组、流程控制语句、过程等）都列举了相关应用，读者可以更好地体会和运用 VBScript。通过基础知识的学习，读者可以自己编写 Sub 过程或者 Fuction 过程，将一些常用的功能封装在过程中，使用时直接调用过程来实现功能，提高代码的可重用性。

习　　题

5-1　VBScript 是一种可以运行在服务器端的脚本语言，它的特点有哪些？

5-2　在服务器端和客户端怎么编写 VBScript 代码？

5-3　在 VBScript 中可以直接使用变量吗？声明变量的方法有哪些？变量可以分为哪两类？

5-4　VBScript 中有哪几类运算符？运算符的优先级从高到低的顺序是什么？

5-5　获得字符串的长度、去除字符串两端的空格、显示当前系统时间分别使用什么函数？

5-6　怎样获取数组的长度？

5-7　在 VBScript 中怎样为程序添加注释语句？

5-8　mid("0123456789",4,3)的返回值是以下哪个答案的值？

（1）234　　　　　　　　　　　　（2）345

（3）2345　　　　　　　　　　　　（4）789

5-9　下面语句哪些是条件语句，哪些是循环语句？

（1）if…then…else　　　　　　　　（2）select case

（3）do…loop　　　　　　　　　　（4）while…wend

（5）for…next　　　　　　　　　　（6）for each…next

上 机 指 导

5-1　编写函数用于判断用户输入的电话号码是否正确，电话号码可以是 7 位、8 位或 11 位。

5-2　设计一个程序，根据当天是星期几，在页面中显示不同的问候语。

5-3　定义一个包含 6 个国家名称的字符串，每个名称之间使用"/"符号分隔。设计一个程序，在页面中一行显示一个国家的名称。

第6章
ASP 内置对象

本章介绍 ASP 的内置对象，主要内容包括 Request 对象、Response 对象、Application 对象、Session 对象、Server 对象和 ObjectContext 对象。通过本章的学习，读者应了解以上每个对象的主要用途，并掌握每个对象在程序中的相关应用。读者还需进一步理解 ASP 如何通过调用其内置对象来实现基本操作。

6.1　ASP 内置对象概述

为了实现网站的常见功能，ASP 提供了内置对象。内置对象的特点是：不需要事先声明或者创建一个实例，可以直接使用。常见的内置对象及其功能如下。

（1）Request 对象：获取客户端的信息。

（2）Response 对象：将信息返回给客户端浏览器。

（3）Application 对象：存储一个应用程序中的共享数据以供多个用户使用。

（4）Session 对象：在访问过程中存储单个用户信息。

（5）Server 对象：提供服务器属性信息。

（6）ObjectContext 对象：控制事务处理。

每个对象都提供了相应的属性、方法等，通过调用对象的属性或方法实现动态网页编程。

6.2　Request 请求对象

在客户端/服务器结构中，当客户端 Web 页面向网站服务器端传递信息时，ASP 通过 Request 对象能够获取客户端提交的全部信息。信息包括客户端用户的 HTTP 变量、在网站服务器端存放的客户端浏览器的 Cookie 数据、附于 URL 之后的字符串信息、页面中表单传送的数据以及客户端认证等。

Request 对象的语法如下：

```
Request[.collection | property | method](variable)
```

collection：Request 对象的数据集合。

property：Request 对象的属性。

method：Request 对象的方法。

variable：是由字符串定义的变量参数，指定要从集合中检索的项目或者作为方法、属性的输入。

例如，通过 Request 对象的 QueryString 数据集合取得传值参数 myid 的值并赋值给变量 id，代码如下：

```
<%
    Dim id
    id=Request.QueryString("myid")
%>
```

这里值得注意的是，在使用 Request 对象时，collection、property 和 method 最多只能选择一个；也可以 3 个都不选，这时 Request 对象将按以下的顺序来搜索集合：QueryString、Form、Cookie、Servervariable、ClientCertificate，当发现第一个匹配的变量时，就认定是要访问的成员。

Request 对象包括 5 个数据集合、1 个属性和 1 个方法，如表 6-1 所示。

表 6-1　　　　　　　　　　　　Request 对象的成员

成　　员	描　　述
Form 数据集合	读取 HTML 表单域控件的值，即读取客户端浏览器上以 Post 方法提交的数据
QueryString 数据集合	读取附于 URL 地址后的字符串的值，在页面的参数传递中使用
Cookies 数据集合	读取存放在客户端浏览器 Cookie 的内容
ServerVariables 数据集合	读取客户端请求发出的 HTTP 报头值以及 Web 服务器的环境变量值
ClientCertificate 数据集合	读取客户端的验证字段
TotalBytes 属性	返回客户端发出请求的字节数量
BinaryRead 方法	以二进制方式来读取客户端使用 post 方法所传递的数据，并返回一个变量数组（Variant Array）

6.2.1　获取表单数据

表单是标准 HTML 文件的一部分，用户可以利用表单中的文本框、复选框、单选按钮、列表框等控件为服务器端的应用提供初始数据，用户通过单击表单中的命令按钮提交输入的数据。

在含有 ASP 动态代码的 Web 页面中，可以使用 Request 对象的 Form 集合收集来自客户端的以表单形式发送到服务器的信息。

语法：

```
Request.Form(element)[(index)|.Count]
```

element：指定集合要检索的表单元素的名称。

index：索引值，为可选参数，可以取得表单中名称相同的元素值。索引值可以是 1 至 Request.Form(element).Count 之间的任意整数。

Count：集合中相同名称元素的个数。

在表单中传递数据的方法有两种：POST 方法和 GET 方法。当使用 POST 方法将 HTML 表单提交给服务器时，表单元素可以作为 Form 集合的成员来检索，即使用 Request 对象的 Form 集合来获得表单中传递的数据，传递大量数据一般使用 POST 方法；使用 GET 方法传递数据时，通过 Request 对象的 QueryString 集合来获得数据。

【例 6-1】　通过 Form 集合获取表单数据。

在 index.asp 文件中建立表单，在表单中插入文本框以及按钮。当用户在文本框中输入数据并单击按钮时，在 code.asp 页面中通过 Request 对象的 Form 集合获取表单传递的数据并输出。

文件 index.asp 中的代码如下：

```
<form id="form1" name="form1" method="post" action="code.asp">
  <p>用户名：
    <input name="txt_username" type="text" id="txt_username" />
```

```
<p>密  码:
  <input name="txt_pwd" type="password" id="txt_pwd" />
<p style="width:200px" align="center">
  <input type="submit" name="Submit" value="提交" />
   
  <input type="reset" name="Submit2" value="重置" />
</form>
```

文件 code.asp 中的代码如下：

```
<p>用户名为：<%=Request.Form("txt_username")%>
<p>密码为:<%=Request.Form("txt_pwd")%>
```

在 IIS 中浏览 index.asp 文件，运行结果如图 6-1、图 6-2 所示。

图 6-1　输入数据

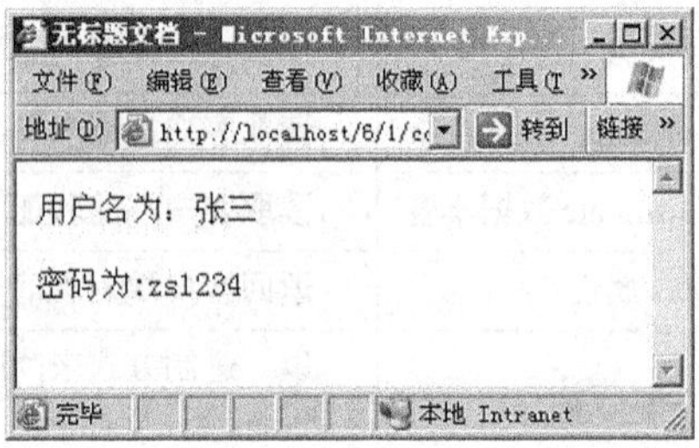

图 6-2　读取数据

当表单中的多个对象具有相同名称时，可以利用 Count 属性获得具有相同名称对象的总数，然后加上一个索引值取得相同名称对象的不同内容值。也可以应用"for each…next"语句来获取相同名称对象的不同内容值。

【例 6-2】 获取复选框的值并分别显示其内容。

通过 Request 对象的 Form 集合可以获取到多个同名复选框的值，这些值将自动以逗号分隔。可以通过两种方式获取多个同名复选框的值并分别进行显示，一种是利用 Count 属性以及"for…next"语句，另一种是应用"for each…next"语句。

在 index.asp 文件中建立表单，代码如下：

```
<form id="form1" name="form1" method="post" action="code.asp">
  <p>爱好:
    <input name="favour" type="checkbox" id="favour" value="计算机" />
    计算机
    <input name="favour" type="checkbox" id="favour" value="英语" />
    英语
    <input name="favour" type="checkbox" id="favour" value="网球" />
    网球
    <input name="favour" type="checkbox" id="favour" value="旅游" />
    旅游
  <p style="width:200px" align="center">
    <input type="submit" name="Submit" value="提交" />
     
    <input type="reset" name="Submit2" value="重置" />
</form>
```

在 code.asp 文件中利用 Count 属性以及 "for…next" 语句显示获取到的复选框的值，代码如下：

```
<p>你的爱好有：
<p>
<%
    Dim nums,i
    nums=Request.Form("favour").count
    For i=1 to nums
        Response.Write Request.Form("favour")(i)&"<BR>"
    Next
%>
```

或者，在 code.asp 文件中应用 "for each…next" 语句显示获取到的复选框的值，代码如下：

```
<p>你的爱好有：
<p>
<%
for each i in Request.Form("favour")
    Response.Write i & "<BR>"
next
%>
```

在 IIS 中浏览 index.asp 文件，运行结果如图 6-3、图 6-4 所示。

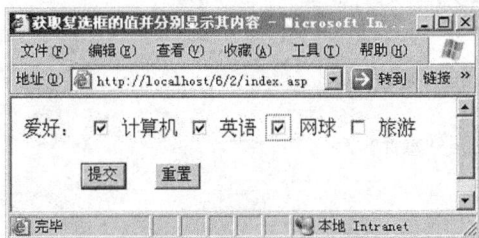

图 6-3　建立表单

图 6-4　利用 Count 属性分别读取数据

6.2.2　查询字符串数据

通过 Request 对象的 QueryString 数据集合可以查询字符串数据。

QueryString 数据集合可以利用 QueryString 环境变量来检索 HTTP 查询字符串中变量的值。HTTP 查询字符串中的变量可以直接定义在超链接的 URL 地址中 "？" 字符之后，如 http://www.mrbccd.com?name=wang。传递多个参数变量时，用 "&" 符号作为参数间的分隔符，如 http://www.mrbccd.com?name=wang&age=26。

语法：

```
Request.QueryString(variable)[(index)|.count]
```

variable：指定要检索的 HTTP 查询字符串中的变量名。

index：索引值，为可选参数，可以取得 HTTP 查询字符串中相同变量名的变量值。索引值可以是 1 至 Request.QueryString (variable).Count 之间的任意整数。

Count：HTTP 查询字符串中的相同名称变量的个数。

有两种情况需要在服务器端指定利用 QueryString 数据集合取得客户端传送的数据，一是表单中通过 GET 方式传递数据，二是利用超级链接标记<A>传递参数。

1．通过 GET 方式传递的表单数据

与 Form 数据集合相似，QueryString 数据集合可以取得在表单中通过 GET 方式传递的数据。

使用 GET 方法在 Web 页面间传递参数时，是通过 HTTP 的附加参数来进行传递的。通过浏览器的地址栏可以得到传递的参数。

【例 6-3】 获取以 GET 方式传递的表单数据。

在 index.asp 文件中建立表单，在表单中插入单选框、列表/菜单以及按钮。当用户选择项目并单击按钮时，在 code.asp 页面中通过 Request 对象的 FormQueryString 数据集合获取表单以 GET 方式传递的数据并输出。

文件 index.asp 中的代码如下：

```
<form id="form1" name="form1" method="get" action="code.asp">
  <p>职    务：
    <input type="radio" name="post" value="学生" />
    学生
    <input type="radio" name="post" value="老师" />
    老师
  <p>所在专业：
    <select name="profession" size="3" id="profession">
      <option value="计算机科学与技术">计算机科学与技术</option>
      <option value="英语">英语</option>
      <option value="材料工业">材料工业</option>
    </select>
  <p style="width:200px" align="center">
    <input type="submit" name="Submit" value="提交" />
     
    <input type="reset" name="Submit2" value="重置" />
</form>
```

文件 code.asp 中的代码如下：

```
<p>你的职务为：<%=Request.QueryString("post")%>
<p>你所在专业：<%=Request.QueryString("profession")%>
```

在 IIS 中浏览 index.asp 文件，运行结果如图 6-5、图 6-6 所示。

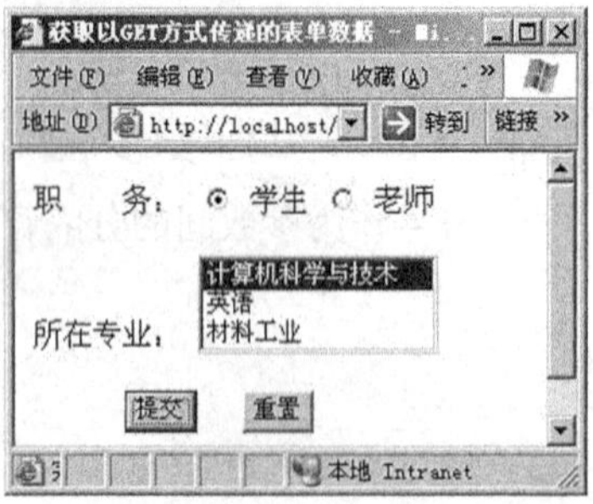

图 6-5　以 GET 方式传递数据

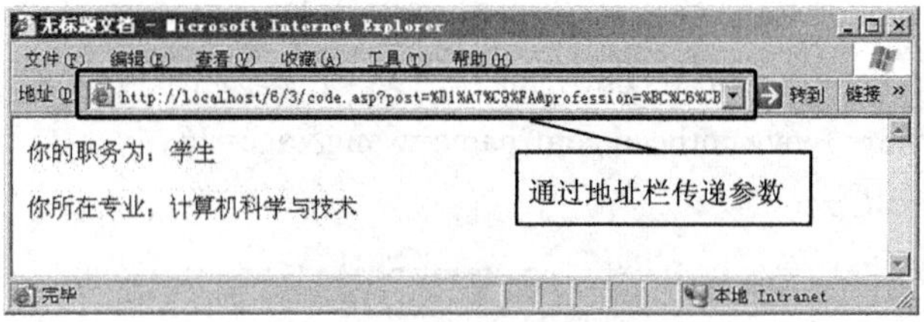

图 6-6　读取数据

2. 使用超链接传递的参数

在程序中，可以直接利用 HTML 的超链接标记<A>传递参数。传递的参数写在 "?" 符号的后面，如果有多个参数则使用 "&" 作为分隔符。使用 Request 对象的 QueryString 数据集合可以取得所传递的参数值。

【例 6-4】 使用超链接传递参数。

在 index.asp 页面中建立超链接向 code.asp 页面传递 4 个参数，其中 3 个参数是同名的。在 code.asp

文件中通过 Request 对象的 QueryString 集合读取参数，并应用 count 属性区分同名的参数。

文件 index.asp 中的代码如下：

```
<%@LANGUAGE="VBSCRIPT" CODEPAGE="936"%>
<html>
<head>
<title>使用超链接传递相同名称的参数</title>
</head>
<body>
<a href="code.asp?type=资料网站&MediaName=音乐&MediaName=视频&MediaName=电影"
target="_blank">多媒体的分类</a>
</body>
</html>
```

文件 code.asp 中的代码如下：

```
<%@LANGUAGE="VBSCRIPT" CODEPAGE="936"%>
<html>
<head>
<meta http-equiv="Content-Type" content="text/html; charset=gb2312" />
</head>
<body>
<p>来 源: <%=Request.QueryString("type")%>
<p>多媒体分类：
<br>
<%
dim Num,i
'取得名为 MediaName 参数的总数,循环显示其内容
Num=Request.QueryString("MediaName").Count
If Num <> 0 Then
    For i=1 to Num
        Response.Write Request.QueryString("MediaName")(i)&"<br>"
    Next
End If
%>
</body>
</html>
```

在 IIS 中浏览 index.asp 文件并单击超链接，运行结果如图 6-7、图 6-8 所示。

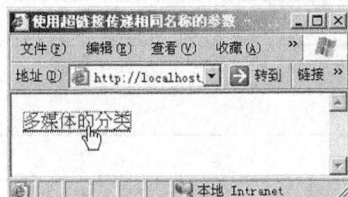

图 6-7　建立超链接

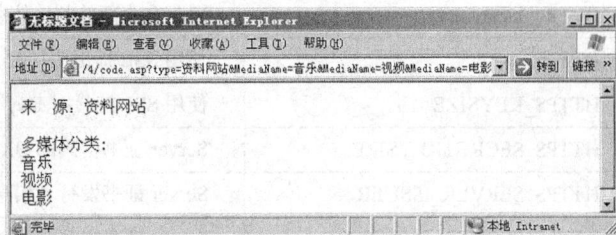

图 6-8　读取参数

6.2.3　获得服务器端环境变量

通过 Request 对象的 ServerVariables 数据集合可以取得服务器端的环境变量信息。这些信息包括发出请求的浏览器信息、构成请求的 HTTP 方法、用户登录 Windows NT 的账号、客户端的 IP 地址等。服务器端环境变量对 ASP 程序有很大帮助，使程序能够根据不同情况进行判断，提高了程序的健壮性。服务器环境变量是只读变量，只能查阅，不能设置。

语法：

```
Request.ServerVariables(server_environment_variable)
```

server_environment_variable：服务器环境变量。

服务器环境变量如表 6-2 所示。

表 6-2 服务器环境变量

服务器环境变量	描述
ALL_HTTP	传送 HTTP HEADER 头部
ALL_RAW	取得 HTTP HEADER 的源程序
ALL_MD_PATH	ISAPI DLL 应用程序的 METBASE 路径
ALL_PHYSICAL_PATH	METBASE 路径对应的实际路径
AUTH_PASSWORD	使用基本认证时，Client 端输入的认证密码
AUTH_TYPE	Client 端的认证方式
AUTH_USER	认证时使用的用户名
CERT_COOKIE	Client 端证书 ID
CERT_FLAGS	Client 端证书是否存在，存在则返回为 1
CERT_ISSUWE	Client 端证书发行者信息
CERT_KEYSIZE	连接 SSL 时，Key 的 Bit 数
CERT_SECRETKEYSIZE	Server 证书的 Bit 数
CERT_SERIALNUMBER	Client 端证书的序列号
CERT_SERVER_ISSUER	Server 证书发行者信息
CERT_SERVER_SUBJECT	Server 证书内容
CERT_SUBJECT	Client 证书内容
CONTENT_LENGTH	Client 送出内容的长度
CONTENT_TYPE	Client 送出内容的类型
GATEWAY_INTERFACE	Server 使用 CGI 规格版本
HTTP_<headname>	保存在头部的其他信息
HTTPS	使用 SSL 提出要求时，该值为 ON，否则为 OFF
HTTPS_KEYSIZE	使用 SSL 连接时 Key 的 Bit 数
HTTPS_SECRETKEYSIZE	Server 证书密码的 Bit 数
HTTPS_SERVER_ISSUER	Server 证书发行者信息
HTTPS_SERVER_SUBJECT	Server 证书内容
INSTANCE_ID	取得所属（metabase 中）Web 服务进程的 ID 值
INSTANCE_META_PATH	取得要求的 IIS 服务进程的 META BASE PATH
LOCAL_ADDR	取得要求的 SERVER 的地址
LOGON_USER	用户可以登录的账号
PATH_INFO	由 Client 端提供的路径信息
PATH_TRANSLATED	将 PATH_INFO 变换为物理路径信息

服务器环境变量	描　　述
QUERY_STRING	QUERY 字符串的相关信息
REMOTE_ADDR	远端主机的 IP 地址
REMOTE_HOST	远端主机的计算机名
REMOTE_USER	在 Server 认证处理前从客户端传送的用户名
REQUEST_METHOD	Client 端表单传送数据的方法（POST，GET）
SCRIPT_NAME	正在运行的脚本的名称
SERVER_NAME	运行脚本的服务器的主机名、DNS 或 IP 地址
SERVER_PORT	取得 Server 端口号
SERVER_PORT_SECURE	Server 端口是否安全，1 表示安全，0 表示不安全
SERVER_PROTOCOL	取得通信协议的名称及编号
SERVER_SOFTWARE	取得 Server 端软件的名称及版本
URL	取得 URL 信息

在实际应用中，根据给定的环境变量名称来获取环境变量的值。

【例 6-5】 获得服务器端环境变量。

通过 Request 对象的 ServerVariables 集合获取环境变量 SERVER_NAME、REMOTE_ADDR、PATH_INFO 的值，代码如下：

```
<%
Response.Write "服务器名称、域名或 IP 地址（SERVER_NAME）: " & Request.ServerVariables
("SERVER_NAME") & "<br>"
Response.Write "客户端 IP 地址（REMOTE_ADDR）: " & Request.ServerVariables("REMOTE_ADDR")
& "<br>"
Response.Write "客户端提供的访问路径（PATH_INFO）:" & Request.ServerVariables("PATH_INFO")
%>
```

保存文件为"index.asp"。在 IIS 中浏览该文件，运行结果如图 6-9 所示。

图 6-9　获得服务器端环境变量

6.2.4　以二进制码方式读取数据

结合使用 Request 对象的 TotalBytes 属性和 BinaryRead 方法，可以以二进制码方式读取使用 POST 方式发送的表单数据。

（1）Request 对象的 TotalBytes 属性。

Request 对象提供一个 TotalBytes 属性，为只读属性，用于取得客户端响应的数据字节数。

语法：

```
Counter=Request.TotalBytes
```

Counter：用于存放客户端送回的数据字节大小的变量。

（2）Request 对象的 BinaryRead 方法。

Request 对象提供一个 BinaryRead 方法，用于以二进制码方式读取客户端使用 POST 方式所传递的数据。

语法：

```
Variant 数组=Request.BinaryRead(Count)
```

Count：是一个整型数据，用以表示每次读取数据的字节大小，范围介于 0 到 TotalBytes 属性取回的客户端送回的数据字节大小。

BinaryRead 方法的返回值是通用变量数组（Variant Array）。

BinaryRead 方法一般与 TotalBytes 属性配合使用，以读取提交的二进制数据。

例如，以二进制码方式读取数据，代码如下：

```
<%
    Dim Counter,arrays(2)
    Counter=Request.TotalBytes          '获得客户端以 POST 方式发送的表单数据的字节数
    arrays(0)=Request.BinaryRead(Counter)  '以二进制码方式读取数据
%>
```

6.3 Response 响应对象

Response 对象是 ASP 内置对象中直接对客户端发送数据的对象。Request 请求对象与 Response 响应对象构成了客户请求/服务器响应的模式。Request 对象用于发送客户端提交的数据。Response 对象用于动态响应客户端请求，并将动态生成的响应结果返回给客户端浏览器。通过 Response 对象可以将客户端重定向到一个指定的页面中，可以设置客户端的 Cookie 值等。

Response 对象的语法如下：

```
Response.collection | property | method
```

collection：Response 对象的数据集合。

property：Response 对象的属性。

method：Response 对象的方法。

例如，使用 Response 对象的 Cookies 数据集合设置客户端的 Cookie 关键字并赋值，代码如下：

```
<%
    Response.Cookies("info")="信息时代"
%>
```

Response 对象与一个 HTTP 响应对应，通过设置其属性和方法可以控制如何将服务器端的数据发送到客户端浏览器。Response 对象的成员如表 6-3 所示。

表 6-3   Response 对象的成员

成 员	描 述
Cookies 数据集合	设置客户端浏览器的 Cookie 值
Buffer 属性	表明输出页是否被缓冲
CacheControl 属性	决定代理服务器是否能缓存 ASP 生成的输出页
Status 属性	服务器返回的状态行的值
ContentType 属性	指定响应的 HTTP 内容类型

成　员	描　述
Charset 属性	将字符集的名称添加到内容类型标题中
Expires 属性	在浏览器中缓存页面超时前，可以指定缓存时间
ExpiresAbsolute 属性	指定浏览器上缓存页面超时的日期和时间
IsClientConnected 属性	表明客户端是否与服务器断开
PICS 属性	将 PICS 标记的值添加到响应的标题的 PICS 标记字段中
Write 方法	直接向客户端浏览器输出数据
End 方法	停止处理.asp 文件并返回当前的结果
Redirect 方法	重定向当前页面，连接另外一个 URL
Clear 方法	清除服务器中缓存的 HTML 信息
Flush 方法	立即输出缓冲区的内容
BinaryWrite 方法	按照字节格式向客户端浏览器输出数据，不进行任何字符集的转换
AddHeader 方法	设置 HTML 标题
AppendToLo g 方法	在 Web 服务器的日志文件中记录日志

6.3.1　向客户端发送数据

使用 Response 对象的 Write 方法可以将指定的字符串信息输出到客户端。Write 方法是 Response 对象常用的响应方法。

语法：

```
Response.Write variant
```

variant：输出到浏览器的变量数据或者字符串。

在页面中插入一个简单的输出语句时，可以使用简化写法，即

```
<%="输出语句"%>
```

上面的语句与

```
<% Response.Write "输出语句" %>
```

实现的效果是相同的。

【例 6-6】　输出数据。

应用 Response 对象的 Write 方法输出一个 2 行 1 列的表格，在表格第一行显示指定的字符串，在第二行调用 Date（）函数显示当前系统日期，代码如下：

```
<%
    Dim Strings
    Response.Write "<table border=1 width=70%\><tr><td>" '注意在这里 70%后加一"\"，使
"% >"以转移符输出
    Strings="Write 方法输出数据："
%>
<% =Strings %><!--以简化方式输出变量-->
<%
    Response.Write "</tr></td>"
```

```
Response.Write "<tr><td>"
Response.Write "<Strong>"
Response.Write "当前系统日期为" & Date()
Response.Write "</Strong>"
Response.Write "</tr></td>"
Response.Write "</table>"
%>
```

从上面的代码中可以看出，输出变量时不能使用双引号；输出内容如果包含两部分，则可以使用"&"符号连接（该符号可以连接字符串与字符串、字符串与变量、变量与变量等）。

保存文件为"index.asp"。在 IIS 中浏览该文件，运行结果如图 6-10 所示。

图 6-10　输出数据

> 如果在输出字符串中包含 ASP 程序定界符"%>"，Web 服务器解释时就会以为 ASP 语句结束，这将引起服务器错误。因此，在 ASP 程序中需要向浏览器输出"%>"时，可以用"%\>"代替，即将其作为转移符输出，这样 ASP 处理引擎就会自动转化"%>"为字符输出到浏览器。

6.3.2　利用缓冲输出数据

Web 服务器响应客户端浏览器的请求时，是以信息流的方式将响应的数据发送给客户浏览器，发送过程是先返回响应头，再返回正式的页面。在处理 ASP 页面时，信息流的发送方式则是生成一段页面就立即发出一段信息流返回给浏览器。

ASP 提供了另一种发送数据的方式，即利用缓存输出。缓存输出是指 Web 服务器生成 ASP 页面时，等 ASP 页面全部处理完之后，再返回用户请求。

1. 使用缓冲输出

（1）Buffer 属性。

在默认情况下，缓冲是关闭的。通过设置 Response 对象的 Buffer 属性值为"True"，可以打开缓冲。缓冲启用后凡是输出到客户端的信息都暂时存入缓冲区，直到整个 ASP 执行结束后或者调用了 Response 对象的 Flush 或 End 方法后，才将响应发送给客户端的浏览器。

语法：

```
Response.Buffer=True/False
```

True：表示服务器端将数据先输出到缓冲区，然后再从缓冲区输出到客户端浏览器。

False：为默认值，表示不输出到缓冲区，服务器端直接将信息输出至客户端浏览器。

Response 对象的 Buffer 属性必须在任何信息发向客户端浏览器之前设置，否则是无效的，并且会导致一个错误。

例如，在页面中启用缓冲，代码如下：

```
<%@LANGUAGE="VBSCRIPT" CODEPAGE="936"%>
<% Response.Buffer=True %>
```

（2）Flush 方法。

Response 对象的 Flush 方法用于将缓冲区内容立即发送给客户端浏览器。在使用这一方法时，Response 对象的 Buffer 属性应设置为"True"，否则将导致运行时错误。

语法：

```
Response.Flush
```

根据实际情况判断在某个条件成立时，可以使用 Response 对象的 Flush 方法将已经完成的页面发送到客户端。

（3）Clear 方法。

Response 对象的 Clear 方法用于清除任何缓冲的 HTML 输出，即清除缓冲区。只有当 Buffer 属性设置为"True"时，即缓冲区有内容时，才能执行 Clear 方法，否则将导致运行错误。

语法：

```
Response.Clear
```

调用 Response 对象的 Clear 方法可以从缓冲区中清除任何现存的缓冲页面内容，但不会清除响应的 HTTP 头。

【例 6-7】 使用缓冲输出。

通过 Response 对象的 Buffer 属性启用缓冲，然后应用"for…next"循环语句输出 1～20 的数字，当数字为"10"时使用 Flush 方法立即输出缓冲区中的内容，最后调用 Clear 方法清空缓冲区中的所有内容。代码如下：

```
<%@LANGUAGE="VBSCRIPT" CODEPAGE="936"%>
<% Response.Buffer=True %>
<html xmlns="http://www.w3.org/1999/xhtml">
<head>
<meta http-equiv="Content-Type" content="text/html; charset=gb2312" />
<title>使用缓冲输出</title>
</head>
<body>
<%
Dim i
For i=1 to 20
    Response.Write i & "<br>"
    If i=10 Then Response.Flush()
Next
Response.Clear()
%>
</body>
</html>
```

如果程序中未启用缓冲，则可以实时地看到执行结果，并输出 1～20 的数字。以上代码中，启用缓冲后则当脚本全部处理完成或者调用 Flush 方法时，才将页面执行结果返回给客户端。在判断变量 i 的值为"10"时，调用 Flush 方法输出缓冲区中的内容。由于在程序最后调用了 Clear 方法，页面只显示 1～10 的数字。

保存文件为"index.asp"。在 IIS 中浏览该文件，运行结果如图 6-11 所示。

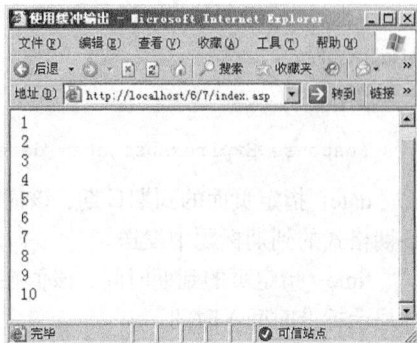

图 6-11　使用缓冲输出

2．设置缓冲的有效期限

保存在缓存中的内容是有一定期限的。Response 对象提供了一些属性来设置页面是否支持缓存、缓存内容何时过期等。

（1）CacheControl 属性。

应用程序可以通过代理服务器将页面发送给客户。代理服务器代表客户端浏览器向 Web 服务器请求页面。代理服务器高速缓存 HTML 页，这样对同一页的重复请求会迅速高效地返回到浏览器。

在默认情况下，ASP 指示代理服务器不要高速缓存 ASP 页本身。通过 Response 对象的 CacheControl 属性设置 Cache-Control 头字段，可以允许代理服务器高速缓存特定的页面。

语法：

```
Request.Cachecontrol[=Cache_Control_Header]
```

Cache_Control_Header：表示缓冲存储器控制标题，取值为 Private 或者 Public。Private 为默认值，表示不允许使用代理服务器进行缓存，但本地缓存仍可以进行；Public 表示代理服务器可以高速缓存页面。

在发送任何页之前必须将 HTTP 头发送给浏览器或者代理服务器。因此，应将 Response 对象的 CacheControl 属性置于所有 HTML 标记的前面。如果禁用了缓存，还可以设置 Response 对象的 Buffer 属性来缓存该页。

说明
> 用代理服务器来处理请求并高速缓存页面可以减少网络和 Web 服务器的负载。对于许多 HTML 页来说高速缓存能很好地工作，但是对于包含经常更新信息的 ASP 页来说，高速缓存会出现问题，即页面显示信息并不是最新信息，所以应用高速缓存时应考虑到信息更新的问题。

（2）Expires 属性。

Response 对象的 Expires 属性用于指定在客户端浏览器上缓冲存储的页面距过期还有多少时间。

语法：

```
Response.Expires [=number]
```

number：用于指定缓存的页面距过期还有多少时间，单位为分钟。

设置 Expires 属性的属性值为 "0"，可以使缓存的页面立即过期，即防止浏览器高速缓存页面。例如，当用户通过 ASP 的登录页面进入 Web 站点后，应该利用该属性使登录页面立即过期，以确保安全。

（3）ExpiresAbsolute 属性。

Response 对象的 ExpiresAbsolute 属性用于指定缓存于客户端浏览器中的页面到期的日期和时间。

语法：

```
Response.ExpiresAbsolute=[date] [time]
```

date：指定页面的到期日期，该值在符合 RFC1123（RFC：Request For Comments，请求注解）日期格式的到期标题中发送。

time：指定页的到期时间，该值在到期标题发送之前转化为 GMT（Greenwich Mean Time，格林尼治标准时间）时间。

设置 ExpiresAbsolute 属性，在页面未到期之前，如果用户返回到该页面，就显示该缓存页面。如果未指定日期，则该页面在脚本运行当天的指定时间到期。如果未指定时间，该页面在当天午夜到期。

【例 6-8】 设置页面的到期时间。

设置 Response 对象的 Buffer 属性为 "True"，以启用缓存。然后通过 Response 对象的 ExpiresAbsolute 属性定义当前页面的到期时间为 2min，代码如下：

```
<%@LANGUAGE="VBSCRIPT" CODEPAGE="936"%>
<html xmlns="http://www.w3.org/1999/xhtml">
```

```
<head>
<title>设置页面的到期时间</title>
</head>
<body>
<%
Response.Buffer=True
Dim Dtime
Dtime=Now()
Response.Write "现在时间: " & Now() & "<br>"
Dtime=Dtime + #00:02:00#
Response.ExpiresAbsolute=Dtime
Response.Write "到期时间: " & Dtime
%>
</body>
</html>
```

保存文件为 "index.asp"。在 IIS 中浏览该文件，运行结果如图 6-12 所示。

在上面的代码中，设置页面到期时间为 2min。如果在 2min 之内关闭网站服务器，在客户端浏览器仍然可以浏览该页面；如果在 2min 后服务器仍未启动，则会显示找不到服务器，如图 6-13 所示。

图 6-12　设置 ExpiresAbsolute 属性

图 6-13　网页到期

6.3.3　重定向网页

网页重定向是指从一个网页跳转到其他页面。应用 Response 对象的 Redirect 方法可以将客户端浏览器重定向到另一个 Web 页面。如果需要在当前网页转移到一个新的 URL，而不用经过用户去单击超链接或者搜索 URL，此时可以使用该方法使用户浏览器直接重定向到新的 URL。

语法：

```
Response.Redirect URL
```

URL：资源定位符，表示浏览器重定向的目标页面。

调用 Redirect 方法，将会忽略当前页面所有的输出而直接定向到被指定的页面，即在页面中显示设置的响应正文内容都将被忽略。

【例 6-9】　网页重定向。

在 index.asp 页面中，应用 Response 对象的 Redirect 方法定义重定向的页面为 "index_02.asp"，这时在 index.asp 页面中的任何输出都被忽略而只显示 index_02.asp 页面中的输出内容。

文件 index.asp 中的代码如下：

```
<%
    If Datepart("yyyy",now()) <> "2000" Then        '判断当前时间中的年份
```

```
        Response.Write "欢迎您!"                    '这条输出语句的内容不会在浏览器上显示
        Response.Redirect "index_02.asp"            '将会直接显示文件 index_02.asp 中的内容
    End If
%>
```

文件 index_02.asp 中的代码如下：

```
<%
        Response.Write "欢迎您浏览 index_02 页面
中的内容!"
    %>
```

图 6-14　网页重定向

在 IIS 中浏览 index.asp 文件，运行结果如图 6-14 所示。

6.3.4　向客户端输出二进制数据

调用 Response 对象的 BinaryWrite 方法可以不进行任何字符集转换，而直接向客户浏览器发送二进制数据。

语法：

```
Response.BinaryWrite Variable
```

Variable：是一个变量，它的值是将要输出的二进制数据。二进制数据一般是指非文字资料，如图像文件、声音文件等。

【例 6-10】输出二进制数据。

在 index.asp 页面中建立表单，插入文本框、单选框以及按钮。在 code.asp 页面中首先应用 Request 对象的 TotalBytes 属性和 BinaryRead 方法以二进制码方式读取从 index.asp 页面传递的数据，然后调用 Response 对象的 BinaryWrite 方法输出二进制数据。

文件 index.asp 中的代码如下：

```
<form id="form1" name="form1" method="post" action="code.asp">
  <p>用户名:
    <input name="name" type="text" id="name" />
  <p>性  别:
    <input name="sex" type="radio" value="男" checked="checked" />
    男
    <input type="radio" name="sex" value="女" />
    女
  <p style="width:200px" align="center">
    <input type="submit" name="Submit" value="提交" />
     
    <input type="reset" name="Submit2" value="重置" />
</form>
```

文件 code.asp 中的代码如下：

```
<%
    Dim Counter,arrays(2)
    Counter=Request.TotalBytes                  '获得客户端以 POST 方式发送的表单数据的字节数
    arrays(0)=Request.BinaryRead(Counter)       '以二进制码方式读取数据
    Response.BinaryWrite arrays(0)              '输出二进制数据
%>
```

在 IIS 中浏览 index.asp 文件并提交表单，运行结果如图 6-15、图 6-16 所示。

图 6-15　建立表单

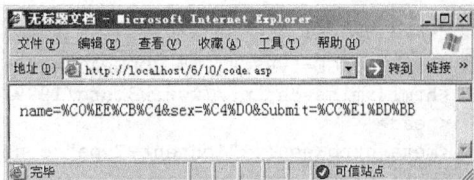

图 6-16　输出二进制数据

6.3.5　在网页中使用 Cookie

Cookie 实际上是一个字符串或者一个标志。当一个包含 Cookie 的页面被用户浏览器读取时，浏览器就会为这个站点自动建立一个 Cookie 文件，将此文件保存于系统目录中的 Cookies 文件夹中，并且会把接受的数据写进这个文件，这样一个 Cookie 就被存入到本地硬盘中，当需要时该网站可以从用户的本地硬盘中读取这些 Cookie 值。Cookie 文件中的变量称为 Cookie 变量。

Cookie 在指定的生命周期内都将有效，所以 Web 设计人员可以使用 Cookie 在各个不同的 ASP 页面间传递变量。

（1）写入 Cookie。

使用 Response 对象的 Cookies 数据集合可以在客户端写入 Cookie。

语法：

```
Response.Cookies(cookiesname)[(key)|.attribute]=value
```

cookiesname：必选参数，指定 Cookie 的名字。

key：可选参数，设置 Cookie 关键字。

attribute：Cookie 的属性参数，指定 Cookie 自身的有关信息。Cookie 的属性如表 6-4 所示。

value：表示指定给 Cookie 的值。

表 6-4　　　　　　　　　　　　Response 对象的 Cookie 属性参数

名　　称	描　　述
Expires	仅可写入，指定该 Cookie 到期的时间
Domain	仅可写入，指定 Cookie 仅送到该网域（Domain）
Path	仅可写入，指定 Cookie 仅送到该路径（Path）
Secure	仅可写入，设置该 Cookie 的安全性
HasKeys	只读，指定 Cookie 是否包含关键字，也就是判定 Cookies 目录下是否包含其他 Cookies

（2）读取 Cookie。

使用 Request 对象的 Cookie 数据集合来读取 Cookie 的值。

语法：

```
Request.Cookies(cookiesname)[(key)|.attribute]
```

cookiesname：指定要检索的 Cookie 名字。

key：可选参数，用于从 Cookie 中检索关键字的值。

attribute：Cookies 的属性参数，指定 Cookie 自身的有关信息。其属性参数只提供一个 HasKeys，为只读属性，指定 Cookies 是否包含关键字。如果 Cookie 包含关键字，则返回"True"；否则返回"False"。

【例 6-11】 在网页中使用 Cookie。

在 index.asp 页面中使用 Response 对象的 Cookies 集合设置 Cookies 变量，然后在另一页面 code.asp 中通过 Response 对象的 Cookies 集合读取和查看 Cookies 变量。

文件 index.asp 中的代码如下：

```
<%@LANGUAGE="VBSCRIPT" CODEPAGE="936"%>
<html xmlns="http://www.w3.org/1999/xhtml">
<head>
<meta http-equiv="Content-Type" content="text/html; charset=gb2312" />
<title>在网页中使用 Cookie</title>
</head>
<body>
<%
Response.Cookies("User")("Username")="UserLi"       '定义 Cookies 变量关键字 Username
Response.Cookies("User")("PassWord")="passwd123"    '定义 Cookies 变量关键字 PassWord
Response.Cookies("User").Expires=date()+1           '定义 Cookies 变量 User 的有效期
%>
<a href="code.asp">查看 Cookies 变量</a>
</body>
</html>
```

文件 code.asp 中的代码如下：

```
<%
If Request.Cookies("User").HasKeys Then             'Cookies 变量 User 包含关键字
    For each key in Request.Cookies("User")         '遍历关键字
        Response.Write "Cookies 关键字" &key& "的值为:"&Request.Cookies("User")(key)
&"<BR><BR>"                                          '输出关键字以及其值
    Next
End If
%>
```

在 IIS 中浏览 index.asp 文件，效果如图 6-17 所示。单击网页中的超链接，运行结果如图 6-18 所示。

图 6-17　写入 Cookie

图 6-18　读取 Cookie

6.3.6　停止输出

调用 Response 对象的 End 方法可以使 Web 服务器上的 ASP 处理程序停止处理 ASP 脚本，并返回当前结果，此语句后面的内容将不被处理。

语法：

```
Response.End
```

使用 Response 对象的 End 方法可以强制结束 ASP 程序的执行，在调试程序时可以应用该方法。

例如：

```
<%
```

```
Response.Write "段落 1"
Response.End
Response.Write "段落 2"
%>
```

在网页上的显示效果为：段落 1

以上代码只输出在调用 End 方法之前的内容，而其后的内容被强制结束。

6.4　Application 应用程序对象

ASP 程序是在 Web 服务器上执行的，在 Web 站点中创建一个基于 ASP 的应用程序之后，可以通过 Application 对象在 ASP 应用程序的所有用户之间共享信息。也就是说，Application 对象中包含的数据可以在整个 Web 站点中被所有用户使用，并且可以在网站运行期间持久保存数据。应用 Application 对象可以完成统计网站的在线人数、创建多用户游戏以及多用户聊天室等功能。

语法：

```
Application.collection | method
```

collection：Application 对象的数据集合。

method：Application 对象的方法。

Application 对象可以定义应用级变量。应用级变量是一种对象级的变量，隶属于 Application 对象，它的作用域等同于 Application 对象的作用域。

例如，通过 Application 对象定义一个应用级变量，代码如下：

```
<% Application("UserName")="Manager" %>
```

Application 对象主要功能就是为 Web 应用程序提供全局变量。Application 对象没有内置的属性，其成员如表 6-5 所示。

表 6-5　　　　　　　　　　　　　　　Application 对象的成员

成　　员	描　　述
Contents 集合	在 Application 层次的所有可用的变量集合，不包含使用<Object>标记建立的变量
StaticObjects 集合	在 Global.asa 文件中通过使用<Object>标记建立的 Application 层次的变量集合
Contents.Remove 方法	从 Application 对象的 Contents 集合中删除一个项目
Contents.RemoveAll 方法	从 Application 对象的 Contents 集合中删除所有项目
Lock 方法	锁定 Application 变量，其他用户就不能同时修改同一 Application 变量
Unlock 方法	解除 Application 变量的锁定状态
Application_OnStart 事件	当应用程序的第一个页面被请求时，触发这个事件
Application_OnEnd 事件	当 Web 服务器关闭时这个事件中的代码被触发

6.4.1　访问 Application 应用级变量

绝大部分的 Application 应用级变量都存放于 Contents 集合中。Contents 数据集合包含所有通过脚本命令添加到应用程序中的项目，可以使用 Contents 集合获取给定的应用程序作用域的项目列表或者指定一个特殊项目为操作对象。当创建一个新的 Application 应用级变量时，其实就是在 Contents 集合中添加了一项。

语法：

```
Application.Contents( key )
```

key：用于指定要获取的项目的名称。

Application 对象的 Contents 数据集合包含用 Server 对象的 CreateObject 方法创建的对象和通过 Application 对象声明建立数值变量，不包含以<Object>标记定义的对象。存储在 Application 集合中的信息在整个应用程序执行期间有效且具有应用程序作用域。

【例 6-12】 访问 Application 应用级变量。

在 index.asp 页面中定义两个 Application 应用级变量，然后遍历 Contents 集合输出变量名称以及变量值，代码如下：

```
<%
'定义应用级变量
Application("User")="UserLi"
    Application("login")=32
    '输出 Contents 集合的成员
    For each key in Application.Contents
        Response.Write("<br>" &key& "=" &
Application.Contents(key))
    Next
%>
```

图 6-19 访问 Application 应用级变量

在 IIS 中浏览 index.asp 文件，运行结果如图 6-19 所示。

6.4.2 锁定和解锁 Application 对象

Application 对象提供了 Lock 方法和 Unlock 方法分别用于锁定 Application 对象和解除对 Application 对象的锁定。

（1）Lock 方法。

Lock 方法用于锁定 Application 对象，禁止非锁定用户修改 Application 对象集合中的变量值。

语法：

```
Application.Lock
```

多用户可以共享 Application 对象，就会产生数据共享同步的问题。对于同一个数据，多个用户可能同时修改该数据，从而发生矛盾冲突。使用 Application 对象的 Lock 方法来禁止其他用户修改 Application 对象的属性，以确保在同一时刻只有一个用户可以修改和存取 Application 对象集合中的变量值。

（2）Unlock 方法。

Unlock 方法用于解除 Application 对象的锁定，允许其他用户修改 Application 对象集合中的变量值。

语法：

```
Application.Unlock
```

使用 Application 对象的 Lock 方法对共享数据加锁后，如果长时间不释放共享资源，可能会产生很严重的后果。用户可以使用 Application 对象的 Unlock 方法来解除锁定。这样可以保证在没有程序访问的情况下允许有一个用户可以使用 Application 对象的共享资源。

例如，在锁的情况下使 Application 变量 Counter 的值加 1，代码如下：

```
<%
```

```
Application.Lock()
Application("Counter")=Application("Counter")+1
Application.UnLock()
%>
```

6.4.3　制作网站计数器

Application 对象的 Application_OnStart 事件和 Application_OnEnd 事件以及 Session 对象的 Session_OnStart 事件和 Session_OnEnd 事件都是定义在 Global.asa 文件中的。

Global.asa 文件是用来存放执行任何 ASP 应用程序期间的 Application、Session 事件程序，当 Application 或者 Session 对象被第一次调用或者结束时，就会执行该 Global.asa 文件内的对应程序。一个应用程序只能对应一个 Global.asa 文件，该文件只有存放在网站的根目录下才能正常运行。

Global.asa 文件的基本结构如下：

```
<Script Language="VBScript" Runat="Server">
Sub Application_OnStart
    …
End Sub
Sub Session_OnStart
    …
End Sub
Sub Session_OnEnd
    …
End Sub
Sub Application_OnEnd
    …
End Sub
</Script>
```

Application_OnStart 事件：是在 ASP 应用程序中的 ASP 页面第一次被访问时引发的。

Session_OnStart 事件：是在创建 Session 对象时触发的。

Session_OnEnd 事件：是在结束 Session 对象时触发，即会话超时或者会话被放弃时引发该事件。

Application_OnEnd 事件：是在 Web 服务器被关闭时触发，即结束 Application 对象时引发该事件。

在 Global.asa 文件中，用户必须使用 ASP 所支持的脚本语言并且定义在<Script>标记之内，不能定义非 Application 对象或者 Session 对象的模板，否则将产生执行上的错误。

通过在 Global.asa 文件的 Application_OnStart 事件中定义 Application 变量，可以统计网站的访问量。

【例 6-13】　制作网站计数器。

在网站根目录下建立 Global.asa 文件，在 Application_OnStart 事件中定义 Application("Counter")变量，每当用户访问此应用程序时此变量值将累加 1。在 index.asp 页面中读取 Application("Counter")变量值，即为网站的访问量。

文件 Global.asa 中的代码如下：

```
<Script Language="VBScript" Runat="Server">
Sub Application_OnStart()
    If Isempty(Application("Counter")) Then
        Application.Lock()
        Application("Counter")=0
        Application.UnLock()
    End If
    //访问量累加 1
```

```
        Application.Lock()
        Application("Counter")=Application("Counter")+1
        Application.UnLock()
End Sub
</Script>
```

文件 index.asp 中的代码如下：

```
<html>
<body>
您是第 <%Response.Write Application("Counter")
%> 位访问者
</body>
</html>
```

图 6-20　制作网站计数器

在 IIS 中将文件所在目录设置为网站根目录，浏览 index.asp 文件的运行结果如图 6-20 所示。

6.5　Session 会话对象

ASP 提供了 Session 对象，Session 的中文是"会话"的意思，使用 Session 对象可以存储用户个人会话所需的信息。当用户在 Web 站点中不同页面切换时，存储在 Session 对象中的变量不会清除。使用 Session 对象变量可以实现用户信息在多个 Web 页面间共享，还可以用来跟踪浏览者的访问路径，这样对了解页面的访问情况以及网站的定位都有帮助。

语法：

Session.collection|property|method

collection：Session 对象的集合。

property：Session 对象的属性。

method：Session 对象的方法。

Session 对象可以定义会话级变量。会话级变量是一种对象级的变量，隶属于 Session 对象，它的作用域等同于 Session 对象的作用域。

例如，通过 Session 对象定义一个会话级变量，代码如下：

<% Session("UserName")="UserLi" %>

> 使用 Session 变量时一定要注意拼写问题，Web 服务器不提供相应的语法检查，Option Explicit 语句也不起作用。

当用户浏览 Web 页面时，如果用户没有建立会话，Web 服务器将自动为用户创建一个 Session 对象建立会话。

Session 对象的成员如表 6-6 所示。

表 6-6　　　　　　　　　　　　　　　　Session 对象的成员

成　　员	描　　述
Contents 集合	包含通过脚本命令添加到应用程序中的变量、对象
StaticObjects 集合	包含由 <Object> 标记添加到会话中的对象
SessionID 属性	系统用来存放并且识别该连接期间所使用的唯一识别码，它的数据类型是长整数并且是只读的

续表

成　　员	描　　述
Timeout 属性	应用程序会话状态的超时时限，以分钟为单位
CodePage 属性	将用于符号映射的代码页
LCID 属性	现场标识
Abandon 方法	释放 Session 对象占用的资源
Session_OnStart 事件	尚未建立会话的用户请求访问应用程序的页面时，触发该事件
Session_OnEnd 事件	会话超时或者会话被放弃时，触发该事件

6.5.1　访问 Session 会话级变量

Session 对象的 Contents 数据集合包含通过 Server 对象的 CreateObject 方法创建的对象和通过 Session 对象声明建立的变量，不包含以<Object>标记定义的对象。Session 对象存在期间，存储在 Session 对象的 Contents 数据集合中的信息是有效的。

语法：

```
Session.Contents(key)
```

key：用于指定要获取的项目名称。

Session 对象的 Contents 数据集合支持"For Each…Next"和"For…Next"循环，可以使用循环遍历 Contents 数据集合中的成员。

【例 6-14】　访问 Session 会话级变量。

在 index.asp 页面中定义两个 Session 会话级变量，然后遍历 Contents 集合输出变量名称以及变量值，代码如下：

```
<%
    '定义会话级变量
    Session("UserName")="Li bing"
    Session("Grand")="星级会员"
    '输出 Contents 集合的成员
    For each key in Session.Contents
        Response.Write("<br>" &key& "=" &
Session.Contents(key))
    Next
%>
```

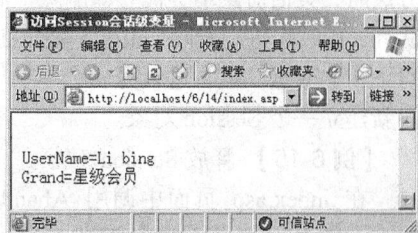

图 6-21　访问 Session 会话级变量

在 IIS 中浏览 index.asp 文件，运行结果如图 6-21 所示。

6.5.2　返回当前会话的唯一标志符

在创建会话时，服务器会为每一个会话生成一个单独的标识，使用 Session 对象的 SessionID 属性可以返回当前会话的唯一标志符，即返回用户的会话标识。

语法：

```
Session.SessionID
```

SessionID 属性返回的是一个不重复的长整型数据类型数字。

例如，返回用户会话标识，代码如下：

```
<% Response.Write Session.SessionID %>
```

6.5.3 限定会话结束时间

一个 Session 对象被创建后，是有其生存期的。应用 Session 对象的 TimeOut 属性可以定义应用程序会话状态的超时时限，以分钟为单位。

语法：

```
Session.TimeOut[=nMinutes]
```

nMinutes：指定会话空闲多少分钟后服务器自动终止该会话，默认值为 20min。

TimeOut 属性规定了用户 Session 对象的使用时限。应用程序中可以用赋值语句为该属性赋予一个确定的值。如果客户端浏览器在 Timeout 属性规定的时间内没有动作，即没有提交任何请求信息，或者关闭浏览器，或者连接到其他站点上，Web 服务器将自动释放该用户 Session 对象占用的资源。

例如，设置会话的超时时间并进行显示，代码如下：

```
<%
Session.Timeout=10
Response.Write "设置会话超时时间为: " & Session.Timeout & "分钟"
%>
```

6.5.4 释放 Session

根据实际需要，可以在满足或者规定的条件下释放 Session 对象所占用的资源。

Session 对象只提供了 Abandon 方法，该方法将删除所有存储在 Session 对象中的数据并释放其所占的资源。

语法：

```
Session.Abandon
```

如果未显式调用 Abandon 方法，服务器将在会话超时后删除 Session 对象数据。调用 Abandon 方法时，会话对象不会被立即删除，而是停止对该 Session 对象的监控，然后把 Session 对象放入队列，按顺序进行删除。也就是说，在调用 Abandon 方法后，可以在当前页上访问存储在 Session 对象中的变量，但在进入另一个 Web 页时先前设置 Session 对象的变量值将为空，服务器会为用户新建立一个 Session 对象。

【例 6-15】 释放 Session 对象。

在 index.asp 页面中调用 Abandon 方法释放当前用户的 Session 对象，并输出该用户的 SessionID 以及在该页中定义的 Session 变量；然后在 index_02.asp 页面中输出用户新的 SessionID 以及在 index.asp 页面中定义的 Session 变量。对两个页面的输出内容进行比较。

文件 index.asp 中的代码如下：

```
<%@LANGUAGE="VBSCRIPT" CODEPAGE="936"%>
<html>
<body>
<%
    '调用 Abandon 方法
    Session.Abandon()
    '输出 Session 对象的对象数据
    Response.Write "用户的 SessionID 为:"&Session.SessionID&"<BR><BR>"
    Session("User")="UserLi"
    Response.Write "Session(""User"")变量值为:"&Session("User")
%>
```

```
<BR><BR>
<a href="index_02.asp" target="_blank">查看 Session 对象数据</a>
</body>
</html>
```

文件 index_02.asp 中的代码如下：

```
<%
    UserName=Session("User")
    If UserName="" Then
        UserName="空"
    End If
    Response.Write "上一页的 Session(""User"")变量值为:"&UserName&"<BR><BR>"
    Response.Write "为用户新建的 SessionID 为:"&Session.SessionID
%>
```

在 IIS 中浏览 index.asp 文件，网页效果如图 6-22 所示。单击网页上的超链接，运行结果如图 6-23 所示。

图 6-22　调用 Abandon 方法

图 6-23　显示 Session 变量及用户的 SessionID

在上面的代码中，如果未调用 Abandon 方法，在 index_02 页面中显示的 Session 变量值以及用户的 SessionID 将与 index.asp 页面的相同。

6.6　Server 服务对象

ASP 的 Server 对象提供了对服务器上的属性和方法的访问，从而用来获取 Web 服务器的特性和设置。

使用 Server 对象可以创建各种服务器组件对象实例，程序调用创建对象的属性、方法可以实现访问数据库、对文件进行输入/输出操作以及在 Web 页上自动轮换显示广告图像等功能。使用 Server 对象还可以完成调用 ASP 脚本、处理 HTML 和 URL 编码以及获取服务器对象的路径信息等。

语法：

```
Server.property | method
```

property：Server 对象的属性。

method：Server 对象的方法。

例如，通过 Server 对象创建一个名为 Conn 的 ADO 的 Connection 对象实例，代码如下：

```
<%
    Dim Conn
Set Conn=Server.CreateObject("ADODB.Connection")
%>
```

Server 对象的成员如表 6-7 所示。

表 6-7   Server 对象的成员

成　员	描　述
ScriptTimeOut 属性	设置 ASP 脚本执行的超时时间
CreateObject 方法	创建服务器组件的实例
MapPath 方法	将指定的虚拟路径（无论是当前服务器上的绝对路径，还是当前页的相对路径）映射为物理路径
HTMLEncode 方法	将 HTML 编码应用到指定的字符串
URLEncode 方法	将 URL 编码规则（包括转义字符）应用到字符串
Execute 方法	停止当前页面的执行，把控制转到指定路径的网页，当前环境也被传递到新的网页。在该页面执行完成后将控制传递回原来的页面
Transfer 方法	与 Execute 方法类似，不同的是，当新页面执行完成时，执行过程结束而不是返回原来的页面继续执行

6.6.1　设置 ASP 脚本执行时间

Server 对象只提供一个 ScriptTimeout 属性，用于设置一个 ASP 脚本执行的超时时间，即脚本所允许的最长执行时间。如果在指定的时间内脚本没有执行完毕，系统将停止其执行，并且显示超时错误。应用该属性可以防止出现一些进入死循环的程序导致页面服务器过载的问题。

语法：

```
Server.ScriptTimeout=NumSeconds
```

NumSeconds：用于指定脚本在被服务器结束前最大可运行的秒数，默认值为 90s。可以在 Internet 信息服务管理单元的"应用程序配置"对话框的"选项"卡中更改这个默认值，如果将其设置为-1，则脚本将永远不会超时。

【例 6-16】 设置 ASP 脚本执行时间。

通过 Server 对象的 ScriptTimeout 属性设置 ASP 脚本执行时间为 10s，并编写一个死循环以查看如果在 10s 内程序不能正常执行的结果，代码如下：

```
<%
Server.ScriptTimeout=10
Dim Counter
Counter=0
While (1)
    Counter=Counter+1
Wend
%>
```

保存文件为"index.asp"。在 IIS 中浏览该文件，运行结果如图 6-24 所示。

图 6-24　设置 ASP 脚本执行时间

如果上面的代码中未设置脚本执行时间，或者其默认设置为-1，程序中的死循环将一直执行直到服务器关闭。所以，在程序执行前设置一个合适的 ScriptTimeout（脚本超时时间）是十分必要的，否则将浪费服务器资源，堵塞用户请求，造成服务器忙的状态。

6.6.2　创建服务器组件实例

调用 Server 对象的 CreateObject 方法可以创建服务器组件的实例。CreateObject 方法可以用来创建已经注册到服务器上的 ActiveX 组件实例，这样可以通过使用 ActiveX 服务器组件扩展 ASP

的功能，实现一些仅依赖脚本语言所无法实现的功能。建立在组件对象模型（Component Object Model，COM）模型上的对象，ASP 有标准的函数调用接口，只要在操作系统上登记注册了组件程序，COM 就会在系统注册表里维护这些资源，以供程序员调用。

语法：

```
Server.CreateObject(progID)
```

ProgID：用于指定要创建的对象类型，其格式为

```
[ Vendor. ]Component[.Version ]
```

Vendor：表示拥有该对象的应用名。

Component：表示该对象组件的名字。

Version：表示版本号。

例如，创建一个名为 FSO 的 FileSyestemObject 对象实例，并将其保存在 Session 对象变量中，代码如下。

```
<%
    Dim FSO
    Set FSO=Server.CreateObject("Scripting.FileSystemObject")
    Session("ofile")=FSO
%>
```

CreateObject 方法仅能用来创建外置对象实例，不能用来创建系统的内置对象实例。用该方法建立的对象实例仅在创建它的页面中是有效的，即当处理完该页面程序后，创建的对象会自动消失，若想在其他页面也引用该对象，可以将对象实例存储在 Session 对象或者 Application 对象中。

6.6.3　获取文件的真实物理路径

Server 对象的 MapPath 方法用于返回虚拟目录在 Web 服务器上的真实物理路径。

语法：

```
Server.MapPath(string)
```

string：用于指定虚拟路径的字符串。

虚拟路径如果是以"\"或者"/"开始表示，MapPath 方法将返回服务器端的宿主目录。如果虚拟路径以其他字符开头，MapPath 方法将把这个虚拟路径视为相对路径，相对于当前调用 MapPath 方法的页面，返回其物理路径。

若想取得当前运行的 ASP 文件所在的真实路径，可以使用 Request 对象的服务器变量 PATH_INFO 来映射当前文件的物理路径。

【例 6-17】　获取文件的真实物理路径。

调用 Server 对象的 MapPath 方法输出网站所在根目录、根目录下 temp.asp 文件的路径、与当前文件同目录 file.txt 文件的路径以及应用服务器环境变量 PATH_INFO 映射当前文件所在路径，代码如下：

```
<%
    Response.Write "Server.MapPath(""\"")返回网站根路径: "&Server.MapPath("\")&"<BR>"
    Response.Write "Server.MapPath(""/temp.asp"")返回:"&Server.MapPath("/temp.asp")
&"<BR>"
    Response.Write "Server.MapPath(""file.txt"")返回: "&Server.MapPath("file.txt")
&"<BR>"
    Response.Write "Server.MapPath(Request.ServerVariables(""PATH_INFO""))返回当前文
```

件物理路径："&Server.MapPath(Request.ServerVariables("PATH_INFO"))　'使用服务器变量 PATH_
INFO 获取当前文件的相对路径
```
%>
```

保存文件为"index.asp"。在 IIS 中浏览该文件，运行结果如图 6-25 所示。

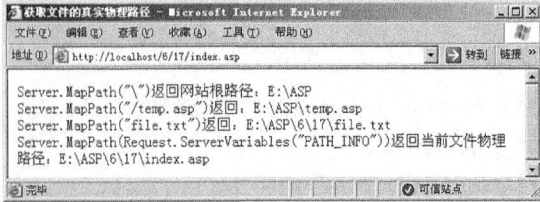

图 6-25　获取文件的真实物理路径

6.6.4　输出 HTML 源代码

通常情况下，HTML 标记会被浏览器解释执行，不会显示在浏览器上。如果想将 HTML 标记如实地显示在浏览器上，可以调用 Server 对象的 HTMLEncode 方法。HTMLEncode 方法用于将 HTML 标记字符串进行编码。

语法：

```
Server.HTMLEncode(string)
```

string：指定要编码的字符串。

当从服务器端向浏览器输出 HTML 标记时，浏览器将其解释为 HTML 标记，并按照标记指定的格式显示在浏览器上。使用 HTMLEncode 方法可以实现在浏览器中原样输出 HTML 标记字符，即浏览器不对这些标记进行解释。

使用 HTMLEncode 方法可以将特定的字符串进行 HTML 编码，将字符串中的 HTML 标记字符转换为字符实体。例如，HTML 标记字符">"、"<"编码后转化为">"、"<"。

【例 6-18】 输出 HTML 源代码。

调用 Server 对象的 HTMLEncode 方法将 HTML 标记原样输出在浏览器上，代码如下：

```
<%@LANGUAGE="VBSCRIPT" CODEPAGE="936"%>
<html>
<body>
<strong>此段文本为粗体</strong>
<p>
<%
    =Server.HTMLEncode("<strong>此段文本正常显示</strong>")
%>
</body>
</html>
```

保存文件为"index.asp"。在 IIS 中浏览该文件，运行结果如图 6-26 所示。

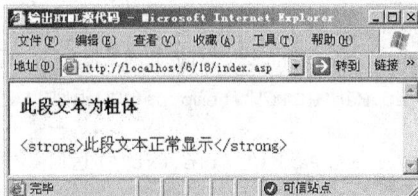

图 6-26　输出 HTML 源代码

6.7　ObjectContext 事务处理对象

ASP 中提供 ObjectContext 对象控制 ASP 的事务处理。事务在服务器端运行，主要用于对数据库提供可靠的操作。当对数据库进行关联更改或者是同时更新多个数据库时，需要确定所有更改是否都准确运行，如果其中任何一项更改失败，数据库中的数据将恢复到操作执行前的状态，这样就不会破坏数据完整性，只有在所有更改都正确执行时，数据的更新才有效。

ASP 中的事务处理程序是以 MTS（Microsoft Transaction Server）事件处理系统为基础的，MTS 是以组件为主的事物处理系统，用于开发、配置和管理 Internet、Intranet 服务器应用程序。MTS 不能对文件系统或者其他非事务性资源的更改进行恢复操作。

ObjectContext 对象的使用语法如下：

```
ObjectContext.method
```

method：ObjectContext 对象的方法。

例如，应用 ObjectContext 对象终止网页启动的事务处理程序，代码如下：

```
<% ObjectContext.SetAbort %>
```

ObjectContext 对象是通过和事务服务器通信来对事务进行控制的，所以在 ASP 中使用 ObjectContext 对象之前必须声明该页包含事务。在 ASP 中使用@TRANSACTION 关键字来标识当前运行页面要以 MTS 事务服务器来处理，@TRANSACTION 指令必须位于 ASP 文件中的第一行，否则会产生错误。

语法如下：

```
<% @TRANSACTION=value %>
```

value：@TRANSACTION 关键字的取值，如表 6-8 所示。

表 6-8　　　　　　　　　　　　　　@TRANSACTION 关键字取值

取　　值	描　　　　述
Required	开始一个新的事务或者加入一个已经存在的事务处理
Requires_New	每次都开始一个新的事务
Supported	加入到一个现有的事务处理，但不开始一个新的事务
Not_Supported	既不加入也不开始一个新的事务

ObjectContext 对象提供两个方法和两个事件控制 ASP 的事务处理。ObjectContext 对象的成员如表 6-9 所示。

表 6-9　　　　　　　　　　　　　ObjectContext 对象的成员

成　　员	描　　　　述
SetAbort 方法	终止当前网页所启动的事务处理，将事务先前所做的处理撤销到初始状态
SetComplete 方法	成功提交事务，完成事务处理
OnTrandactionAbort 事件	事务终止时触发的事件
OnTransactionCommit 事件	事务成功提交时触发的事件

6.7.1　终止事务的处理

ObjectContext 对象提供了 SetAbort 方法和 OnTrandactionAbort 事件进行终止事务的处理。

（1）SetAbort 方法。

SetAbort 方法将终止当前网页所启动的事务处理，而且将事务先前所做的处理撤消到初始状态，也称为事务"回滚"。

语法：

```
ObjectContext.SetAbort
```

（2）OnTrandactionAbort 事件。

脚本本身不能判断事务处理是成功还是失败，可以编写事务终止或者成功提交时调用的事件显式说明事务处理的情况。OnTransactionAbort 事件是当事务处理失败时引发的。

语法：

```
Sub OnTransactionAbort()
    …处理程序
End Sub
```

如果事务异常终止，会触发 OnTransactionAbort 事件。

6.7.2　完成事务的处理

ObjectContext 对象提供了 SetComplete 方法和 OnTransactionCommit 事件对事务成功完成进行处理。

（1）SetComplete 方法。

SetComplet 方法将成功地完成事务处理，也称为事务"提交"。

语法：

```
ObjectContext.SetComplete
```

调用 SetComplet 方法将忽略脚本中以前调用过的任何 SetAbort 方法。

（2）OnTransactionCommit 事件。

OnTransactionCommit 事件是当事务处理成功时引发的。

语法：

```
Sub OnTransactionCommit()

    …处理程序
End Sub
```

OnTransactionCommit 事件在一个已处理的脚本事务提交后发生。

【例 6-19】 应用 ObjectContext 对象进行事务处理。

（1）在 index.asp 页面中建立表单并插入文本框及按钮控件，用于添加管理员信息，代码如下：

```
<form name="form1" method="post" action="code.asp">
用户名： <input name="txt_name" type="text" id="txt_name">
密 码： <input name="txt_pwd" type="password" id="txt_pwd"></td>
<input name="add" type="submit" id="add" value="添加">
<input type="reset" name="Submit2" value="重置"></td>
</form>
```

（2）在程序处理页面 code.asp 中，首先建立数据库连接、获取表单传递的数据，然后执行 Insert Into 语句插入数据。如果此过程中出现异常则调用 ObjectContext 对象的 SetAbort 方法终止事务，否则调用 ObjectContext 对象的 SetComplet 方法完成事务。分别定义 OnTrandactionAbort 事件和 OnTransactionCommit 事件用于提示操作的执行结果。代码如下：

```
<%@TRANSACTION=Required%>
<%
    '创建数据库链接
    Set conn=Server.CreateObject("ADODB.Connection")
    sql="Driver={Microsoft Access Driver (*.mdb)};DBQ="&Server.mappath("DataBase/db.
mdb")&""
    conn.open(sql)

    '获取表单数据
    txt_name=Request.Form("txt_name")
    txt_pwd=Request.Form("txt_pwd")
    If Not Isempty(Request("add")) Then
      If txt_name<>"" and txt_pwd<>"" Then
        on error resume next

        '执行 Insert Into 语句
        sqlstr="insert into tb_user(UserName,PassWord) values('"&txt_name&"','"&txt_
pwd&"')"
        conn.Execute(sqlstr)

        '如果出现异常则调用 SetAbort 方法终止事务
        If error.num>0 Then
          error.clear
          ObjectContext.SetAbort()
        End IF
        '调用 SetComplet 方法完成事务
        ObjectContext.SetComplete()

        '事务执行成功时触发的事件
        Sub OnTransactionCommit()
          Response.Write("<script language='javascript'>alert('添加信息成功!');window.
location.href='index.asp';</script>")
            Response.Flush()
        End Sub

        '事务执行失败时触发的事件
        Sub OnTransactionAbort()
          Response.Clear()
          Response.Write("<script language='javascript'>alert('添加信息失败,请重新输入!');
window.location.href='index.asp';</script>")
            Response.Flush()
        End Sub

      Else
        Response.Write("<script language='javascript'>alert('请填写完整信息内容!');
window.location.href='index.asp';</script>")
      End If
    End If
%>
```

在 IIS 中浏览 index.asp 文件并填写信息提交表单，运行结果如图 6-27 所示。

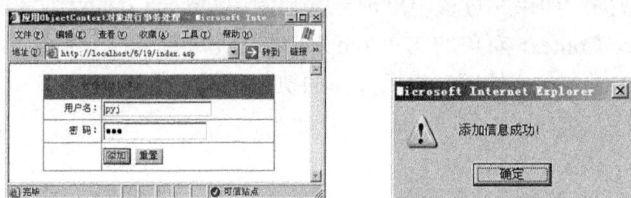

图 6-27　应用 ObjectContext 对象进行事务处理

小　　结

本章主要介绍了 6 个 ASP 的内置对象及其应用，包括 Reuqest 对象获取用户提交的信息、Response 对象返回服务器响应的数据、Application 对象保存整个站点的共享信息、Session 对象保存单个用户信息、ObjectContext 对象处理 ASP 事务等。读者应能熟练使用各对象来实现相应的功能。

习　　题

6-1　ASP 内置对象的主要特点是什么？

6-2　Request.form 和 Request.QueryString 分别读取以什么方式发送的数据？

6-3　如何获取客户端的 IP 地址？

6-4　有如下程序：

```
<%
Response.Write("朋友")
Response.End()
Response.Write("你好！")

%>
```

则程序的输出结果是什么？

6-5　怎样立即输出缓冲区中的数据？如何清除缓冲区中的数据？

6-6　如何写入和读取 Cookie？

6-7　Global.asa 文件的作用是什么？

6-8　如何获得文件的物理路径？如何获得网站的根目录？

6-9　Server.HTMLEncode("<h3>新闻摘要</h3>")语句的输出结果是什么？

6-10　在 IIS 服务器上，默认的 Session 对象会话有效时间是多少分钟？在程序中如何修改其有效期？

上 机 指 导

6-1　设计一个程序，用于显示获取到的表单数据。

6-2　编写程序，判断用户的 IP 地址是否为禁止访问的 IP 地址，如果是则给出提示信息并终止用户的访问，如果不是则允许用户继续访问。

6-3　使用 Session 对象判断用户输入的用户名和密码是否正确。

6-4　应用 Application 对象设计一个网站计数器。

第 7 章
ASP 常用组件

本章介绍 ASP 的常用组件，主要内容包括 Ad Rotate 广告轮显组件、Browser Capabilities 浏览器性能组件、Page Counter 计数器组件、CDONTS 邮件收发组件。通过本章的学习，读者可以充分了解 ASP 调用 ActiveX 组件来实现各项功能，并掌握和应用各组件实现特定的网络服务。

7.1 Ad Rotate 广告轮显组件

7.1.1 Ad Rotate 组件简介

现在很多网站都采用播放广告这种形式，为企业、个人、商品等做宣传。例如，在不同的段位播放不同形式的广告、在同一段位按照给定的频率播放不同的广告等。对于一个网站运营商而言，网站的广告收入是网站收入的重要部分之一。

在 ASP 中，使用 Ad Rotate 广告轮显组件可以实现广告图片的动态显示（即每次页面被重新载入时在页面的指定位置会轮流显示一系列的广告图片），并可以为轮显的广告图片设置不同的出现频率。

创建 Ad Rotate 组件对象的语法如下：

```
set 对象名称= Server.CreateObject ("MSWC.AdRotator")
```

Ad Rotate 广告轮显组件有 3 个属性和一个方法，如表 7-1 所示。

表 7-1   Ad Rotate 组件的属性和方法

属性或方法	描　　述
Border 属性	设置广告图片的边框大小
Clickable 属性	设置是否提供超链接功能。值为 True 表示提供超链接功能，值为 False 表示不提供超链接功能
TargetFrame 属性	设置超链接的目标窗口
GetAdvertisement 方法	获取存储广告信息的文本文件

7.1.2 建立实现广告轮显的文件

使用 Ad Rotate 组件实现轮显广告的功能，需要建立以下 3 个文件。

（1）广告信息文本文件，用于保存广告图片的尺寸、名称、超链接地址等信息。

（2）超链接处理文件，用于接收页面传递的参数并执行跳转到指定超链接的操作。

（3）显示广告图片文件，用于承载实现轮显广告功能的核心程序。

下面介绍如何建立实现广告轮显的 3 个文件。

1．广告信息文本文件

广告信息文本文件包含广告图片的显示信息、图片超链接信息、显示频率等。此文件包含两个部分：第一部分是所有广告图片的通用信息；第二部分是针对每个广告图片的具体信息。

例如，建立一个文本文件 adrot.txt，按照指定的格式定义广告信息，代码如下：

```
Redirect redirect.asp                    指定重定向的文件
width 500                                广告图片的宽度
height 375                               广告图片的高度
border 0                                 设定广告图片的边框大小
*                                        以*符号作为文件两部分的分隔点
image/img01.jpg
http://www.mrbccd.net
网站说明 1
4
image/img02.jpg                          广告图片的位置和名称
http://www.bcty365.com                   广告图片的超链接地址
网站说明 2                                广告图片的说明文字
3                                        广告显示频率
image/img03.jpg
http://www.cxyhome.com
网站说明 3
3
```

广告信息文本文件的两部分是用*符号分隔的。其中，第一部分包含 4 个通用参数。

（1）Redirect：指定当单击广告时重定向的文件。

（2）width：设定广告图片的宽度。

（3）height：设定广告图片的高度。

（4）border：设定广告图片的边框大小。

第二部分是设置每一个广告的具体信息，上面的实例中包含 3 个广告。每个广告对应 4 行信息，分别是第 1 行为广告图片的位置和名称，广告图片可以在当前服务器上也可以在互联网的任何位置；第 2 行为广告图片的超链接地址；第 3 行为广告图片的说明文字，如果浏览器不支持所显示的广告内容则在广告位置显示此说明文字；第 4 行为广告显示频率，如上面实例中广告的显示频率分别为 40%、30%、30%，显示频率越大说明广告显示的次数就越多。

2．超链接处理文件

广告图片本身并不能完全表达所要宣传事物的全部内容，因此可以为广告设置超链接，当单击广告图片时可以跳转到超链接页面，查看其详细的内容。

在承载广告的网页中单击广告图片时，页面将跳转到在广告信息文本文件（如 adrot.txt）定义的重定向文件（如 redirect.asp），同时向重定向文件传递两个参数 url 和 image。url 为广告图片的超链接地址，image 为广告图片的位置和名称。在重定向文件中，只要接收 url 参数，并执行跳转到此 url 的命令即可。

例如，为轮显广告建立超链接处理文件 redirect.asp，代码如下：

```
<% response.Redirect(request.QueryString("url")) %>
```

在该页面中首先通过 Request 对象的 QueryString 数据集合获取 url 参数值，即广告对应的超链接地址，然后调用 Response 对象的 Redirect 方法重定向到指定的网址。

3. 显示广告图片文件

创建广告信息文本文件和超链接处理文件后，就需要建立显示广告图片文件。也就是说，在页面中创建 Ad Rotate 组件对象实例、设置对象属性并应用 GeAdvertisement 方法读取广告信息文本文件的内容，使广告内容显示在网页中。

【例 7-1】 建立显示广告图片的文件。

在 adrotator.asp 文件中创建 Ad Rotate 组件对象，设置广告图片边框大小为 0 像素、允许提供超链接功能、设定超链接的目标窗口，并调用 GetAdvertisement 方法读取文本文件中的广告信息，代码如下：

```
<%
dim ad
set ad=server.createobject("MSWC.AdRotator")    '创建 Ad Rotate 组件对象实例
ad.border=0                                       '定义广告图片边框为 0 像素
ad.Clickable=True                                 '提供超链接功能
ad.TargetFrame="_blank"                           '设定超链接的目标窗口
'输出通过调用 GeAdvertisement 方法获取到的广告信息
response.write Ad.GetAdvertisement("adrot.txt")
%>
```

在建立广告信息文本文件（如 adrot.txt）以及超链接处理文件（如 redirect.asp）的前提下，浏览 adrotator.asp 文件，运行结果如图 7-1、图 7-2 所示。

图 7-1　显示广告图片

图 7-2　刷新页面后显示的广告图片

7.1.3　在首页显示广告信息

在网站首页面的广告图片一般都是自动刷新显示的。为了实现广告位置的局部刷新，在首页可以应用浮动框架嵌入显示广告图片的文件，并且在广告图片文件中使用<meta>标记实现页面自动刷新。

例如，在首页面 index.asp 中的指定位置应用浮动框架嵌入显示广告图片文件（adrotator.asp），代码如下：

```
<iframe name="ad" src="adrotator.asp" width="500" height="375" frameborder="0"
marginheight="0" marginwidth="0" scrolling="no"></iframe>
```

在显示广告图片文件（adrotator.asp）中使用<meta>标记实现页面每隔 3 秒钟自动刷新一次，代码如下：

```
<meta http-equiv="refresh" content="3;url=adrotator.asp">
<%
dim ad
set ad=server.createobject("MSWC.AdRotator")      '创建 Ad Rotate 组件对象实例
ad.border=0                                        '定义广告图片边框为 0 像素
ad.Clickable=True                                  '提供超链接功能
ad.TargetFrame="_blank"                            '设定超链接的目标窗口
'输出通过调用 GeAdvertisement 方法获取到的广告信息
response.write Ad.GetAdvertisement("adrot.txt")
%>
```

7.2 Browser Capabilities 浏览器性能组件

7.2.1 Browser Capabilities 组件简介

无论是构建一个简单的网站还是一个复杂的 Web 应用程序，在工作开始之前都必须明确目标浏览器的相关信息。因为不同的浏览器支持不同级别的 HTML 和 JavaScript，而且浏览器也会因运行的操作系统不同而存在很大的差异。

在 ASP 中，应用 Browser Capabilities 组件可以获取到关于浏览器的类型以及相关特性。例如，检测浏览器是否支持 ActiveX 控件、是否支持使用背景音乐等。这样，就可以在了解客户端浏览器类型以及版本等信息的前提下，设计出与浏览器特性兼容的网页。也就是说，根据浏览器所支持的特性，在设计网页时启用浏览器支持的特性，屏蔽浏览器不支持的特性。

创建 Browser Capabilities 组件对象 BrowserType 的语法如下：

```
Set 对象名称=Server.CreateObject("MSWC.BrowserType")
```

Browser Capabilities 组件的属性如表 7-2 所示。

表 7-2   Browser Capabilities 组件的属性

属　性	描　述
ActiveXControls	确定浏览器是否支持 ActiveX 控件
backgroundsounds	确定浏览器是否支持背景音乐
beta	确定浏览器是否为测试版
browser	返回浏览器的名称
Cookies	确定浏览器是否支持 Cookies
frames	确定浏览器是否支持显示框架
javaapplets	确定浏览器是否支持 Java 程序
javascript	确定浏览器是否支持 JavaScript 脚本
majorver	返回浏览器的主版本号
minorver	返回浏览器的次版本号
tables	确定浏览器是否支持使用表格
vbscript	确定浏览器是否支持 VBScript 脚本
Version	返回浏览器的版本
Win16	确定浏览器是否支持 Win16

7.2.2　存储浏览器信息的 Browscap.ini 文件

使用 Browser Capabilities 组件时，不仅要创建 BrowserType 对象，还要访问 Browscap.ini 文件。该文件是一个纯文本文件，包含了很多浏览器信息，用于映射客户端浏览器发送的 HTTP 头信息。

当客户端浏览器向服务器发送页面请求时，会自动发送一个用户代理（User Agent）的 HTTP 头信息，该信息是一个声明浏览器及其版本的 ASCII 字符串。Brower Capabilities 组件可以将此信息映射到在 Browscap.ini 文件中所注明的浏览器，并通过 BrowserType 对象的属性来识别客户浏览器的特性。若该对象在 Browscap.ini 文件中未找到与 HTTP 头信息匹配的项，那么将返回默认的浏览器属性。若该对象既未找到匹配项且 Browscap.ini 文件中也未指定默认的浏览器设置，则它将每个属性都设为"UNKNOWN"。

安装 IIS 服务器后，在系统盘"\WINDOWS\system32\inetsrv"目录下，就可以查看到 Browscap.ini 文件。

例如，查看 Browscap.ini 文件中的部分数据如下：

```
...
[IE 6.0]
browser=IE
Version=6.0
majorver=#6
minorver=#0
frames=True
tables=True
cookies=True
backgroundsounds=True
vbscript=True
javaapplets=True
javascript=True
ActiveXControls=True
Win16=False
beta=True
...
```

通过以上数据，可以发现在 Browscap.ini 文件中首先给出浏览器名称以及版本，然后记录该浏览器的属性以及属性值。

7.2.3　获取客户端浏览器信息

使用 Browser Capabilities 组件可以轻松地获取客户端浏览器的类型，进而判断浏览器所支持的特性。

【例 7-2】 获取客户端浏览器信息。

创建 BrowerType 对象实例，然后在表格的相应位置调用 Browser Capabilities 组件属性以返回当前客户端浏览器的相关信息，代码如下：

```
<%
Dim brower
set brower=server.CreateObject("MSWC.BrowserType")
%>
<table width="430" border="1" align="center" bordercolor="#0000000" bordercolorlight="#FFCCFF">
    <tr><td>浏览器名称</td><td><%=brower.Browser%></td></tr>
    <tr><td>浏览器版本</td><td><%=brower.Version%></td></tr>
```

```
<tr><td>是否支持 Cookies</td><td><%=brower.Cookies%></td></tr>
    <tr><td>是否支持 VBscript</td><td><%=brower
.vbscript%></td></tr>
    <tr><td>是否支持 Javascript</td><td><%=brower
.javascript%></td></tr>
    <tr><td>是否支持 ActiveX 组件</td><td><%=brower.
ActiveXControls%></td></tr>
    <tr><td>是否支持显示框架</td><td><%=brower
.frames%></td></tr>
    </table>
```

保存文件为 "index.asp"。在 IIS 中浏览该文件，
运行结果如图 7-3 所示。

图 7-3　获取客户端浏览器信息

7.3　Page Counter 计数器组件

7.3.1　Page Counter 组件简介

在网站中通过设计一个计数器可以统计网站的访问量，从而能够准确地掌握网站的访问情况。实现网站计数器的方法有很多，如应用 Application 对象、使用 FileSystemObject 对象对文本文件进行操作等。

在 ASP 中，还可以使用 Page Counter 组件来制作计数器确定网站中每个网页的访问量，从而能够更准确地统计分析网站流量。

创建 PageCounter 组件对象的语法如下：

```
Set 对象名称=Server.CreateObject("MSWC.PageCounter")
```

Page Counter 组件包含的方法如表 7-3 所示。

表 7-3　　　　　　　　　　　　　　Page Counter 组件的方法

方　　法	描　　述
Hits(Path)	返回指定页面的访问次数。如果没有提供 Path 参数，则默认为当前页
PageHit()	更新当前页面的访问次数
Reset(Path)	将指定路径的页面访问次数设为 0。如果没有指定路径，则将当前页面访问次数设为 0

7.3.2　设计无刷新图形计数器

为了使页面美观，可以在网站首页面使用 Page Counter 组件并设计一个图形计数器对网站访问量进行统计。在设计图形计数器时，为了防止在用户刷新网页或者是从其他页面返回到网站首页时出现重复计数的情况，可以结合使用 Session 变量实现对当前用户的访问只计数一次。

【例 7-3】　设计无刷新图形计数器。

在页面中首先创建 Page Counter 组件对象；然后判断 session("guest")变量，在其值为空的情况下调用 pagehit（）更新当前页面的访问次数并设置 session("guest")变量值为 "true"；接下来调用 hits（）获取当前页面的访问次数并赋予变量 result；最后根据变量 result 的值并应用 "for…next" 循环语句输出每个数字对应的图片。代码如下：

```
<%
set pcObj = server.createobject("MSWC.PageCounter")
```

```
If session("guest") = "" Then        '在 session("guest")变量为空的情况下执行的操作
    pcObj.pagehit()                  '更新当前页面的访问次数
    session("guest")=true            '设置 session("guest")变量值为 true
End If
result=pcObj.hits()                  '返回当前页面的访问次数，并赋予变量 result
picture=right("0000000000"&cint(result),9)  '确定计数器位数
Response.Write("您是第")
For i=1 To 9                         '使用 for…next 循环语句，输出计数值中每一位数字对应的图片
%>
    <img src="numbers/<%=mid(picture,
i,1)%>.gif" width="16" align="absbottom">
<%Next
Response.Write("位访问者")
%>
```

保存文件为"index.asp"。在 IIS 中浏览该
文件，运行结果如图 7-4 所示。

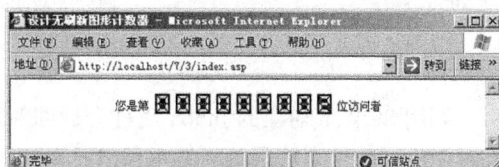

图 7-4　设计无刷新图形计数器

7.4　CDONTS 邮件收发组件

7.4.1　CDONTS 组件简介

CDONTS（Collaboration Data Objects for Microsoft Windows NT Server）组件是由微软公司提供的组件。在 Windows 操作系统上安装 SMTP 服务后，系统会自动注册 CDONTS 组件（如果在操作系统所在盘符的 Windows 目录下的 system32 文件夹中没有 CDONTS.DLL 文件，则需手动注册该组件）。ASP 通过 CDONTS 组件可以创建基于 Web 界面的发送及接收电子邮件的功能模块。

1. 创建 NewMail 对象发送邮件

ASP 通过创建 CDONTS 组件的 NewMail 对象来发送邮件。

语法：

```
Set 对象名称= Server.CreateObject("cdonts.newmail")
```

NewMail 对象的属性和方法如表 7-4 所示。

表 7-4　　　　　　　　　　　　　　NewMail 对象的属性和方法

属性或方法	描　　　述
From 属性	表示信件发送者的邮箱地址
To 属性	表示信件接收者的邮箱地址
CC 属性	表示抄送邮箱地址
BCC 属性	表示密件发送的邮箱地址
Subject 属性	表示信件的主题
Body 属性	表示信件的正文
Importance 属性	用于设置优先级，设置为 0 表示不重要，为 1 表示一般，为 2 表示重要
Send 方法	执行发送邮件的操作

2. 创建 Session 对象接收邮件

ASP 通过创建 CDONTS 组件的 Session 对象来接收邮件。

语法：

```
Set 对象名称= Server.CreateObject("CDONTS.Session")
```

Session 对象的属性和方法如表 7-5 所示。

表 7-5   Session 对象的属性和方法

属性或方法	描　　　述
LogonSMTP 方法	使用户登录到 SMTP 服务器上。必须提供一个用户名和邮件地址作为参数
Inbox 属性	返回一个对象，该对象表示当前用户接收邮件所存放的目录
Logoff 方法	注销当前用户在 SMTP 服务器上的登录

调用 Session 对象的 Inbox 属性会返回对应的 Inbox 对象，通过 Inbox 对象的 Messages 数据集合可以返回邮件存放目录下的每条信息对应的 Message 对象。通过 Message 对象可以获取每个邮件的具体信息。

创建 Message 对象的格式如下：

```
<%
Set objsession = server.CreateObject("CDONTS.Session")   '创建 Session 对象实例
objsession.LogonSMTP getlogname,getlogaddr               '登录 SMTP 服务器
Set objinbox = objsession.Inbox                          '返回 Inbox 对象
Set objmessages = objinbox.messages                      '读取 messages 数据集合
Set objmessage = objmessages.item(i)                     '获取具体项目对应的 Message 对象
%>
```

Message 对象的常用属性如表 7-6 所示。

表 7-6   Message 对象的常用属性

属　　　性	描　　　述
Sender	返回邮件的发送者
Subject	返回邮件的题目
Text	以普通文本格式返回邮件内容
TimeSent	返回邮件的发送日期和时间

7.4.2　SMTP 服务器的安装和配置

电子邮件是使用 SMTP 作为信息传输的基础条件的。SMTP 是 Simple Mail Transfer Protocol 的缩写，即简单邮件传输协议。使用 SMTP 虚拟服务器可以实现邮件的发送和接收，其优点是速度快、可靠性高、易于操作。下面介绍 SMTP 服务器的安装和配置。

1. 安装 SMTP 服务器

由于 Microsoft SMTP 服务是 Microsoft Internet 信息服务（IIS）的一个组件，因此必须安装 IIS 才能使用 Microsoft SMTP 服务。下面以 Windows Server 2003 系统为例，介绍 SMTP 服务的安装方法。

（1）打开"控制面板"，鼠标双击"添加或删除程序"图标，然后在打开的对话框中单击"添加/删除 Windows 组件"。

（2）在打开的"Windows 组件向导"对话框中，选中"应用程序服务器"复选框，如图 7-5 所示。

（3）单击"详细信息"按钮，在打开的"应用程序服务器"对话框中，选中"Internet 信息服务（IIS）"复选框，并单击"详细信息"按钮，如图 7-6 所示。

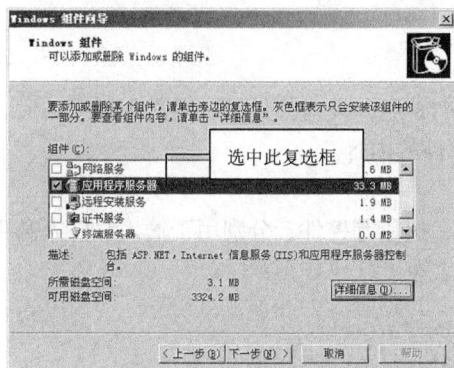

图 7-5 选中"应用程序服务器"复选框

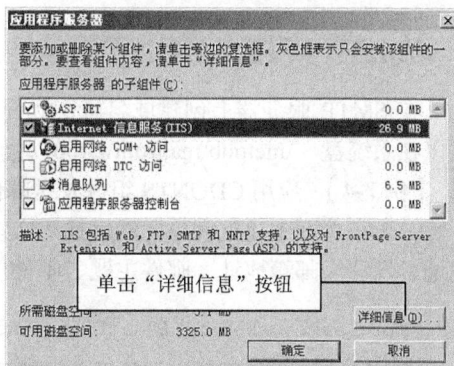

图 7-6 选中"Internet 信息服务（IIS）"复选框

（4）在打开的"Internet 信息服务（IIS）"对话框中，选中"SMTP Service"、"公用文件"、"万维网服务"复选框，如图 7-7 所示。

（5）依次单击"确定"按钮，完成 Microsoft SMTP 服务的安装。

2. 配置 SMTP 服务器

安装 Microsoft SMTP 服务时，系统将创建一个默认的 SMTP 虚拟服务器来处理基本的邮件传递功能。SMTP 虚拟服务器会自动使用默认设置进行配置，这些设置使其能够接收本地客户机连接并处理消息。

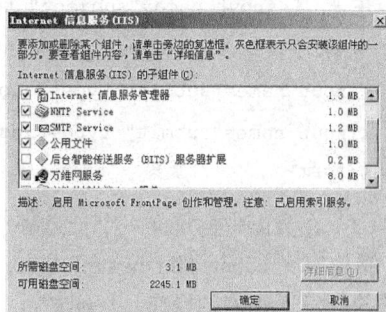

图 7-7 选择 Internet 信息服务（IIS）的子组件

通过 SMTP 协议只能向 SMTP 服务器中已经存在的域名范围发送邮件，所以应创建新域。下面介绍创建新域的步骤。

（1）在"Internet 信息服务（IIS）管理器"对话框中，展开"默认 SMTP 虚拟服务器"，鼠标右键单击"域"选项，在弹出的快捷菜单中选择"新建"/"域"命令，如图 7-8 所示。

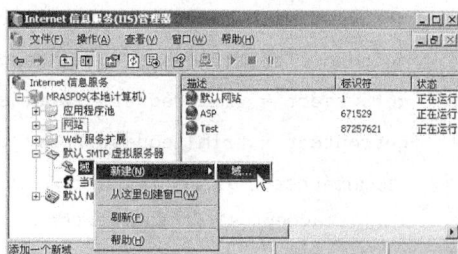

图 7-8 选择新建域命令

（2）打开如图 7-9 所示的"新建 SMTP 域向导"对话框。在该对话框中选择"别名"域类型，单击"下一步"按钮，打开如图 7-10 所示的"域名"对话框，在该对话框中输入域名，单击"完成"按钮，创建新域。

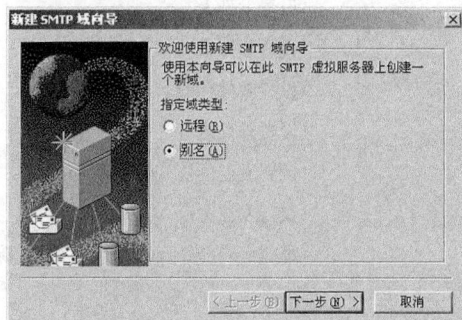

图 7-9 新建 SMTP 域向导

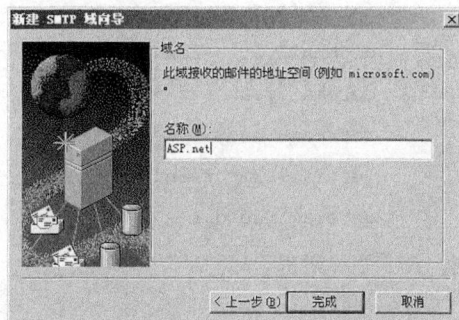

图 7-10 输入域名

7.4.3　应用 CDONTS 组件发送邮件

在 SMTP 服务器上创建域名后，就可以使用 CDONTS 组件发送邮件了。发送邮件成功后，可以在系统盘"\Inetpub\mailroot\Drop"目录下查看到邮件的内容。

【例 7-4】　应用 CDONTS 组件发送邮件。

（1）在页面中建立表单，然后插入文本框、文本域、按钮等控件，分别用于输入收件人邮箱地址、发件人邮箱地址、邮件主题、邮件内容以及提交表单。代码如下：

```
<form name="sendemail" action="index.asp" method="post">
收件人：<input name="accept" type="text" class="txt_grey">
发件人：<input name="send" type="text" class="txt_grey">
主 题：<input name="subject" type="text" class="txt_grey" style="width:240">
内 容：<textarea name="content" cols="37" rows="6" class="wenbenkuang"></textarea>
<input name="submit" type="submit" class="btn_grey" value="发送">
<input name="submit" type="reset" class="btn_grey" value="重置">
</form>
```

（2）在页面中自定义一个子过程，并将获取到的表单数据作为子过程的参数值。在该子过程中，首先定义 cdonts 的 newmail 对象，然后为对象的各相关属性进行赋值，最后调用对象的 Send 方法执行发送邮件的操作。代码如下：

```
<%
getaccept = trim(request.Form("accept"))              '获取收件人邮箱地址
getsend = trim(request.Form("send"))                  '获取发件人邮箱地址
getsubject = trim(request.Form("subject"))            '获取邮件主题
getcontent = trim(request.Form("content"))            '获取邮件内容
'在 getaccept、getsend、getsubject 和 getcontent 都不为空时，执行以下操作
if (getaccept <> "" and getsend <> "" and getsubject <> "" and getcontent <> "") then
    sendemail getsend,getaccept,getsubject,getcontent    '调用子过程 sendemail
    Response.Write("<script language='JavaScript'>alert('应用 CDONTS 组件发送邮件成功!');
window.location.href='index.asp';</script>")
end if
sub sendemail(frwho,towho,subject,getcontent)    '定义用于发送邮件的 sendemail() 子过程
    set getemail = server.CreateObject("cdonts.newmail") '创建 newmail 对象实例
    getemail.from = frwho                         '设置发件人
    getemail.to = towho                           '设置收件人
    getemail.subject = subject                    '设置邮件标题
    getemail.body = getcontent                    '设置邮件内容
    getemail.importance=0                         '设置发送的优先级
    getemail.send                                 '执行发送命令
    set getemail = nothing                        '释放 newmail 对象所占用的资源
end sub
%>
```

保存文件为"index.asp"。在确定已注册 cdonts.dll 组件并在 SMTP 服务器上新建指定域名后，在 IIS 中浏览该文件，运行结果如图 7-11、图 7-12 所示。

图 7-12　提示对话框

在系统盘"\Inetpub\mailroot\Drop"目录下查看到邮件的内容，如图 7-13 所示。

图 7-11　应用 CDONTS 组件发送邮件

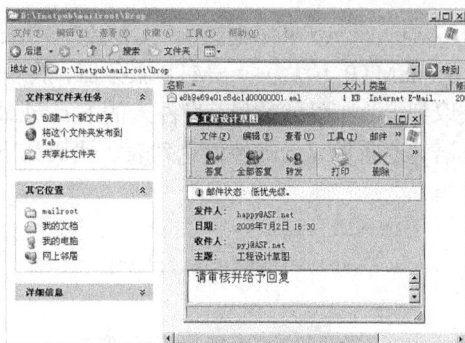

图 7-13　查看邮件内容

7.4.4　应用 CDONTS 组件接收邮件

使用 CDONTS 组件可以读取用户的收件信息。这样，用户就可以浏览到自己所接收到的邮件列表信息以及详细的邮件内容。

【例 7-5】 应用 CDONTS 组件接收邮件。

（1）在 index.asp 页面中首先设计一个表单并插入一个文本框和按钮，以要求用户输入所要查询的邮箱地址。同时，编写一个 JavaScript 函数用于检查用户输入的邮箱地址是否正确。代码如下：

```
<table width="497" border="0" cellspacing="1" cellpadding="1">
    <%txt_email=Request.Form("txt_email")%>
    <form name="form1" action="" method="post">
     <tr valign="middle">
      <td width="165" height="26" align="center">输入查询的邮箱地址：</td>
      <td width="240" height="26"><input name="txt_email" type="text" id="txt_email"
size="30" value="<%=txt_email%>"></td>
      <td width="82"><input type="submit" name="Submit" value="确定" onClick="return
MyCheck()"></td>
     </tr>
    </form>
</table>
<script language="javascript">
function MyCheck(){                          //获取用户输入的邮箱地址，并判断其正确性
    if(!checkEmail(form1.txt_email.value)){   //如果邮箱地址不符合格式，则要求重新输入
        alert("输入的邮箱地址格式不正确，请重新输入");
        document.form1.txt_email.focus();     //使文本框获得焦点
        return false;
    }
    return true;
}
//----------- 验证 E-mail 地址 ----------
function checkEmail(email){
  var Expression=/\w+([-+.']\w+)*\.\w+([-.]\w+)*/;   //定义正则表达式
  var re=new RegExp(Expression);                      //创建 RegExp 对象实例
```

```
        if(re.test(email)==true){               //调用 test 方法检查字符串是否与指定模式相匹配
          return true;}                          //如果匹配，则返回 true
        else{
          return false;}                         //如果不匹配，则返回 false
        }
      </script>
```

（2）index.asp 页面根据用户输入的邮箱地址，首先创建 CDONTS 的 Session 对象，调用对象的 LogonSMTP 方法登录 SMTP 服务器，然后创建 messages 对象，通过读取 messages 对象的属性值获取到接收邮件的数量、发件人的 E-mail 地址、邮件主题及发件时间等信息，并使用"for…to"循环语句逐条地显示邮件信息列表。代码如下：

```
<%
    If txt_email<>"" Then                        '如果获取到的用户邮箱地址不为空，则执行以下操作
    arr=split(txt_email,"@")                      '返回以@为分隔符的一维数组
    arr_nums=ubound(arr)                          '获取数组元素个数
    getlogname = arr(arr_nums-1)                  '获取邮箱的用户名
    getlogaddr = txt_email                        '获取邮箱地址
    getlogname = replace(getlogname,"'"," ")      '清除用户名中的空字符
    getlogaddr = replace(getlogaddr,"'"," ")      '清除邮箱地址中的空字符
    if(getlogname<> "") then                      '如果用户名不为空，则执行以下操作
        Set objsession = server.CreateObject("CDONTS.Session")   '创建 Session 对象
        objsession.LogonSMTP getlogname,getlogaddr               '登录 SMTP 服务器
        Set objinbox = objsession.Inbox                          '返回 Inbox 对象
        Set objmessages = objinbox.messages      '读取 messages 数据集合
    end if
%>
<table>
<tr><td height="30" colspan=4 >
<table width="100%" height="21" border="0" cellpadding="0" cellspacing="0">
<tr><td width="78%" height="21"> 您的邮件中共有[<%=objmessages.count%>] 个邮件
</td>
    <td width="22%"><font style="font-size:9pt">收件人:[<%=getlogname%>]</font></td>
</tr>
    </table></td></tr>
    <tr align="center">
    <td width="153" height="20">发件人</td>
      <td width="192" height="20">主题</td>
      <td width="144" height="20">发件时间</td>
    </tr>
    <%
    For i=1 To objmessages.count               '应用 For…Next 语句遍历 messages 数据集合的项目
        Set objmessage = objmessages.item(i)    '创建 Message 对象实例
    %>
    <tr align="center">
      <td height="20">&lt;<%=objmessage.sender    '返回发件人邮箱地址%>&gt;</td>
      <td><a
href="show.asp?id=<%=i%>&getlogname=<%=getlogname%>&getlogaddr=<%=getlogaddr%>"
target="mainFrame"><%=objmessage.subject          '返回邮件主题%></a></td>
      <td height="20"><%=objmessage.timesent        '返回邮件发送时间%></td>
    </tr>
```

```
<%
Next
objsession.Logoff '注销登录
End If
%>
</table>
```

（3）当用户单击"邮件主题"超链接时，邮件的详细内容将显示在<iframe>浮动框架中。浮动框架嵌入的是 show.asp 文件，代码如下：

```
<iframe  src="show.asp"  width="500"  height="200"  scrolling="no"  MARGINHEIGHT="0"
MARGINWIDTH="0" align="middle" frameborder="0" name="mainFrame"></iframe>
```

（4）在显示邮件详细信息的 show.asp 文件中，根据从 index.asp 页面传递的参数值，创建 CDONTS 的 Session 对象并调用相关方法输出指定邮件的信息。代码如下：

```
<%
id=Request.QueryString("id")                                '获取查看邮件的序号
If id<>"" Then
  getlogname = Request.QueryString("getlogname")            '获取登录 SMPT 服务器的用户名
  getlogaddr = Request.QueryString("getlogaddr")            '获取登录 SMPT 服务器的邮箱地址
  getid = replace(id,"'","''")                              '清空 id 变量中包含的空字符串
if(getid <> "") then
    Set objsession = server.createobject("CDONTS.Session")'创建 Session 对象实例
    objsession.LogonSMTP getlogname,getlogaddr             '登录 SMTP 服务器
    Set  objinbox = objsession.Inbox                        '返回 Inbox 对象
    Set objmessages = objinbox.messages                     '读取 messages 数据集合
    Set objmessage = objmessages.item(getid)                '创建 Message 对象实例
end if
%>
        <table   width=499   align=center   cellpadding=0   cellspacing=0   border=1
bordercolordark="#ffffff" bordercolorlight="#C8D6E3">
            <tr align=center>
              <td height="26" bgcolor="#C8D6E3">发件人:</td>
              <td height="26" colspan=3 align="left">&lt;<%=objmessage.sender%>&gt;
</td>
            </tr>
            <tr align=center>
              <td height="26" bgcolor="#C8D6E3">主  题:</td>
              <td width="28%" height="26" align="left"><%=objmessage.subject%></td>
              <td width="18%" height="26" bgcolor="#C8D6E3">发件时间</td>
              <td width="34%" height="26" align="left"><%=objmessage.timesent%></td>
            </tr>
            <tr align=center >
              <td width="20%" height="26" bgcolor="#C8D6E3">收件人:</td>
              <td height="26" colspan=3 align="left">&lt;<%=getlogaddr%>&gt;</td>
            </tr>
            <tr align=center bgcolor="#C8D6E3">
              <td height="26" colspan=4 valign=middle><div align="left"> 内  
容:</div></td>
            </tr>
            <tr>
              <td height="30" colspan=4 align="left" valign=top> <%
content = objmessage.text                                  '读取邮件内容
content = server.HTMLEncode(content)                        '原样输出邮件中包含的 HTML 格式内容
content = replace(content,chr(13)&chr(10),"<br>")           '转换 content 中的换行符
```

```
content = replace(content,chr(32)," ")          '转换 content 中的空格符号
response.write(content)                               '输出邮件内容
%></td></tr>
    </table>
<%End If%>
```

在 IIS 中浏览 index.asp 文件，在文本框中输入要查询的邮箱地址并单击"确定"按钮将显示该邮箱接收到的邮件列表信息。在邮件列表中单击邮件对应的主题超链接，即可查看到邮件的详细内容，如发件人邮箱地址、发件时间、邮件主题、邮件内容等。运行结果如图 7-14 所示。

图 7-14　应用 CDONTS 组件接收邮件

小　结

本章主要介绍了 ASP 的常用组件及其具体应用，包括在页面中使用 Ad Rotate 组件实现广告轮显、使用 Browser Capabilities 组件获取客户端浏览器性能、使用 Page Counter 组件制作网站计数器、使用 CDONTS 组件实现邮件的收发等。读者应在掌握组件用途的基础上，灵活运用组件为网站提供各项服务。

习　题

7-1　使用 Ad Rotate 组件实现广告轮显至少需要哪几个文件？每个文件的作用是什么？

7-2　Browscap.ini 文件的用途是什么？

7-3　Page Counter 组件与 Session 对象实现无刷新计数器的原理是什么？

7-4　在互联网上发送或者接受电子邮件需要使用什么协议？

上　机　指　导

7-1　在页面的指定位置，实现广告图片的自动轮显。

7-2　检查客户端浏览器是否支持使用 JavaScript 脚本和框架，并给出相应的提示信息。

7-3　在网站中制作计数器，如果浏览量为 100 的倍数则给出提示信息，如"您是网站的第 600 位访问者"。

7-4　安装与配置 SMTP 服务。

第8章
文件管理

本章介绍在 ASP 中对文件的动态管理，主要内容包括对文件、文件夹、磁盘以及文本文件的相关操作。通过本章的学习，读者应掌握 FileAccess 组件提供的 FileSystemObject 文件系统对象，并应用该对象以及 FileAccess 组件提供的其他相关对象实现对各类文件的操作。

8.1　FileSystemObject 文件系统对象

ASP 不仅可以实现与用户交互的功能，同时还可以对服务器端的文件资源进行一定的处理，利用微软提供的 FileAccess 组件就可以完成对服务器本地文件系统的操作。FileAccess 组件主要由 FileSystemObject 对象、TextStream 对象、File 对象、Folder 对象、Drive 对象等组成。

FileSystemObject 对象提供对计算机文件系统的访问。通过 FileSystemObject 对象可以在服务器端创建、移动、更改或者删除文件、文件夹，取得服务器端的驱动器相关信息，实现文本文件内容的创建、读取和写入等。

创建 FileSystemObject 对象的语法如下：

```
Set 对象名称=Server.Createobject("Scripting.FileSystemObject")
```

例如，创建一个 FileSystemObject 对象实例，代码如下：

```
<% Set FSObject=Server.Createobject("Scripting.FileSystemObject") %>
```

> 📝
> **说明**　　FileSystemObject 对象提供了一系列的属性和方法，这些属性和方法与文本流 TextStream 对象、文件 File 对象、文件夹 Folder 对象、驱动器 Drive 对象相关。

8.2　文件的基本操作

8.2.1　对文件的操作

调用 FileSystemObject 对象的 CreateTextFile 方法、MoveFile 方法、CopyFile 方法和 DeleteFile 方法，可以分别实现创建文件、移动文件、复制文件和删除文件的操作。

（1）CreateTextFile 方法。

调用 CreateTextFile 方法可以创建指定文件并返回 TextStream 对象。TextStream 对象可用于读、写创建的文件。

语法：

```
FSObject.CreateTextFile(filename[, overwrite[, unicode]])
```

FSObject：表示创建的 FileSystemObject 对象名称。

filename：创建文件的完成路径。

overwrite：可选参数，表示当目标文件存在时是否覆盖，取值为 "True" 或者 "False"。"True" 表示如果目标文件已存在，将覆盖文件；"False" 表示不覆盖。

unicode：可选参数，取值为 "True" 或者 "False"，默认取值为 "False"。"True" 表示将以 Unicode 文件格式创建，"False" 表示将以 ASCII 码文件格式创建。

例如，调用 CreateTextFile 方法建立一个名为 test.txt 的文件，代码如下：

```
<%
    Set FSObject=Server.CreateObject("Scripting.FileSystemObject")
    FSObject.CreateTextFile(Server.MapPath("./test.txt"))
%>
```

（2）MoveFile 方法。

调用 MoveFile 方法可以将一个或者多个文件从某位置移动到另一位置。

语法：

```
FSObject.MoveFile source,Dest
```

FSObject：表示创建的 FileSystemObject 对象名称。

source：源文件存放路径，在路径中可以使用通配符。

Dest：目标文件移动的路径。

例如，调用 MoveFile 方法将 test.txt 文件移动到上一级目录，代码如下：

```
<%
    Set FSObject=Server.CreateObject("Scripting.FileSystemObject")
    FSObject.MoveFile Server.MapPath("test.txt"),Server.MapPath("../test.txt")
%>
```

（3）CopyFile 方法。

调用 CopyFile 方法将一个或者多个文件从某位置复制到另一位置。

语法：

```
FSObject.CopyFile source, destionation[, overwrite]
```

FSObject：表示创建的 FileSystemObject 对象名称。

source：复制的源文件路径。

destionation：文件复制的路径。

overwrite：可选参数，表示当目标文件存在时是否覆盖，取值为 "True" 或者 "False"。"True" 表示如果目标文件已存在，将覆盖文件；"False" 表示不覆盖。

例如，调用 CopyFile 方法将 test.txt 文件复制到上一级目录，代码如下：

```
<%
    Set FSObject=Server.CreateObject("Scripting.FileSystemObject")
    FSObject.CopyFile Server.MapPath("./test.txt"),Server.MapPath("../test.txt")
%>
```

（4）DeleteFile 方法。

调用 DeleteFile 方法可以删除一个指定的文件。

语法：

```
FSObject.DeleteFile filespec [,force]
```

FSObject：表示创建的 FileSystemObject 对象名称。

filespec：指定删除文件的路径。

force：可选参数，设置只读文件是否可被删除，取值为"True"或者"False"。"True"表示可以将只读文件删除，"False"表示不能删除只读文件。

例如，调用 DeleteFile 方法删除当前文件所在目录下的 test.txt 文件，代码如下：

```
<%
    Set FSObject=Server.CreateObject("Scripting.FileSystemObject")
    FSObject.DeleteFile Server.MapPath("./test.txt"),true
%>
```

【例 8-1】 FileSystemObject 对象对文件的综合操作。

（1）在页面中建立表单，表单分为 4 个部分，分别用于文件的创建、文件的移动、文件的复制和文件的删除。代码如下：

```
<form name="form1" method="post" action="">
操作 1：创建文件
    文件的路径： <input name="files" type="text" id="files" value="e:\这是新建的文件.txt"
size="35">
    <input name="chuang" type="submit" id="chuang" value="创建文件">
操作 2：移动文件
    要移动的源文件路径： <input name="movefiles1" type="text" id="movefiles1" value="e:\
这是新建的文件.txt" size="35">
    文件移动的目的路径： <input name="movefiles2" type="text" id="movefiles2" size="35">
    <input name="chuang" type="submit" id="chuang" value="移动文件"></td>
操作 3：复制文件
    要复制的源文件路径： <input name="copyfiles1" type="text" id="copyfiles1" value="e:\
这是新建的文件.txt" size="35">
    文件复制的目的路径： <input name="copyfiles2" type="text" id="copyfiles2" value="e:\
这是新建的文件02.txt" size="35">
    <input name="chuang" type="submit" id="chuang" value="复制文件"></td>
操作 4：删除文件
    要删除的文件路径： <input name="defiles" type="text" id="defiles" value="e:\这是新建的
文件.txt" size="35"
    <input name="chuang" type="submit" id="chuang" value="删除文件">
</form>
```

（2）当单击每个操作对应的按钮时，将分别调用 FileSystemObject 对象的 CreateTextFile 方法、MoveFile 方法、CopyFile 方法和 DeleteFile 方法，来实现创建文件、移动文件、复制文件和删除文件的操作。代码如下：

```
<%
if request("chuang")="创建文件" then
set fso=CreateObject("scripting.filesystemobject")
fso.createTextFile(request("files"))
Response.Write("<script language='javascript'>alert('创建成功!');window.location.
href='index.asp';</script>")
end if

if request("chuang")="删除文件" then
set fso=CreateObject("scripting.filesystemobject")
fso.deleteFile(request("defiles"))
```

```
    Response.Write("<script language='javascript'>alert('删除成功!');window.location.
href='index.asp';</script>")
    end if

    if request("chuang")="复制文件" then
    set fso=CreateObject("scripting.filesystemobject")
    fso.copyFile request("copyfiles1"),request("copyfiles2")
    Response.Write("<script language='javascript'>alert('复制成功!');window.location.
href='index.asp';</script>")
    end if

    if request("chuang")="移动文件" then
    set fso=CreateObject("scripting.
filesystemobject")
    fso.MoveFile request("movefiles1"),
request("movefiles2")
    Response.Write("<script language=
'javascript'>alert('移动成功!');window.
location. href='index.asp';</script>")
    end if
    %>
```

保存文件为"index.asp"。在 IIS 中浏览
该文件，运行结果如图 8-1 所示。

图 8-1　FileSystemObject 对象对文件的综合操作

8.2.2　对文件夹的操作

调用 FileSystemObject 对象的 CreateFolder 方法、MoveFolder 方法、CopyFolder 方法和
DeleteFolder 方法，可以分别实现创建文件夹、移动文件夹、复制文件夹和删除文件夹的操作。

（1）CreateFolder 方法。

调用 CreateFolder 方法创建一个新文件夹。

语法：

```
FSObject.CreateFolder foldername
```

FSObject：表示创建的 FileSystemObject 对象名称。

foldername：表示创建的文件夹名称，如果以该名称命名的文件夹已经存在，则会产生一个错误。

例如，调用 CreateFolder 方法在磁盘 D 新建一个名为 temp 的文件夹，代码如下：

```
<%
    Set FSObject=Server.CreateObject("Scripting.FileSystemObject")
FSObject.CreateFolder "D:\temp"
%>
```

（2）MoveFolder 方法。

调用 MoveFolder 方法将一个或者多个文件夹从某位置移动到另一位置。

语法：

```
FSObject.MoveFolder source, Dest
```

FSObject：表示创建的 FileSystemObject 对象名称。

source：源文件夹存放路径，在路径中可以使用通配符。

Dest：目标文件夹移动到位置的路径。

例如，调用 MoveFolder 方法将指定文件夹移动到另一位置，代码如下：

```
<%
```

```
    Set FSObject=Server.CreateObject("Scripting.FileSystemObject")
    FSObject.MoveFolder "D:\temp\folder01","D:\"
%>
```

（3）CopyFolder 方法。

调用 CopyFolder 方法将文件夹从某位置复制到另一位置。

语法：

```
FSObject.CopyFolder source, destionation[, overwrite]
```

FSObject：表示创建的 FileSystemObject 对象名称。

source：复制的源文件夹路径。

destionation：文件夹复制的路径。

overwrite：可选参数，表示当目标文件夹存在时是否覆盖，取值为"True"或者"False"。"True"表示如果目标文件夹已存在，将覆盖文件；"False"表示不覆盖。

例如，调用 CopyFolder 方法将指定文件夹复制到另一位置，代码如下：

```
<%
    Set FSObject=Server.CreateObject("Scripting.FileSystemObject")
    FSObject.CopyFolder "D:\temp\folder01","D:\"
%>
```

（4）DeleteFolder 方法。

调用 DeleteFolder 方法删除一个指定的文件夹以及其中的内容。

语法：

```
FSObject.DeleteFolder folderspec[,force]
```

FSObject：表示创建的 FileSystemObject 对象名称。

folderspec：指定删除文件夹的路径。

force：可选参数，设置只读文件夹是否可被删除，取值为"True"或者"False"。"True"表示可以将只读文件夹删除，"False"表示不能删除只读文件夹。

例如，调用 DeleteFolder 方法删除存放在磁盘 D 的文件夹 temp，代码如下：

```
<%
    Set FSObject=Server.CreateObject("Scripting.FileSystemObject")
    FSObject.DeleteFolder "D:\ temp" ,true
%>
```

【例 8-2】 FileSystemObject 对象对文件夹的综合操作。

（1）在页面中建立表单，表单分为 4 个部分，分别用于文件夹的创建、文件夹的移动、文件夹的复制和文件夹的删除。代码如下：

```
<form name="form1" method="post" action="">
操作 1：创建文件夹
    文件夹的路径: <input name="files" type="text" id="files" value="e:\这是新建的文件夹"
size="30">
    <input name="chuang" type="submit" id="chuang" value="创建文件夹">
操作 2：移动文件夹
    要移动的文件夹: <input name="movefiles1" type="text" id="movefiles1" value="e:\这是
新建的文件夹" size="30">
    文件夹移动到的路径: <input name="movefiles2" type="text" id="movefiles2" size="30">
        （如: e:\temp\）
    <input name="chuang" type="submit" id="chuang" value="移动文件夹"></td>
```

操作 3：复制文件夹

要复制的文件夹：<input name="copyfiles1" type="text" id="copyfiles1" value="e:\这是新建的文件夹" size="30">

文件夹复制到的路径：<input name="copyfiles2" type="text" id="copyfiles2" size="30">

<input name="chuang" type="submit" id="chuang" value="复制文件夹">

操作 4：删除文件夹

要删除的文件夹：<input name="defiles" type="text" id="defiles" value="e:\这是新建的文件夹" size="30">

<input name="chuang" type="submit" id="chuang" value="删除文件夹">　　　　</td>

</form>

（2）当单击每个操作对应的按钮时，将分别调用 FileSystemObject 对象的 CreateFolder 方法、MoveFolder 方法、CopyFolder 方法和 DeleteFolder 方法，来实现创建文件夹、移动文件夹、复制文件夹和删除文件夹的操作。代码如下：

```
<%
if request("chuang")="创建文件夹" then
set fso=CreateObject("scripting.filesystemobject")
fso.CreateFolder(request("files"))
Response.Write("<script language='javascript'>alert('创建成功!');window.location.href='index.asp';</script>")
end if

if request("chuang")="移动文件夹" then
set fso=CreateObject("scripting.filesystemobject")
fso.MoveFolder request("movefiles1"),request("movefiles2")
Response.Write("<script language='javascript'>alert('移动成功!');window.location.href='index.asp';</script>")
end if

if request("chuang")="复制文件夹" then
set fso=CreateObject("scripting.filesystemobject")
fso.CopyFolder request("copyfiles1"),request("copyfiles2")
Response.Write("<script language='javascript'>alert('复制成功!');window.location.href='index.asp';</script>")
end if

if request("chuang")="删除文件夹" then
set fso=CreateObject("scripting.
filesystemobject")
fso.DeleteFolder(request("defiles"))
Response.Write("<script language=
'javascript'>alert('删除成功!');window.
location. href='index.asp';</script>")
end if
%>
```

保存文件为"index.asp"。在 IIS 中浏览该文件，运行结果如图 8-2 所示。

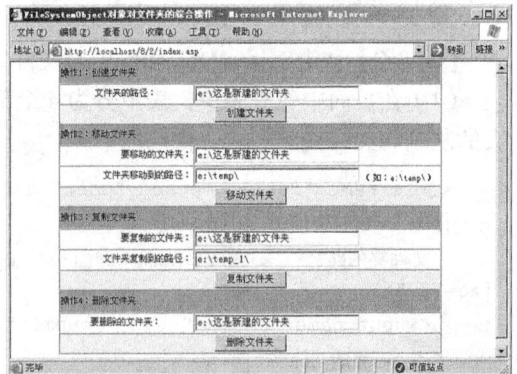

图 8-2　FileSystemObject 对象对文件夹的综合操作

8.2.3　获取文件信息

通过 File Access 组件提供的 File 对象可以获得单一文件的详细信息，如创建日期和时间、字节数等。

　　使用 File 对象操作文件之前需要创建 FileSystemObject 对象，然后调用 FileSystemObject 对象的 GetFile 方法获取目标文件并返回 File 对象。

　　例如：

```
<%
    Set FSObject=Server.CreateObject("Scripting.FileSystemObject")
    Set FileObject=FSObject.GetFile(Server.MapPath("./test.txt"))
%>
```

　　使用 File 对象的语法如下：

```
File 对象.{property|method}
```

　　property：File 对象的属性。

　　method：File 对象的方法。

　　通过 File 对象的属性可以获取指定文件的信息，常用属性如下。

　　（1）DateCreated 属性：返回指定文件的创建日期和时间。

　　（2）DateLastAccessed 属性：返回指定文件的上次访问日期和时间。

　　（3）DateLastModified 属性：返回指定文件的上次修改日期和时间。

　　（4）ParentFolder 属性：返回指定文件所在目录的父文件夹路径。

　　（5）Size 属性：返回指定文件的字节数。

　　（6）Type 属性：返回文件的类型信息。

　　【例 8-3】　获取文件信息。

　　在页面中建立表单插入文件域、按钮控件。创建 FileSystemObject 对象并调用 GetFile 方法返回 File 对象，然后通过 File 对象的属性返回指定文件的创建日期和时间、父路径、文件大小以及文件类型。代码如下：

```
<table>
<form action="" method="post" name="form1">
 <tr>
  <td>选择文件：</td>
   <td><input name="file1" type="file" id="file1" />
    <input type="submit" name="Submit" value="查看" /></td>
 </tr>
 <tr>
  <td>文<br />件<br />信<br />息</td>
  <td align="left" valign="top" bgcolor="#FFFFFF" style="line-height:20px">
   <%
      file_path=Request.Form("file1")
      If file_path <> "" Then
          Set FSObject=Server.CreateObject("Scripting.FileSystemObject")
          Set FileObject=FSObject.GetFile(file_path)
          Response.Write "创建日期和时间:" & FileObject.DateCreated & "<br>"
          Response.Write "父文件夹路径为:" & FileObject.ParentFolder & "<br>"
          Response.Write "文件大小:" & FileObject.Size & "<br>"
          Response.Write "文件类型:" & FileObject.Type & "<br>"
      end if
   %>
  </td>
```

```
    </tr>
    </form>
    </table>
```

保存文件为"index.asp"。在 IIS 中浏览该文件，运行结果如图 8-3 所示。

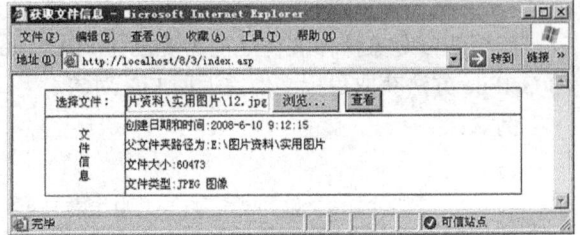

图 8-3　获取文件信息

8.2.4　获取文件夹信息

File Access 组件提供 Folder 对象执行对单一文件夹的访问和操作。例如，获取文件夹信息，执行创建、删除和移动文件夹等操作。

使用 Folder 对象之前需要创建 FileSystemObject 对象，然后调用 FileSystemObject 对象的 GetFolder 方法获得目标文件夹并返回 Folder 对象。

例如：

```
<%
    Set FSObject=Server.CreateObject("Scripting.FileSystemObject")
    Set FolderObject=FSObject. GetFolder ("E:\temp")
%>
```

使用 Folder 对象的语法如下：

Folder 对象. {property│method}

property：Folder 对象的属性。

method：Folder 对象的方法。

通过 Folder 对象的属性可以获取文件夹的信息，常用属性如下。

（1）DateCreated 属性：返回指定文件夹的创建日期和时间。

（2）DateLastAccessed 属性：返回指定文件夹的上次访问日期和时间。

（3）DateLastModified 属性：返回指定文件夹的上次修改日期和时间。

（4）Files 属性：返回文件夹中所有的文件。

（5）Name 属性：设置或者返回指定文件夹的名称。

（6）IsRootFolder 属性：返回一个布尔值，说明该文件夹是否是当前驱动器的根文件夹。

（7）ParentFolder 属性：返回指定文件夹的父文件夹路径。

（8）Size 属性：返回该文件夹中所有文件和子文件夹的字节数。

（9）SubFolders 属性：返回文件夹中所有的子文件夹。

【例 8-4】获取文件夹信息。

创建 FileSystemObject 对象并调用 GetFolder 方法获取指定目录下文件夹的 Folder 对象。

（1）应用 Folder 对象的 SubFolders 属性以及"For each…Next"语句遍历子文件夹，并使用 Name 属性和 DateCreated 属性显示各子文件夹的名称以及创建日期和时间。

（2）应用 Folder 对象的 Files 属性以及"For each…Next"语句遍历指定目录下的文件，并使用 File 对象的 Name 属性和 Type 属性显示文件名称和类型。

代码如下：

```
<table>
  <form action="" method="post" name="form1" id="form1">
    <tr>
      <td>查看路径：</td>
      <td><input name="floder_path" type="text" id="floder_path" />
      <input type="submit" name="Submit" value="查看" />（如 D:\）
      </td>
    </tr>
```

```
    <tr>
      <td>显<br />示<br />信<br />息</td>
      <td align="left" valign="middle" bgcolor="#FFFFFF" style="line-height:20px">
<%
        floder_path=Request.Form("floder_path")
        If floder_path <> "" Then
            Set FSObject=Server.CreateObject("Scripting.FileSystemObject")
            Set FolderObject=FSObject.GetFolder(floder_path)
            Set Subfo=FolderObject.subfolders
            Response.Write "<br>"
            Response.Write "<h3>子目录</h3><blockquote>"
            For each key in Subfo  '遍历子目录
              Response.Write "<font color=#0000ff>"&key.name&": </font> "&key.datecreated
                Response.Write "<BR>"
            Next
            Response.Write "</blockquote><hr align=left width=400>"
            Response.Write "<h3>文件</h3><blockquote>"
            Set FileObject=FolderObject.files
            For each key in FileObject  '遍历指定目录下的文件
                Response.Write "<font color=#0000ff>"&key.name&": </font> "&key.type
                Response.Write "<BR>"
            Next
            Response.Write
</blockquote><hr align=left width=400>"

        end if
    %>
      </td>
    </tr>
  </form>
</table>
```

保存文件为 "index.asp"。在 IIS 中浏览该文件，运行结果如图 8-4 所示。

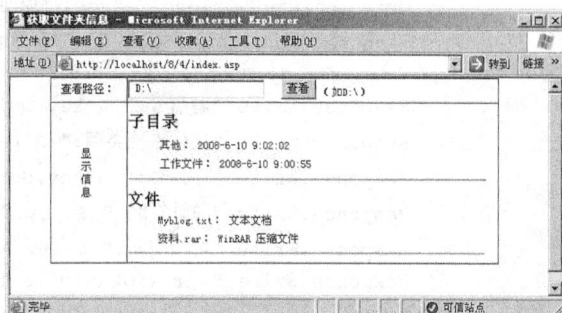

图 8-4　获取文件夹信息

8.2.5　显示磁盘信息

File Access 组件提供 Drive 对象实现对磁盘驱动器或者网络共享属性的访问。

获得 Drive 对象有两种方法：一种是调用 FileSystemObject 对象的 GetDrive 方法获得指定路径中驱动器对应的 Drive 对象；另一种是使用 FileSystemObject 对象的 Drives 属性返回本地计算机可用的驱动器列表，即返回由本地计算机上所有 Drive 对象组成的 Drives 集合。

例如：

```
<%
    Set FSObject=Server.CreateObject("Scripting.FileSystemObject")
    Set DriveObject=FSObject.GetDrive("D:")
%>
```

或者

```
<%
    Set FSObject=Server.CreateObject("Scripting.FileSystemObject")
    Set DriveObject=FSObject.Drives
%>
```

使用 Drive 对象的语法如下：

Drive 对象.Property

property：Drive 对象的属性。

通过 Drive 对象的属性可以获取磁盘驱动器信息，常用属性如下。

（1）AvailableSpace 属性：返回指定的驱动器或者网络共享对于用户的可用空间大小。

（2）DriveLetter 属性：返回本地驱动器或者网络共享的驱动器号。

（3）FileSystem 属性：返回指定的驱动器使用的文件系统类型。

（4）IsReady 属性：确定指定的驱动器是否就绪。

（5）RootFolder 属性：返回一个 Folder 对象，该 Folder 对象表示指定驱动器的根文件夹。

（6）SerialNumber 属性：返回十进制序列号，用于唯一标识一个磁盘卷。

（7）TotalSize 属性：返回驱动器或者网络共享的总字节数。

【例 8-5】 获取所有磁盘驱动器信息。

首先创建 FileSystemObject 对象，使用 FileSystemObject 对象的 Drives 属性返回 Drives 集合；然后应用 For each…Next 语句遍历计算机内所有驱动器，并显示磁盘号、文件系统类型、序列号、总计空间和可用空间。代码如下：

```
<table>
  <tr>
    <td>显<br />示<br />信<br />息</td>
    <td width="414" align="left" valign="middle" style="line-height:20px">
    <%
    Set FSObject=Server.CreateObject("Scripting.FileSystemObject")
    Set DriveObject=FSObject.Drives  '返回 Drives 集合
    For each key in DriveObject        '显示获得的驱动器信息
      If key.IsReady Then
        Response.Write "磁盘号:" & key.DriveLetter & "<br>"
        Response.Write "文件系统类型:" & key.FileSystem & "<br>"
        Response.Write "序列号:" & key.SerialNumber & "<br>"
        Response.Write "总计空间:" & key.TotalSize & "<br>"
        Response.Write "可用空间:" & key.AvailableSpace & "<br>"
        Response.Write "<hr width=300 align=left>"
      End If
    Next
    %>
    </td>
  </tr>
</table>
```

保存文件为"index.asp"。在 IIS 中浏览该文件，运行结果如图 8-5 所示。

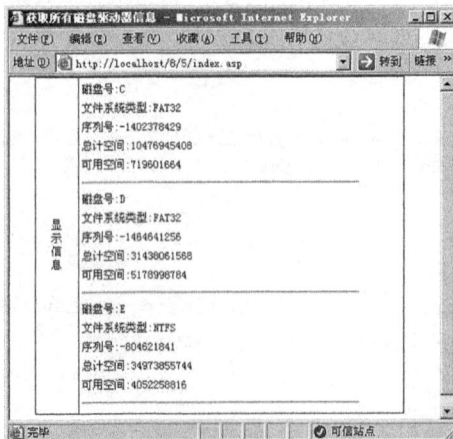

图 8-5 获取所有磁盘驱动器信息

8.3 文本文件的操作

File Access 组件提供 TextStream 对象实现对一个已经创建的文本文件进行读写操作。在处理 TextStream 对象所读取的数据时，采用"数据流"方式读取文本文件的数据。对于文字资料的数据流而言，它仅仅可以提供文件的顺序读写，指针一旦向下移位之后，将无法返回。

对文本文件的操作先要创建 FileSystemObject 对象并调用 CreateTextFile 方法或者 OpenTextFile 方法新建一个文本文件，然后通过 TextStream 对象执行具体操作。

例如：

```
<%
    Set FSObject=Server.CreateObject("Scripting.FileSystemObject")
    Set TextFile= FSObject.CreateTextFile(Server.MapPath("./test.txt"))
%>
```

或者

```
<%
    Set FSObject=Server.CreateObject("Scripting.FileSystemObject")
    Set TextFile=FSObject.OpenTextFile(Server.MapPath("./test.txt"),8,True)
%>
```

调用 OpenTextFile 方法时的参数分别表示打开文件的路径、以追加文件方式打开文件、如果文件不存在则创建新文件。

TextStream 对象用于访问文本文件，语法如下：

```
TextStream 对象.{property|method}
```

property：TextStream 对象的属性。

method：TextStream 对象的方法。

TextStream 对象的常用属性如下。

（1）AtEndOfLine 属性：判断文件指针是否指向行末标记，是则返回"True"，否则返回"False"。当检测到新行字符串的时候，属性值为"True"。

（2）AtEndOfStream 属性：判断文件指针是否位于文本文件末尾，是则返回"True"，否则返回"False"。在文件指针到达整个文件的末尾之前，属性值为"False"，到达以后属性值将为"True"。

（3）Column 属性：返回文本文件中当前字符位置的列号。

（4）Line 属性：返回文本文件中当前字符位置的行号。

8.3.1 向文本文件中写入数据

调用 TextStream 对象的相关方法可以向文本文件中写入指定的数据。

（1）Write 方法：向文本文件写入指定字符串。

（2）WriteLine 方法：向文本文件写入指定字符串和新行字符。

（3）WriteBlankLines 方法：向文本文件写入指定数目的新行字符。

【例 8-6】 向文本文件中写入数据。

（1）在页面中建立表单并插入文本框、按钮，用于输入用户名、E-mail 以及提交表单。代码如下：

```
<form name="form1" method="post" action="">
<h3>会员信息</h3>
用户名:   <input name="UserName" type="text" id="UserName" />
E-mail:  <input name="Email" type="text" id="Email" />
<input name="add" type="submit" id="add" value="提交" />
<input type="reset" name="Submit2" value="重置" /></td>
</form>
```

（2）当用户填写完整信息并提交表单时，调用 FileSystemObject 对象的 OpenTextFile 方法创建并以追加方式打开文本文件 record.txt。然后分别调用 TextStream 对象的 Write 方法、WriteLine 方法和 WriteBlankLines 方法将表单信息写入到文本文件中。代码如下：

```
<%
UserName=Trim(Request.Form("UserName"))
Email=Trim(Request.Form("Email"))
If Not Isempty(Request("add")) Then
    If UserName <> "" and Email <> "" Then
        Set FSObject=Server.CreateObject("Scripting.FileSystemObject")
        Set TextFile=FSObject.OpenTextFile(Server.MapPath("record.txt"),8,True)
        TextFile.Write "#********************************#"
        TextFile.WriteBlankLines(1)
        TextFile.WriteLine "添加时间:"&now()
        TextFile.WriteLine "UserName="&UserName
        TextFile.WriteLine "Email="&Email
        TextFile.WriteBlankLines(1)
        TextFile.Close
        Set TextFile=Nothing
        Set FSObject=Nothing
        Response.Write("<script language=JavaScript>alert('向文本文件中写入数据成功!
');window.location.href='index.asp';</script>")
    Else
        Response.Write("<script language=JavaScript>alert('请填写完整信息!');history.
back();</script>")
    End If
End If
%>
```

保存文件为"index.asp"。在 IIS 中浏览该文件，运行结果如图 8-6 所示。

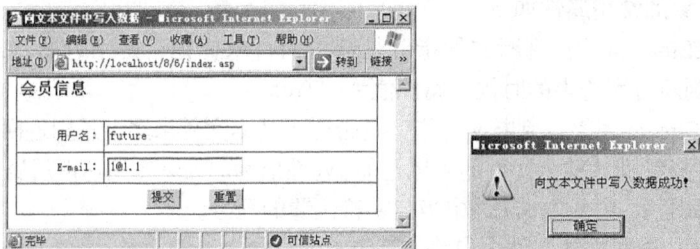

图 8-6　向文本文件中写入数据

8.3.2　读取文本文件中的数据

调用 TextStream 对象的相关方法可以读取文本文件中的数据。

（1）Read 方法：从文本文件中读取指定数目的字符并返回结果字符串。

（2）ReadAll 方法：从文本文件中读取全部字符并返回结果字符串。

（3）ReadLine 方法：从文本文件中读取一整行字符并返回结果字符串。

（4）Skip 方法：从文本文件中读取字符时跳过指定数目的字符。

（5）SkipLine 方法：读取文本文件时，跳过下一行。如果文件不是以只读方式打开，则会出现错误。

【例 8-7】读取文本文件中的数据。

首先调用 FileSystemObject 对象的 OpenTextFile 方法以只读方式打开文本文件 record.txt，然后在文件指针未到达文件末尾时调用 TextStream 对象的 ReadLine 方法逐行读取数据，并应用 SkipLine 方法忽略空白行。代码如下：

```
<%
    Set FSObject=Server.CreateObject("Scripting.FileSystemObject")
    Set TextFile=FSObject.OpenTextFile(Server.MapPath("record.txt"),1,true)
    While not TextFile.AtEndOfStream
        Response.Write TextFile.ReadLine
        Response.Write "<BR>"
        If TextFile.Line mod 5 = 0 Then        TextFile.SkipLine
    Wend
%>
```

保存文件为"index.asp"。在 IIS 中浏览该文件，运行结果如图 8-7 所示。文本文件 record.txt 中的内容如图 8-8 所示。

图 8-7　读取文本文件中的数据

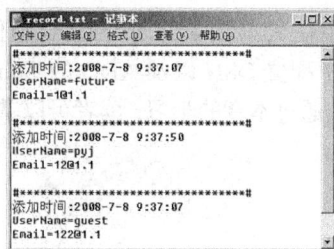

图 8-8　文本文件中的数据

对比图 8-7 与图 8-8，可以发现在浏览器端输出的数据忽略了文本文件中的空白行。

小　　结

本章主要介绍了应用 FileAccess 组件提供的 FileSystemObject 对象以及 TextStream 对象、File 对象、Folder 对象、Drive 对象对各种文件、文件夹、磁盘的有效管理和维护。对文件的管理首先要创建 FileSystemObject 对象，读者需要在了解此对象的基础上灵活运用其他对象实现对各类文件的操作。

习　　题

8-1　FileSystemObject 对象的作用是什么？

8-2　如何以覆盖的方式创建新文件？怎样获得文件的创建日期和时间？

8-3　如何获取文件夹的大小？

8-4　操作文本文件主要应用哪些文件对象？

上 机 指 导

8-1　创建一个文本文件，向此文件中添加新数据，并将数据输出到浏览器。

8-2　判断文件近期是否被修改过。

8-3　遍历指定目录下的所有文件信息，包括文件名称和文件大小。

第9章
ADO 数据库访问

本章介绍在 ASP 中如何使用 ADO 组件访问数据库，主要内容包括 ADO 概述、在 ODBC 数据源管理器中配置 DSN 以及 ADO 的 Connection 对象、Command 对象、Recordset 对象和 Error 对象的应用。通过本章的学习，读者可以掌握连接数据库的多种方法以及操作数据库数据的方法。

9.1　ADO 概述

9.1.1　ADO 技术简介

使用 ASP 开发动态网站时，主要是通过 ADO 组件对数据库进行操作。ADO 建立了基于 Web 方式访问数据库的脚本编写模型，它不仅支持任何大型数据库的核心功能，而且还支持许多数据库所专有的特性。使用 ADO 访问的数据库可以为关系型数据库、文本型数据库、层次型数据库或者任何支持 ODBC 的数据库。

ADO 的优点主要是易用、高速、占用内存和磁盘空间少，所以非常适合于作为服务器端的数据库访问技术。ADO 支持多线程技术，在出现大量并发请求时，同样可以保持服务器稳定的运行效率，并且通过连接池技术以及对数据库连接资源的完全控制，提供与远程数据库的高效连接与访问，同时它还支持事务处理，以保证开发高效率、可靠性强的数据库应用程序。

9.1.2　ADO 的对象和数据集合

ADO 是 ASP 数据库技术的核心之一，它集中体现了 ASP 技术丰富而灵活的数据库访问功能。ADO 设计了许多环环相扣的继承对象，让 Web 数据库开发人员可以方便地操纵数据库，在 ADO 运行时继承子对象之间是互相影响的。用 ADO 访问数据库类似于编写数据库应用程序，ADO 把绝大部分的数据库操作封装在 7 个对象中（绝大部分的数据库访问任务都是通过调用 ADO 的多个对象来完成），在 ASP 页面中编程时可以直接调用这些对象执行相应的数据库操作。

ADO 组件提供的 7 个对象如下。

（1）Connection 对象：用来提供对数据库的连接服务。

（2）Command 对象：定义对数据源操作的命令。

（3）Recordset 对象：由数据库服务器返回的记录集。

（4）Error 对象：提供处理错误的功能。

（5）Parameters 对象：表示 Command 对象的参数。

（6）Fields 对象：由数据库服务器所返回的单一数据字段。

（7）Proerty 对象：代表数据提供者的具体属性。

ADO 组件提供了 4 个数据集合如下。

（1）Errors 数据集合：Connection 对象包含 Errors 数据集合，在 Errors 数据集合中包含数据源响应失败时所建立的 Error 对象。

（2）Parameters 数据集合：Command 对象包含 Parameters 数据集合，在 Parameters 数据集合中包括 Command 对象所有的 Parameter 对象。

（3）Fields 数据集合：Recordset 对象包含 Fields 数据集合，在 Fields 数据集合中包含 Recordset 对象的所有 Field 数据字段对象。

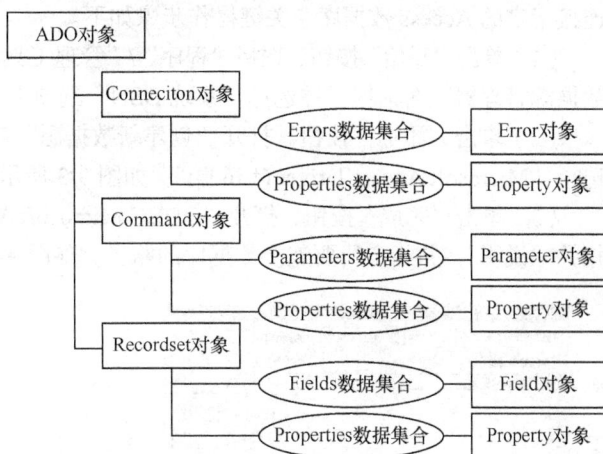

图 9-1　ADO 对象与数据集的关系

（4）Properties 数据集合：Connection 对象、Command 对象、Recordset 对象与 Field 对象皆包含一个 Properties 数据集合，在 Properties 数据集合中包含对应 Connection 对象、Command 对象、Recordset 对象与 Field 对象的 Property 对象。

ADO 对象与数据集合的关系如图 9-1 所示。

9.2　在 ODBC 数据源管理器中配置 DSN

开放数据库连接（Open DataBase Connection，ODBC）是微软公司开发的数据库编程接口，是数据库服务器的一个标准协议，它向访问网络数据库的应用程序提供了一种通用的语言。应用程序可以通过 ODBC 和使用结构化查询语言（Structured Query Language，SQL）存取不同类型数据库中的数据，即 ODBC 能以统一的方式处理所有的数据库。

ODBC 具有平台独立性，可以应用于不同的操作系统平台。ODBC 在操作系统上通过 ODBC 数据源管理器，定义数据源名称 DSN（Data Source Name）来存储有关如何连接数据库的信息。一个 DSN 指定了数据库的物理位置、用于访问数据库的驱动程序类型和访问数据库驱动程序所需要的其他参数。

数据源名称 DSN 有以下 3 种类型。

（1）用户 DSN：将配置的信息存储在系统的注册表中，需要使用适当的安全身份证明访问连接的数据库。

（2）系统 DSN：将配置的信息存储在系统的注册表中，允许所有用户访问连接的数据库。

（3）文件 DSN：可以通过复制 DSN 文件，将配置信息从一个服务器转移到另一个服务器。

应用程序通过 ODBC 定义的接口与驱动程序管理器通信，驱动程序管理器选择相应的驱动程序与指定的数据库进行通信。只要系统中存在相应的 ODBC 驱动程序，任何程序都可以通过 ODBC 操纵对应的数据库。

下面介绍如何在 ODBC 数据源管理器中配置 Microsoft Access 数据库 DSN 和 SQL Server 数据库 DSN。

9.2.1　配置 Microsoft Access 数据库 DSN

下面以 Windows 2003 Server 操作系统为例，介绍在 ODBC 数据源管理器中配置系统 DSN 以连接指定的 Access 数据库。关键操作步骤如下。

（1）单击"开始"按钮，选择"程序"/"管理工具"/"数据源（ODBC）"命令，打开"ODBC 数据源管理器"对话框，并选择"系统 DSN"选项卡，如图 9-2 所示。

（2）单击"添加"按钮，打开"创建新数据源"对话框，选择安装数据源的驱动程序，这里选择"Microsoft Access Driver (*.mdb)"，如图 9-3 所示。

（3）单击"完成"按钮，打开"ODBC Microsoft Access 安装"对话框，填写"数据源名"及相关"说明"，并指定所要连接数据库的路径，如图 9-4 所示。

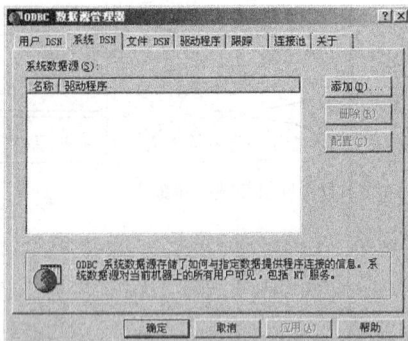

图 9-2　"ODBC 数据源管理器"对话框

图 9-3　选择安装数据源的驱动程序

（4）单击"确定"按钮，完成配置系统 DSN 的操作，如图 9-5 所示。

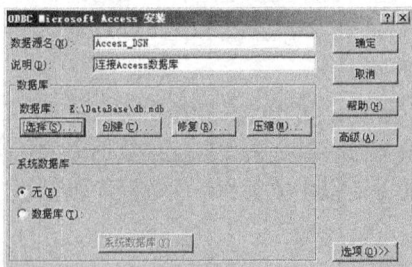

图 9-4　"ODBC Microsoft Access 安装"对话框

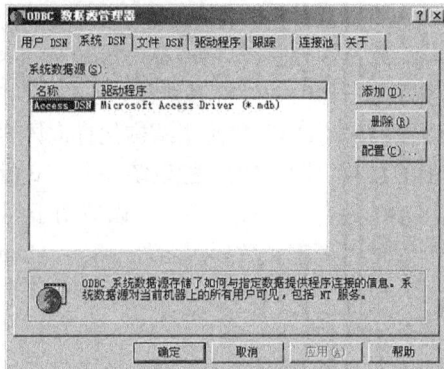

图 9-5　完成系统 DSN 的配置

9.2.2　配置 SQL Server 数据库 DSN

下面以 Windows 2003 Server 操作系统为例，介绍在 ODBC 数据源管理器中配置系统 DSN 以连接指定的 SQL Server 数据库。关键操作步骤如下。

（1）单击"开始"按钮，选择"程序"/"管理工具"/"数据源（ODBC）"命令，打开"ODBC 数据源管理器"对话框，选择"系统 DSN"选项卡。

（2）单击"添加"按钮，打开"创建新数据源"对话框，选择安装数据源的驱动程序，这里选择"SQL Server"，如图 9-6 所示。

（3）单击"完成"按钮，打开"创建到 SQL Server 的新数据源"对话框，在"名称"文本框中设置数据源名称为"Sql_DSN"；在"描述"文本框设置数据源描述为"连接 SQL Server 数据库"；在"服务器"下拉列表中选择数据库所在服务器，如图 9-7 所示。

图 9-6　"创建新数据源"对话框

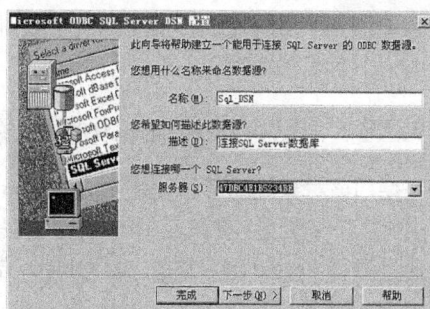

图 9-7　"创建到 SQL Server 的新数据源"对话框

（4）单击"下一步"按钮，选中"使用用户输入登录 ID 和密码的 SQL Server 验证"单选按钮，在"登录 ID"文本框中输入 SQL Server 用户登录 ID，这里为"sa"，在"密码"文本框中输入 SQL Server 用户登录密码，这里为空密码，如图 9-8 所示。

（5）单击"下一步"按钮，选择"更改默认的数据库为"复选框，并在其下拉列表中选择连接的数据库名称，这里选择"pubs"，单击"下一步"按钮，如图 9-9 所示。

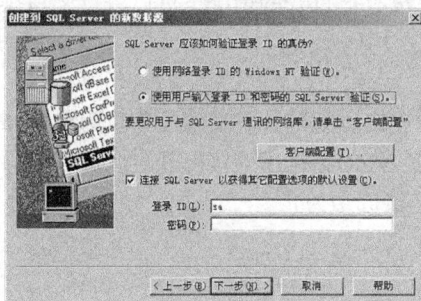

图 9-8　选择验证方式

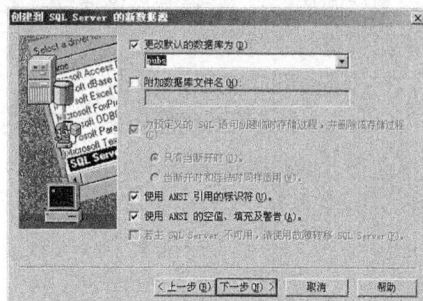

图 9-9　选择连接的数据库

（6）单击"完成"按钮，打开"ODBC Microsoft SQL Server 安装"对话框，显示新创建的 ODBC 数据源配置信息，如图 9-10 所示。

（7）单击"测试数据源"按钮测试数据库连接是否成功，如图 9-11 所示。如果测试成功，单击"确定"按钮，完成数据源配置。

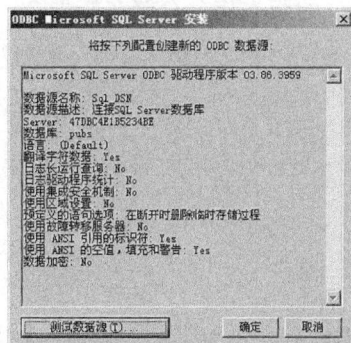

图 9-10　显示创建的 ODBC 数据源配置信息

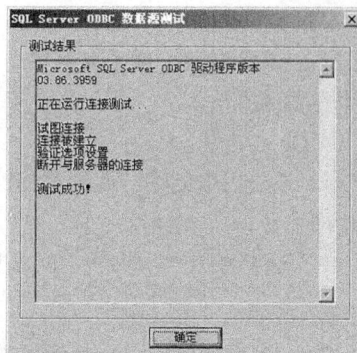

图 9-11　测试数据库连接是否成功

9.3　Connection 对象连接数据库

ADO 的 Connection 对象又称为连接对象，主要用于建立与数据库的连接。只有先建立与数据库的连接，才能利用 ADO 的其他对象对数据库进行查询、更新等操作。所以 Connection 对象是 ADO 组件的基础对象。

9.3.1 创建 Connection 对象

在使用该对象之前必须创建 Connection 对象实例。当创建一个 Connection 对象实例时，可以理解为定义了一个变量，且该变量的初始值是一个空值，即应用程序与数据源之间还未真正建立连接。

通过调用 Server 对象的 CreateObject 方法创建 Connection 对象实例，语法如下：

```
Set 对象名称=Server.CreateObject("ADODB.Connection")
```

Connection 对象提供了丰富的属性，用于创建、保存和设置连接信息。Connection 对象的常用属性如下。

（1）ConnectionString 属性。

利用 ConnectionString 属性可以返回一个字符串，此字符串中包含了创建数据源连接时所用的信息。在该连接字符串中可以指定系统的 DSN，也可以指定连接数据源时的所有参数（用户名、口令、数据提供者以及特定的数据源文件）。Connection 对象可以接收该属性传过来的 5 个参数，每个参数之间用“;”号隔开。该属性在 Connection 对象没有被打开的情况下可以进行读写操作，打开后只可进行读操作。

（2）ConnectionTimeout 属性。

ConnectionTimeout 属性用于设置或返回等待数据库连接时间的长整型值（单位为秒），默认值为 15s。数据库连接关闭时 ConnectionTimeout 属性为读/写，而数据库连接打开时此属性为只读。如果设置属性值为 0，表示系统会一直等到与数据库的连接成功为止。

语法：

```
Conn.ConnectionTimeout=waitTime
```

Conn：表示创建的 Connection 对象。

waitTime：为设置等待数据库连接的时间。

（3）Version 属性。

Version 属性用来获取 ADO 的版本信息。

语法格式：

```
Str=Conn.Version
```

其中，Conn 表示创建的 Connection 对象，并将获取到的 ADO 的版本信息存储在变量 Str 中。

Connection 对象提供了打开或者关闭数据库连接的方法以及处理事务的相关方法，下面介绍其几个主要的方法。

（1）Open 方法。

Open 方法用来创建与数据源的连接。

语法：

```
Set Conn=Server.CreateObject("ADODB.Connection")
ConnString="DSN=DSNname;UID=uid;PWD=pwd"
Conn.Open ConnString
```

其中，Conn 表示创建的 Connection 对象，ConnString 为数据库连接语句，连接语句中可以指定连接的 DSN，也可以指定 ODBC 的驱动程序名称达到与数据库连接的目的。

通过设置 Connection 对象的 ConnectionString 属性也可以建立与数据库的连接，代码如下：

```
<%
Set Conn=Server.CreateObject("ADODB.Connection")
Conn.connectionstring="DSN=DSNname;UID=uid;PWD=pwd"
```

```
Conn.open
%>
```

（2）Close 方法。

Close 方法用于终止程序与数据库之间的连接，并且用于释放与连接有关的资源。与 Open 方法相对应，使用 Close 方法只是断开与数据库之间的连接，而并没有释放 Connection 对象，这时可以再次调用 Open 方法打开数据库连接。如果要真正释放所有的系统资源，需要设置 Connection 对象实例变量值为"Nothing"。

语法：

```
Con.Close
Set Conn=Nothing
```

语句 Conn.Close 用于关闭 Connection 对象，语句 Set Conn=Nothing 用来释放连接数据库所占用的系统资源。

（3）Execute 方法。

Connection 对象的 Execute 方法用于执行 SQL 语句以及存储过程。

语法：

```
Set myRecordSet=Conn.Execute(commandText,RecordAffected,options)
```

MyRecordSet：用来存放返回数据的结果集。

CommandText：包含要执行的 SQL 语句、表名、存储过程或特定提供者的文本。

RecordAffected：指明该操作所影响的记录数目。

Options：指明 CommandText 所指定语句的类型。Options 参数有 4 个值来定义传给 Execute 的 CommandText 类型，Options 参数值如下。

① adCmdText：被执行的字符串包含一个命令文本。

② adCmdTable：被执行的字符串包含一个表名。

③ adCmdStoredProc：被执行的字符串包含一个存储过程名。

④ adCmdUnknown：缺省值，不指定字符串的内容。

例如，查询数据表 tb_user 以获取用户信息，代码如下：

```
<%
Set rs=Conn.Execute("select UserName,PassWord from tb_user")
%>
```

以上代码中，在调用 Connection 对象的 Execute 方法时只给出了要执行的 SQL 语句，省略了其他两个参数。此语句将返回查询的结果集。

（4）BeginTrans 方法。

BeginTrans 方法表示开始一个新事务，它会返回一个数据类型为长整数的变量，变量表示这个事务的等级。

语法：

```
Level=Conn.BeginTrans()
```

或

```
Conn.BeginTrans
```

（5）CommitTrans 方法。

调用 CommitTrans 方法将存储当前事务中的任何变更并结束当前事务。

语法：

```
Conn.CommitTrans
```

（6）RollbackTrans 方法。

调用 RollbackTrans 方法将会取消当前事务中的任何变更并结束当前的事务。

语法：
```
Connection.RollbackTrans
```

9.3.2　连接 Access 数据库

Access 数据库提供了一组功能强大的工具，通过 Access 可以创建功能完备的数据库解决方案。使用 Access 数据库作为 ASP 应用程序的后台数据存储工具，不仅可以开发个人信息管理方面的网站，还可以开发中小型企业的采购销售、仓库管理、生产管理、财务管理等方面的网站。

ASP 通过与 Access 数据库建立有效的连接，来操作数据库中的数据。在 ASP 中，应首先确定连接数据库语句，然后创建 Connection 对象并调用其 Open 方法来连接 Access 数据库。连接 Access 数据库有 3 种常用方法：通过无 ODBC DSN 连接、使用 ODBC 连接和通过 OLE DB 连接。

1. 无 ODBC DSN 连接 Access

一般情况下，通过无 ODBC DSN 连接方法可以快捷地连接 Access 数据库，因为 ADO 提供了强大的数据库访问技术，只要保证服务器上安装了 Access 数据库的驱动程序，ASP 通过 ADO 在无须配置 ODBC DSN 的情况下，就可以很方便地与 Access 数据库建立连接。

无 ODBC DSN 连接 Access 数据库的代码如下：

```
<%
   Set Conn=Server.CreateObject("ADODB.Connection")   '创建名为 Conn 的 Connection 对象
   Conn.Open("Driver={Microsoft Access Driver (*.mdb)};DBQ="&Server.mappath("DataBase/
db.mdb")&"")                                            '建立连接
%>
```

Driver：用于指定 Access 数据库的驱动程序。

DBQ：用于指定 Access 数据库的完整路径以及数据库名称。

以上代码中，通过调用 Server 对象的 MapPath 方法可以返回指定虚拟目录在 Web 服务器上的真实物理路径。

为了保证 Access 数据库的正常运行，维护数据安全，可以为建立的 Access 数据库设置密码。通过无 ODBC DSN 方法连接设有密码的 Access 数据库的代码如下：

```
<%
   Set Conn=Server.CreateObject("ADODB.Connection")   '创建名为 Conn 的 Connection 对象
   Conn.Open("Driver={Microsoft Access Driver (*.mdb)};DBQ="&Server.mappath("DataBase/
db.mdb")&";pwd=123456;")                                '建立连接
%>
```

2. 通过 ODBC 连接 Access

创建 Access 数据库后，将会产生一个后缀名为.mdb 的数据库文件，此文件单独存储在服务器上。如果使用该数据库的 ASP 应用程序存在安全漏洞，网站攻击者就会通过连接数据库的语句获知 Access 数据库所在的物理位置，从而很容易下载该数据库。为了更好地保护 Access 数据库，并确保与数据库的有效连接，可以通过配置系统 DSN 或者文件 DSN 使用 ODBC 方法连接数据库，这样不但可以隐藏数据库的实际位置，还可以防止站点中文件源代码的泄露。

关于如何配置 Microsoft Access 数据库 DSN，在 9.2.1 节中已做介绍。下面是通过 ODBC 连接 Access 数据库的具体代码。

```
<%
   Dim Conn
   Set Conn=Server.CreateObject("ADODB.Connection")
   Conn.Open "DSN=Access_DSN"
%>
```

如果 Access 数据库设有密码，可以使用以下代码连接数据库。

```
<%
  Dim Conn
  Set Conn=Server.CreateObject("ADODB.Connection")
  Conn.Open "DSN=Access_DSN;uid=admin;pwd=123456;"
%>
```

3. 通过 OLE DB 连接 Access

对象链接和嵌入数据库（Object Linking and Embedding DataBase，OLE DB）是微软公司开发的系统级数据库编程接口，是直接由底层 API 函数实现的，允许用户访问不同的数据源。使用 OLE DB 可以编写符合 OLE DB 标准的任何数据源的应用程序，也可以编写针对特定数据存储的查询处理程序、游标引擎等，因此 OLE DB 标准实际上是在数据使用者和提供者之间建立了一种应用层协议。

在实际应用中，通过 OLE DB 连接数据库的速度比较快，如果需要访问的数据库提供了使用 OLE DB 的程序，建议使用 OLE DB 方法连接数据库，代码如下：

```
<%
  Dim Conn,ConnStr
  Set Conn=Server.CreateObject("ADODB.Connection")
  ConnStr="Provider=Microsoft.Jet.OLEDB.4.0;Data
Source="&Server.mappath("DataBase/db.mdb")&";User ID=admin;Password=;"
  Conn.Open(ConnStr)   '建立连接
%>
```

以上代码中，Connection 对象的 Open 方法对应参数说明如表 9-1 所示。

表 9-1　　　　　　　　　　Connection 对象的 Open 方法对应参数说明

参　　数	说　　明
Provider	表示数据源的提供者
Data Source	用于指定打开的数据库文件，它必须是完整的数据库路径
User ID	可选的字符串，是数据源设定的具有访问权限的用户名称
Password	用户密码，对应于在 User ID 中指定用户的数据库访问密码

如果为 Access 数据库设置了密码，则可使用以下连接语句。

```
<%
  Set Conn=Server.CreateObject("ADODB.Connection")
  ConnStr="Provider=Microsoft.Jet.OLEDB.4.0;Data Source="&Server.mappath("DataBase/
db.mdb")&";Jet OLEDB:DataBase Password=123456;admin,"""
  Conn.Open(ConnStr)
%>
```

9.3.3　连接 SQL Server 数据库

MS-SQL Server 是微软公司设计开发的一种关系型数据库管理系统。SQL Server 的核心是用来处理数据库命令的 SQL Server 引擎，此引擎运行在 Windows 操作系统环境下，只对数据库连接和 SQL 命令进行处理。SQL Server 不仅拥有一个功能强大并且稳定的引擎，它还提供了一系列用于管理数据库服务器的工具，以及用于转换和移动数据、实现数据仓库和数据分析的附加软件，并在客户端和服务器端都提供了用于管理数据库连接的服务。

SQL Serve 数据库可以运行在工作站、数据库服务器和网络上。使用 ASP 开发的 Web 应用程序，可以使用 SQL Server 作为网站的后台数据库。ASP 通过与 SQL Server 数据库建立有效的连接，来操作和维护数据库中的数据。连接 SQL Server 数据库有 3 种常用方法：通过无 ODBC DSN 连接、通过 ODBC 连接和通过 OLE DB 连接。

1. 无 ODBC DSN 连接 SQL Serve

ADO 是当前微软公司所支持的操作数据库的有效、简单而且功能强大的一种方法。在 ASP 应用程序中通过无 ODBC DSN 方法不仅可以连接 Access 数据库，还可以访问 SQL Server 数据库。

通过无 ODBC DSN 方法建立与 SQL Server 数据库连接，代码如下：

```
<%
Dim Conn,Connstr
Set Conn=Server.CreateObject("ADODB.Connection")    '创建名为 Conn 的 Connection 对象
Connstr ="Driver={SQL Server};Server=(local);Uid=sa;Pwd=;Database=db_sql" '定义连接
数据库字符串
Conn.Open(Connstr)                                  '建立连接
%>
```

以上代码中，Connection 对象的 Open 方法对应参数说明如表 9-2 所示。

表 9-2　　　　　　　　　Connection 对象的 Open 方法对应参数说明

参　　　数	说　　　明
Driver	SQL Server 数据库的驱动程序
Server	在 IIS 服务器上建立的访问 SQL Server 服务器的别名
Uid	访问 SQL Server 数据库使用的用户名称
Pwd	访问 SQL Server 数据库使用的用户口令
Database	访问的数据库名称

2. 通过 ODBC 连接 SQL Server

在数据安全要求比较高并且用户有操控服务器权限的情况下，可以使用 ODBC 方法连接 SQL Server 数据库。使用 ODBC 访问 SQL Server 数据库，需要配置 ODBC 数据源 DSN，它把使用的数据库驱动程序、数据库、用户名、口令等信息组合在一起，以供应用程序调用。一般情况下配置系统 DSN，因为它不仅支持 Web 数据库应用程序，还允许所有用户访问连接的数据库。

关于如何配置 SQL Server 数据库 DSN，在 9.2.2 节中已做介绍。下面是使用 ODBC 连接 SQL Server 数据库的具体代码。

```
<%
Dim Conn
Set Conn=Server.CreateObject("ADODB.Connection")'创建名为 Conn 的 Connection 对象
Conn.Connectionstring="DSN=SqlDSN;UID=sa;PWD=;" '定义连接数据库字符串,赋给 Connection 对
象的 ConnectionString 属性
Conn.Open '建立连接
%>
```

3. 通过 OLE DB 连接 SQL Server

为了提高程序的运行效率，保证网站浏览者能够以较快的速度打开并顺畅地浏览网页，可以通过 OLE DB 方法连接 SQL Server 数据库。OLE 是一种面向对象的技术，利用这种技术可以开发可重用软件组件。使用 OLE DB 不仅可以访问数据库中的数据，还可以访问 Excel、文本文件、邮件服务器中的数据等。

使用 OLE DB 访问 SQL Server 数据库的代码如下：

```
<%
Dim Conn,Connstr
Set Conn=Server.CreateObject("ADODB.Connection")      '创建名为 Conn 的 Connection 对象
Connstr="provider=sqloledb;data source=(local);initial catalog=db_02;user id=sa;
password=;"                                           '定义连接数据库字符串
Conn.Open Connstr                                     '建立连接
%>
```

以上代码中，Connection 对象的 Open 方法对应参数说明如表 9-3 所示。

表 9-3　　　　　　　　　Connection 对象的 Open 方法对应参数说明

参　　数	说　　明
Provider	表示数据源提供者
data source	表示服务器名，如果是本地机器，可以设置成 "(local)"
initial catelog	表示数据源名称
user id	可选的字符串，是数据源设定的具有访问权限的用户名称
password	用户密码，对应于 user id 用户的数据库访问密码

9.4　Command 对象执行操作命令

ADO 的 Command 对象用于控制向数据库发出的请求信息，它在整个应用程序系统中起到"信息传递"的作用。在存取数据时，必须使用 Command 对象对数据库中的数据进行查询，并将符合要求的数据存放在 Recordset 对象中。使用 Command 对象取代一般数据查询信息的好处在于可以更有效地处理"数据查询信息"，特别是当运用到参数时，Command 对象可以使用 Parameter 数据集合来记录存储过程中所定义的参数及参数值，并完成利用参数返回值的复杂工作。

9.4.1　创建 Command 对象

创建 Command 对象需要调用 Server 对象的 CreateObject 方法。

语法：

```
Set Cmd=Server.CreateObject("ADODB.command")
```

Cmd：表示创建 Command 对象的名称。

使用 Command 对象可以创建一个基本记录指针，并且此记录指针只能从数据源中顺序地向前读取数据。

Command 对象提供的常见属性如下。

（1）ActiveConnection 属性。

AcitveConnection 属性用于确立 Connection 对象的连接关系。此属性可以用来设定 Command 对象要依赖哪一个 Connection 对象来实现与数据的互相沟通。该属性可以设置或返回一个字符串，也可以指向一个当前打开的 Connection 对象或者定义一个新的连接。

语法：

```
Cmd.ActiveConnection=ActiveConnectionValue
```

例如：

```
<%
Dim Conn,Connstr
Set Conn=Server.CreateObject("ADODB.Connection")
Connstr="DSN=DSNname;UID=uid;PWD=pwd"
Conn.open Connstr

Set cmd=Server.CreateObject("ADODB.Command")
cmd.ActiveConnection=Conn
%>
```

（2）CommandText 属性。

CommandText 属性指定数据查询信息。数据查询信息有 3 种类型：一般的 SQL 语句、表名或一个存储过程的名称，而决定当前信息是哪一种数据信息，则是由 CommandType 属性来决定的。

语法：

```
Cmd.CommandText=CommandTextValue
```

（3）CommandType 属性。

CommandType 属性用来指定数据查询信息的类型。

语法：

```
Cmd.CommandType=CommandTypeValue
```

或者

```
CommandTypeValue=Cmd.CommandType
```

Command 对象的 CommandType 属性值包括以下一些参数值，如表 9-4 所示。

表 9-4 CommandType 属性值

参　　数	参　数　值	描　　述
AdCmdUnknown	-1	表示所指定的 CommandText 参数类型无法确定
AdCmdText	1	表示所指定的 CommandText 参数是一般的命令类型
AdCmdTable	2	表示所指定的 CommandText 参数是一个存在的表名称
AdCmdStoredProc	3	表示所指定的 CommandText 参数是存储过程名称

（4）CommandTimeout 属性。

CommandTimeout 属性用于设置或返回等待执行一条命令时间的长整型值（单位为秒），默认值为 30s。当建立与数据库的连接后，CommandTimeout 属性将保持读/写。如果设置属性值为 0，表示系统会一直等到运行结束为止。

语法：

```
Conn.CommandTimeout=waitTime
```

Conn：表示创建的 Connection 对象。

waitTime：为设置等待执行一条命令的时间。

Command 对象提供了简单而有效的方法来处理查询或存储数据的过程，其方法如下。

（1）CreateParameter 方法。

该方法用来创建一个新的 Parameter 对象，并在执行之前加入到 Command 对象的 Parameters 集合中。Parameter 对象表示传递给 SQL 语句或存储进程的一个参数。其使用语法为

```
Set pt=Cmd.Create.Parameter([name],[type],[direction],[size],value)
```

CreateParameter 方法的各参数说明如表 9-5 所示。

表 9-5 CreateParameter 方法的各参数说明

参　　数	说　　明
name	参数名称，此参数可省略
type	指定参数的数据类型，此参数可省略
direction	指定参数的方向，此参数可以省略
size	指定允许传入数据的最大值，此参数可以省略
value	指定的参数值

例如，创建 Command 对象并定义数据查询信息为 Insert Into 语句，数据查询信息类型为一般的命令类型，然后调用 Command 对象的 CreateParameter 方法以设定传递的参数。代码如下：

```
<%
const adCmdText=&H0001
        const adVarChar=200
        Const adChar = 129
        const adParamInput=&H0001
        Const adExecuteNoRecords = &H00000080

        Dim Conn,Connstr
        Set Conn=Server.CreateObject("ADODB.Connection")  '创建 Connection 对象
        Connstr="provider=sqloledb;data   source=(local);initial   catalog=db_sql;user
id=sa;password=;"
        Conn.Open Connstr                                   '建立连接
        Set cmd=Server.CreateObject("ADODB.Command")    '创建 Command 对象
        cmd.ActiveConnection=conn                         '确定与 Connection 对象的连接关系
        cmd.CommandText="insert into tb_user(UserName) values(?)"'定义 Insert Into 语句
        cmd.CommandType=adCmdText                           '设置数据查询信息类型
        '调用 CreateParameter 方法创建 Parameter 对象，并将其加入到 Parameters 集合中
        Set param=cmd.CreateParameter("name",adVarChar,adParamInput,50,UserName)
        cmd.Parameters.Append param
%>
```

（2）Execute 方法。

该方法用于执行对数据库的操作，包括查询记录、添加、修改、删除、更新记录等各种操作。

语法：

```
Set rs=Cmd.Execute([count],[parameters],[options])
```

count：用来指定要查询符合要求的数据总数，此参数可以省略。

parameters：此参数为参数组，可覆盖以前添加到 Command 对象中的变量，此参数可以省略。

options：此参数是一个 CommandType 属性值，由于 Command 对象允许多种类型的数据查询信息（可以是字符串或子程序），所以设定此参数可以为程序设计提供方便。此参数可以省略。

9.4.2　执行添加数据的操作

Command 对象的主要功能是向 Web 数据库传递数据查询的请求。通过 Command 对象可以直接调用 SQL 语句，所执行的操作是在数据库服务器中进行的，提高了执行效率。

【例 9-1】通过 Command 对象向数据库中添加数据。

（1）在页面中建立表单，插入文本框和按钮控件。该表单用于提交输入的用户信息，如用户名、密码和联系方式。代码如下：

```
<form name="form1" method="post" action="">
用户名： <input name="UserName" type="text" id="UserName">
密码：   <input name="Pwd" type="password" id="Pwd" value="">
联系方式： <input name="tel" type="text" id="tel">
<input name="add" type="submit" id="add" value="确定">
<input type="reset" name="Submit2" value="重置"></td>
</form>
```

（2）当用户输入信息后，首先建立与 SQL Server 数据库的连接；然后创建 Command 对象并确定与 Connection 对象的连接关系、设置数据查询的具体信息和类型；接着根据接收到的表单数据的数量，调用 Command 对象的 CreateParameter 方法创建相同数量的 Parameter 对象并将其加入到 Parameters 集合中；最后调用 Command 对象的 Execute 方法执行添加数据的操作。代码如下：

```
<%
UserName=Trim(Request.Form("UserName"))
Pwd=Trim(Request.Form("Pwd"))
tel=Trim(Request.Form("tel"))
If Not Isempty(Request("add")) Then
  If UserName<>"" and Pwd<>"" and tel<>"" Then
      const adCmdText=&H0001
      const adVarChar=200
      Const adChar = 129
      const adParamInput=&H0001
      Const adExecuteNoRecords = &H00000080

      Dim Conn,Connstr
      Set Conn=Server.CreateObject("ADODB.Connection")    '创建 Connection 对象
      Connstr="provider=sqloledb;data  source=(local);initial  catalog=db_sql;user
id=sa;password=;"
      Conn.Open Connstr                                   '建立连接

      Set cmd=Server.CreateObject("ADODB.Command")        '创建 Command 对象
      cmd.ActiveConnection=conn                           '确定与 Connection 对象的连接关系
      cmd.CommandText="insert into tb_user(UserName,Upwd,Utel) values(?,?,?)"
                                                          '定义 Insert Into 语句
      cmd.CommandType=adCmdText                           '设置操作对象类型
      '调用 CreateParameter 方法创建 Parameter 对象，并将其加入到 Parameters 集合中
      Set param=cmd.CreateParameter("name",adVarChar,adParamInput,50,UserName)
      cmd.Parameters.Append param
      Set param=cmd.CreateParameter("pwd",adChar,adParamInput,10,Pwd)
      cmd.Parameters.Append param
      Set param=cmd.CreateParameter("tel",adVarChar,adParamInput,50,tel)
      cmd.Parameters.Append param

      cmd.Execute ,,adCmdText+adExecuteNoRecords          '执行添加数据的操作
      Response.Write("<script language='javascript'>alert('通过 Command 对象添加数据成
功!');window.location.href='index.asp';</script>")
    End If
  End If
%>
```

保存文件为"index.asp"。在 IIS 中浏览该文件，运行结果如图 9-12 所示。

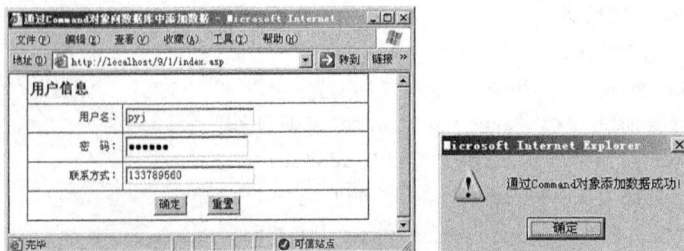

图 9-12　通过 Command 对象向数据库中添加数据

9.4.3　调用存储过程

在 SQL Server 中创建带有输入参数的存储过程，ASP 通过 Command 对象可以调用带输入参

数的存储过程，从而执行对数据库数据的操作。这样，使 ASP 代码与数据库操作命令分开，便于维护，并降低了网络流通量。

【例 9-2】　调用带输入参数的存储过程。

（1）在页面中建立表单，插入文本框和按钮控件。该表单用于提交输入的登录信息，包括用户名和密码，代码如下：

```
<form name="form1" method="post" action="">
用户名: <input name="txt_name" type="text" id="txt_name">
密 码: <input name="txt_pwd" type="password" id="txt_pwd">
<input name="sure" type="submit" id="sure" value="登录">
<input type="reset" name="Submit2" value="重置"></td>
</form>
```

（2）当用户输入登录信息后，首先建立与 SQL Server 数据库的连接；然后创建 Command 对象并确定与 Connection 对象的连接关系，设置数据查询的具体信息和类型以调用存储过程 user_check；接着调用 Command 对象的 CreateParameter 方法创建 Parameter 对象并将其加入到 Parameters 集合中，并使用接收到的表单数据为每个参数赋值；最后调用 Command 对象的 Execute 方法执行查询操作。代码如下：

```
<%
If Not Isempty(Request("sure")) Then
  txt_name=Request.Form("txt_name")
  txt_pwd=Request.Form("txt_pwd")
  If txt_name<>"" and txt_pwd<>"" Then
    Const adCmdStoredProc = &H0004
    Const adVarChar=200
    Const adChar = 129
    Const adParamInput=&H0001

    Dim Conn,Connstr
    Set Conn=Server.CreateObject("ADODB.Connection")  '创建名为 Conn 的 Connection 对象
    Connstr="provider=sqloledb;data   source=(local);initial   catalog=db_sql;user
id=sa;password=;"                              '定义连接数据库字符串
    Conn.Open Connstr                          '建立连接

    Set cmd=Server.CreateObject("ADODB.Command")   '创建 Command 对象
    cmd.ActiveConnection=conn                   '确定与 Connection 对象的连接关系
    cmd.CommandText="user_check"               '定义调用的存储过程名称
    cmd.CommandType=adCmdStoredProc            '设置操作对象类型
    '调用 CreateParameter 方法创建 Parameter 对象，将其加入到 Parameters 集合中并为参数赋值
    set param=cmd.CreateParameter("@username",adVarChar,adParamInput,50)
    cmd.Parameters.Append param
    cmd.Parameters("@username")=txt_name
    set param=cmd.CreateParameter("@upwd",adChar,adParamInput,10)
    cmd.Parameters.Append param
    cmd.Parameters("@upwd")=txt_pwd
    '执行查询操作
    Set rs=cmd.Execute()

    If (rs.eof or rs.bof) Then
      Response.write "<script language='javascript'>alert('此用户不存在,请重新输入!
```

```
');window.location.href='index.asp';</script>"
        Else
            Response.write "<script language='javascript'>alert('用户登录成功！');window.
location.href='index.asp';</script>"
        End If
    End If
End If
%>
```

保存文件为 "index.asp"。在 IIS 中浏览该文件，运行结果如图 9-13 所示。

图 9-13 调用带输入参数的存储过程

9.5 RecordSet 对象查询和操作记录

RecordSet 对象又称为记录集对象，是 ADO 中最复杂、功能最强大的对象，也是在数据库操作中用来存储结果集的唯一对象。使用 Connection 对象或 Command 对象进行数据库操作之后，只要拥有返回值就要使用 RecordSet 对象对其进行存储，也只有通过 RecordSet 对象才能将记录集反馈到客户端的浏览器上。

9.5.1 创建 RecordSet 对象

在使用 RecordSet 对象前，必须先应用 Connection 对象连接数据库。使用 RecordSet 对象对数据库进行操作，可以理解为通过 RecordSet 对象创建一个数据库的指针（即存储在高速缓存中的一张虚拟表），通过创建的数据库指针，便可从数据提供者处得到一个数据集，从而执行对数据库数据的各种操作。

通过调用 Server 对象的 CreateObject 方法可以创建 RecordSet 对象。

语法：

```
Set rs=Server.CreateObject("ADODB.RecordSet")
```

无论采用什么方法创建 RecordSet 对象，其实都是建立一个记录集。如果记录集非空，打开记录集后，记录指针将指向第一条记录，可以通过移动记录指针来确定当前记录，然后就可以利用 ASP 语句编辑该记录。

RecordSet 对象提供了一系列重要的属性和方法来进行数据库编程，从这些属性和方法中可以看出 RecordSet 对象一些强大的功能。

下面首先介绍 RecordSet 对象的常用属性。

（1）ActiveConnection 属性。

RecordSet 对象可以通过 ActiveConnection 属性来连接 Connection 对象，可以设置 ActiveConnection 属性为一个 Connection 对象名称或是一串包含 "数据库连接信息" 的字符串参数。

语法：

```
rs.ActiveConnection=ActiveConnectionValue
```

（2）Source 属性。

RecordSet 对象可以通过 Source 属性连接 Command 对象。Source 属性可以是一个 Command 对象名称、一条 SQL 命令、一个指定的表名称或是一个存储过程。此属性用于设置或返回一个字符串，检索指定的数据库服务器。

语法：

```
rs.Source[=SourceValue]
```

（3）RecordCount 属性。

RecordCount 属性用来返回 RecordSet 对象中的记录总数。

语法：

```
LongInteger=rs.RecordCount
```

（4）MaxRecords 属性。

MaxRecords 属性主要用于设定返回记录的最大数目。默认值为 0，表示将所有记录都加入到 RecordSet 中。Recordset 对象关闭时，MaxRecords 属性为读/写；否则 MaxRecords 属性为只读。

语法：

```
rs.MaxRecords=LongInteger
```

或者

```
rs=Recordset.MaxRecords
```

（5）BOF 属性。

BOF 属性用于判别 Recordset 对象的当前记录指针是否指向表的开始。

语法：

```
Boolean=rs.BOF
```

（6）EOF 属性。

EOF 属性用于判别 Recordset 对象的当前记录指针是否指向表的结尾。

语法：

```
Boolean=rs.EOF
```

使用 BOF 和 EOF 属性可确定 Recordset 对象是否包含记录，或者从一条记录移动到另一条记录时是否超出 Recordset 对象的限制。以下为使用时的注意事项。

① 如果当前记录指针位于第一条记录之前，BOF 属性将返回"True"（-1）；如果当前记录指针为第一条记录或位于其后则将返回"False"（0）。

② 如果当前记录指针位于 Recordset 对象的最后一条记录之后，EOF 属性将返回"True"；如果当前记录指针为 Recordset 对象的最后一条记录或位于其前，则将返回"False"。

③ 如果 BOF 或 EOF 属性为"True"，则表示不存在当前记录。

④ 如果 BOF 和 EOF 属性同时为"True"，则表示记录集中没有记录。

（7）AbsolutePage 属性。

AbsolutePage 属性通常配合 PageSize 属性一起使用，它可以取得当前记录指针在 Recordset 对象中的绝对页数。也可以设置 AbsolutePage 属性，使当前记录指针移到指定页码的开始位置。

语法：

```
LongInteger=rs.AbsolutePage
```

或

```
rs.AbsolutePage= LongInteger
```

（8）PageSize 属性。

PageSize 属性用于设置或返回记录集中每一页的记录数。

语法：

```
Integer=rs.PageSize
```

或者

```
rs.PageSize=Integer
```

通过 PageSize 属性设置记录集中每一页的记录数，可以在页面中分页显示记录信息。

（9）PageCount 属性。

PageCount 属性用于返回定义的记录集中的页码总数。

语法：

```
LongInteger=rs.PageCount
```

通过 Recordset 对象的 RecordCount 属性和 PageSize 属性可以计算出 PageCount 属性值。如果 RecordSet 最后一页未满，其中的记录数少于 PageSize 值，应以附加页来计算。PageCount 属性值的计算式如下：

```
PageCountValue=（rs.RecordCount+rs.PageSize-1）/rs.PageSize
```

> 使用 PageCount 属性可确定 Recordset 对象中数据的页数。"页"是指大小等于 PageSize 属性值的记录组。即使最后页不完整，由于记录数比 PageSize 值少，该页也会作为 PageCount 值中的附加页进行计数。如果 Recordset 对象不支持该属性，该值为-1，以表明 PageCount 无法确定。

（10）AbsolutePosition 属性。

AbsolutePosition 属性用于返回当前记录的绝对位置，第一条记录的绝对位置为 1，依此类推。

语法：

```
LongInteger=rs.AbsolutePosition
```

（11）BookMark 属性。

BookMark 属性用于设置或返回记录指针的当前位置。

语法：

```
rs.BookMark
```

RecordSet 对象的常用方法如下。

（1）Open 方法。

Open 方法允许用户向数据库发出请求，此请求通常是运行一个 SQL 命令、激活一个指定的表或是调用一个指定的存储过程。

语法：

```
rs.Open [Source],[ActiveConnection],[CursorType],[LockType],[Options]
```

Recordset 对象 Open 方法的各参数说明如表 9-6 所示。

表 9-6　　　　　　　　　　　　RecordSet 对象 Open 方法的参数说明

编　号	参　　数	说　　明
1	Source	Command 对象名、SQL 语句或数据表名
2	ActiveConnection	Connection 对象名或包含数据库连接信息的字符串
3	CursorType	RecordSet 对象记录集中的指针类型，取值如表 9-7 所示，可省略
4	LockType	RecordSet 对象的使用类型，取值如表 9-8 所示，可省略
5	Options	Source 类型，取值如表 9-9 所示，可省略

表 9-7　　　　　　　　　　　　CursorType 参数取值

参　　数	参数值	描　　述
AdOpenForwardOnly	0	向前指针，只能利用 MoveNext 或 GetRows 向前移动检索数据，默认值
AdOpenKeyset	1	键盘指针，在记录集中可以向前或向后移动，当某客户做了修改后（除了增加新数据），其他用户都可以立即显示。激活一个 Keyset 类型的光标
AdOpenDynamic	2	动态指针，记录集中可以向前或向后移动；所有修改都会立即在其他客户端显示。激活一个 Dynamic 类型的光标
AdOpenStatic	3	静态指针，在记录集中可以向前或向后移动，所有更新的数据都不会显示在其他客户端。激活一个 Static 类型的光标

表 9-8　　　　　　　　　　　　LockType 参数取值

参　　数	参数值	描　　述
AdLockReadOnly	1	只读，不许修改记录集，默认值
AdLockPessimistic	2	只能同时被一个客户修改，修改时锁定，修改完毕释放
AdLockOptimistic	3	可以同时被多个客户修改
AdLockBatchOptimistic	4	数据可以修改，但不锁定其他客户

表 9-9　　　　　　　　　　　　Options 参数取值

参　　数	参数值	描　　述
adCmdUnknown	−1	CommandText 参数类型无法确定，是系统的缺省值
adCmdText	1	CommandText 参数是命令类型
adCmdTable	2	CommandText 参数是一个表名称
adCmdStoreProc	3	CommandText 参数是一个存储过程名称

总的来说，Source 是数据库查询信息；ActiveConnection 是数据库连接信息；CursorType 是指针类型（也称游标类型）；LockType 是锁定信息；Options 是数据库查询信息类型。

大部分情况下可以省略后 3 个参数，但有些情况下必须使用。比如，如不设置 CursorType 类型，在记录集中就只可以向前移动指针，而不能向后移动指针。

如果要省略中间的参数，则必须用逗号给中间的参数留出位置，也就是说，每一个参数必须对应相应的位置。例如：

```
Set rs.Open "Select * from users",conn,,2
```

在上面的语句中省略了第 3 个和第 5 个参数，但必须用 "," 给第 3 个参数留出位置，当然，第 5 个参数在最后，就不用考虑了。

Open 方法是用来打开一个基于 ActiveConnection 和 Source 属性的方法。该方法也可以用来传递打开游标所需的所有信息，在把连接信息作为参数传给 RecordSet 对象的 Open 方法时，游标被打开且该方法所有相应的属性值也被继承下来。

（2）Close 方法。

Close 方法用于关闭 Recordset 对象并释放所有 Recordset 对象占用的资源。在调用 Set rs=Nothing 语句之前，Recordset 对象仍然存在，调用 Open 方法可以再次打开记录集，而不需重新创建 Recordset 对象。

语法：

```
rs.Close
```

（3）Move 方法。

Move 方法用于将记录指针移动到指定位置，此方法必须配合 Recordset 对象的 Open 方法的 CursoftType 参数一起使用。

语法：

```
rs.move NumRecords,start
```

NumRecords：为整数，表示要移动的记录数，这个值可以为正也可以为负，正表示向前移动，而负表示向后移动。

Start：是一个选择变量，它用来根据游标中的 BookMark 移动记录指针。如果不传送这个变量，则移动是相对当前记录而言的。当然如果 RecordSet 不支持书签，则不能使用这个变量。

（4）MoveFirst 方法。

MoveFirst 方法的作用是将记录指针移到记录集的首记录处。可以在大部分的游标类型中使用这条命令。

语法：

```
rs.MoveFirst
```

（5）MoveNext 方法。

MoveNext 方法用于将当前记录指针移动到记录集的下一条记录处。注意不要无限制地移动，否则会产生错误，因为如果到了记录集的最后还调用此方法，就会出现错误。因此在使用该方法时，最好先调用 RecordSet 对象的 EOF 方法判断是否到了记录集的最后，如果没有，则可调用此方法。

语法：

```
rs.MoveNext
```

（6）MovePrevious 方法。

MovePrevious 方法用于将当前指针移动到记录集的前一条记录处，此方法必须配合 Recordset 对象 Open 方法的 CursorType 参数一起使用。注意在移动前，应调用 RecordSet 对象的 Bof 方法判断是否到了记录集的开始处，如果为真，则表示到了尽头，因此不能再调用此方法，否则将会出现错误。

语法：

```
rs.MovePrevious
```

（7）MoveLast 方法。

MoveLast 方法用于将指针移动到记录集的最后一条记录处，此方法必须配合 Recordset 对象 Open 方法的 CursorType 参数一起使用。

语法：

```
rs.MoveLast
```

（8）AddNew 方法。

调用 AddNew 方法可以将数据增加到数据库中。

语法：

```
rs.AddNew
```

调用该方法时，在记录集的开始处将开始一个新行，当前的记录指针也将移动到首记录以准备加入新数据。

（9）Delete 方法。

调用 Delete 方法可以删除数据库中指定的记录。

语法：

```
rs.Delete
```

使用 Delete 方法可以批量地删除数据库中的数据。

（10）Update 方法。

调用 Update 方法将更新数据库中的数据。

语法：

```
rs.Update
```

此方法表示将当前记录的任何修改保存在数据源中，前提条件是 RecordSet 能够允许更新且 RecordSet 不是工作在批量更新模式下。

（11）NextRecordset 方法。

NextRecordset 方法允许读取下一个 Recordset 对象的内容，通常应用于操作多个记录集的情况下。

语法：

```
rs.NextRecordset
```

（12）UpdateBatch 方法。

UpdateBatch 方法对处于批量模式的记录进行更新动作。调用 UpdateBatch 方法时，通常设置 Recordset 对象 Open 方法的 LockType 参数取值为"adLockBatchOptimistic"。

语法：

```
rs.UpdateBatch
```

（13）GetRows 方法。

GetRows 方法可以取得多条记录。

语法：

```
ArrayValue=rs.GetRows(Rows,Start,Fields)
```

Rows：表示所要取得的记录条数，默认值为-1，表示取得 Recordset 对象中的所有记录。

Start：指定返回记录的开始处。

Fields：表示所要取回的字段，可以指定一个或多个字段，如果没有设置，则表示返回所有的字段。

Recordset 对象的 GetRows 方法会以数组的方式返回指定的数据。

9.5.2　查询和分页显示记录

通过 Recordset 对象可以根据查询条件执行 SQL 查询语句，并将获取到的记录集中的记录分页显示在客户端浏览器上。

【例 9-3】　查询和分页显示记录。

（1）在页面中建立表单并插入文本框、列表/菜单、按钮控件，用于输入查询关键字和选定查询条件。代码如下：

```
<form name="form1" method="get" action="">
```

```
查询关键字：<input name="keyword" type="text" id="keyword">
<select name="sel" id="sel">
    <option value="Atitle">文章标题</option>
    <option value="Aauthor">作者</option>
</select>
<input name="search" type="submit" id="search" value="查询">
</form>
```

（2）在页面中首先建立与 Access 数据库的连接，并接收由查询表单传递的关键字和查询条件；然后创建 Recordset 对象和整合 SQL 查询语句，调用 Recordset 对象的 Open 方法打开记录集；接着通过 Recordset 对象的相应属性对分页信息进行初始化，如设定每页显示的记录数、获取当前页码等，自定义一个子过程用于显示记录集中的字段信息；最后定义用于翻页的"首页"、"上一页"、"下一页"和"末页"超链接，并关闭记录集。代码如下：

```
<table width="500" border="0" align="center" cellpadding="0">
  <tr align="center">
    <td height="22">类别</td><td height="22">作者</td><td height="22">文章标题</td>
  </tr>
<%
'建立数据库连接
Dim conn,connstr
Set conn=Server.CreateObject("ADODB.Connection")
connstr="Provider=Microsoft.Jet.OLEDB.4.0;User ID=admin;Password=;Data Source="&Server.
apPath("DataBase/db_HomePage.mdb")&";"
conn.open connstr
'获取表单传递的数据
keyword=Trim(Request("keyword"))
sel=Trim(Request("sel"))

Set rs=Server.CreateObject("ADODB.Recordset")    '创建 Recordset 对象
sqlstr="select * from tab_article"               '确定 SQL 查询语句
If keyword <> "" Then sqlstr=sqlstr&" where "&sel&" like '%"&keyword&"%'" '根据查询
信息，整合 SQL 查询语句
rs.open sqlstr,conn,1,1                           '打开记录集 rs
If Not (rs.eof and rs.bof) Then
    rs.pagesize=5                                 '定义每页显示的记录数
    pages=clng(Request("pages"))                  '获得当前页数
    If pages<1 Then pages=1
    If pages>rs.recordcount Then pages=rs.recordcount
    showpage rs,pages                             '执行分页子程序 showpage
    Sub showpage(rs,pages)                         '分页子程序 showpage(rs,pages)
    rs.absolutepage=pages                         '指定指针所在的当前位置
    For i=1 to rs.pagesize                        '循环显示记录集中的记录
%>
  <tr align="center" bgcolor="#FFFFFF">
    <td><%Set rsc=conn.Execute("select Acname from tab_article_class where id=
"&rs("Aclass")&"")                               '调用 Connection 对象的 Execute 方法执行 SQL 语句
        Response.Write(rsc("Acname"))            '显示文章类型
        Set rsc=Nothing
    %></td>
    <td height="22"><%=rs("Aauthor")            '显示作者%></td>
```

```
    <td height="22"><%=Left(rs("Atitle"),15)        '显示文章标题%></td>
    </tr>
    <%
    rs.movenext                                      '指针向下移动
    If rs.eof Then exit for
    Next
    End Sub
End If
%>
    <tr align="center" bgcolor="#FFFFFF"><td height="22" colspan="3">
    <%
if pages<>1 then
    response.Write("  <a
href="&path&"?pages=1&keyword="&keyword&"&sel="&sel&">首页</a>")
    response.Write("  <a
href="&path&"?pages="&(pages-1)&"&keyword="&keyword&"&sel="&sel&">上一页</a>")
    end if

    if pages<>rs.pagecount then
    response.Write("  <a
href="&path&"?pages="&(pages+1)&"&keyword="&keyword&"&sel="&sel&">下一页</a>")
    response.Write("  <a
href="&path&"?pages="&rs.pagecount&"&keyword="&keyword&"&sel="&sel&">末页</a>")
    end if
    response.Write("  [<font
color='#FF0000'>"&pages&"/"&rs.pagecount&"</font>]   每 页 "&rs.pagesize&" 条
  共"&rs.recordcount&"条记录")
    rs.close                '关闭记录集
    Set rs=Nothing          '释放 rs 占用的资源
    %>
    </td></tr>
</table>
```

保存文件为"index.asp"。在 IIS 中浏览该文件，运行结果如图 9-14、图 9-15 所示。

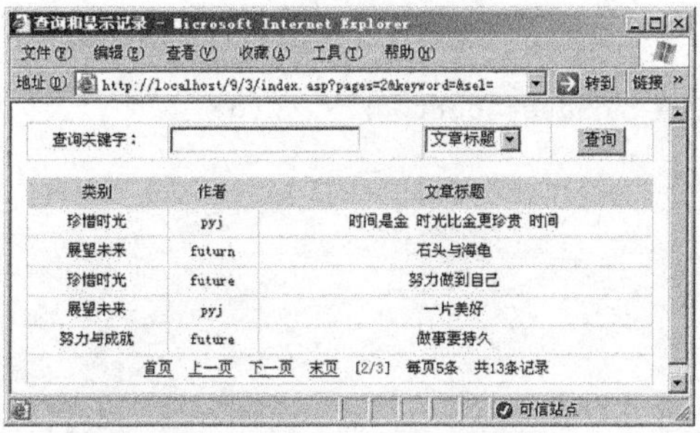

图 9-14　分页显示记录

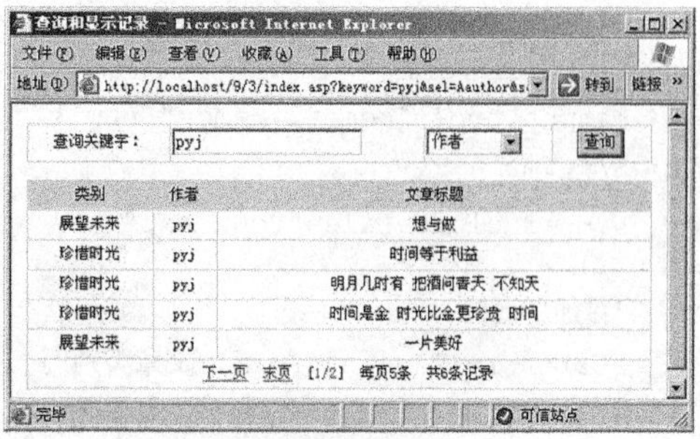

图 9-15　查询记录

9.5.3　添加、更新和删除记录

调用 Recordset 对象的 Addnew 方法、Update 方法和 Delete 方法能够对数据库中的数据进行添加、更新和删除的操作。

当客户端向服务器发出请求时，服务器通过 Recordset 对象对数据库中的数据进行操作，并将操作结果以提示信息或者返回数据库数据的方式回应给客户端浏览器，这样用户就可以很明确地知道本次操作的结果。

【例 9-4】 添加、更新和删除记录。

以例 9-3 为基础，在 index.asp 页面中添加 3 个超链接："文章添加"、"修改"和"删除"，分别用于打开"添加文章"页面、"修改文章"页面以及删除指定的记录，如图 9-16 所示。

（1）在 Add.asp 页面中建立表单用于添加文章信息。当用户提交表单时，程序首先获取表单数据，然后创建 Recordset 对象打开记录集，接着调用 Recordset 对象的 Addnew 方法并将表单数据赋予相应的字段，最后调用 Update 方法更新记录集。代码如下：

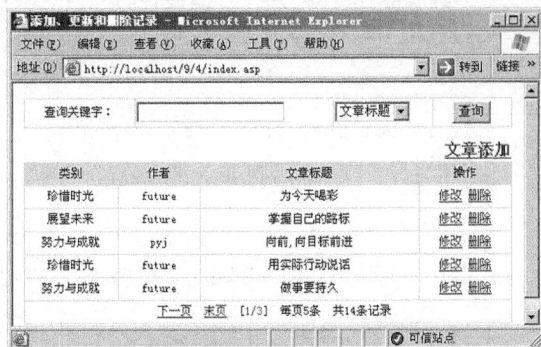

图 9-16　信息列表页面

```
<form action="" method="post" name= "form1" id="form1">
文章类别: <select name="文章类别" id= "select">
    <option selected="selected">选择类别</option>
    <%
      Set rs=Server.CreateObject("ADODB.Recordset")
      sqlstr="select id,Acname from tab_article_class"
      rs.open sqlstr,conn,1,1
      while not rs.eof
    %>
    <option value="<%=rs("id")%>"><%=rs("Acname")%></option>
    <%
      rs.movenext
      wend
      rs.close
      Set rs=Nothing
    %>
    </select>
文章作者: <input name="文章作者" type="text" class="textbox" id="文章作者" />
文章主题: <input name="文章主题" type="text" id="文章主题" class="textbox" />
文章内容: <textarea name="文章内容" cols="45" rows="6" id="文章内容"></textarea>
<input name="add" type="submit" class="button" id="add" value="添 加" onclick="return
Mycheck(this.form)" />
<input type="reset" name="Submit2" value="重 置" class="button" /></td>
</form>

<!--#include file="conn.asp"-->
<%
'添加新记录
str1=Trim(Request.Form("文章类别"))
str2=Trim(Request.Form("文章作者"))
str3=Trim(Request.Form("文章主题"))
str4=Trim(Request.Form("文章内容"))
If Not Isempty(Request("add")) Then
    If str1<>"" and str2<>"" and str3<>"" and str4<>"" Then
        Set rs=Server.CreateObject("ADODB.Recordset")  '创建 Recordset 对象
        sqlstr="select * from tab_article"
        rs.open sqlstr,conn,1,3                          '打开记录集
        rs.addnew                                        '调用 Addnew 方法
    '为各字段赋值
        rs("Aclass")=str1
```

```
        rs("Aauthor")=str2
        rs("Atitle")=str3
        rs("Acontent")=str4
        rs.update                          '调用 Update 方法更新记录集
        rs.close                           '关闭记录集
        Set rs=Nothing                     '释放 rs 占用的资源
        Response.Write("<script>alert('文章添加成功!');window.close();window.opener.location.
reload();</script>")
        Else
        Response.Write("<script>alert('您填写的信息不完整!');history.back();</script>")
        End If
    End IF
    %>
```

文章添加页面的运行结果如图 9-17 所示。

（2）在图 9-16 的页面中单击"修改"超链接将打开 Modify.asp 页面，在该页面中建立表单用于修改文章信息。读取数据库中对应的记录为表单中的每个控件赋值。当提交表单时，程序首先获取表单数据，然后创建 Recordset 对象打开记录集，接着将表单数据赋予相应的字段，最后调用 Update 方法更新记录集。代码如下：

图 9-17　文章添加页面

```
<!--#include file="conn.asp"-->
<%
id=Request.QueryString("id")
          '获取 index.asp 页面传递的记录 ID 编号
sqlstr="select * from tab_article where id="&id&""
Set rs=conn.Execute(sqlstr)                         '执行查询操作
%>
  <form action="" method="post" name="form2" id="form2">
文章类别: <select name="文章类别" id="文章类别">
        <option selected="selected">选择类别</option>
        <%
          Set rsc=Server.CreateObject("ADODB.Recordset")     '创建 Recordset 对象
          sqlstr="select id,Acname from tab_article_class"    '查询分类信息表
          rsc.open sqlstr,conn,1,1                            '打开记录集
          while not rsc.eof
        %>
        <option value="<%=rsc("id")%>" <%if rsc("id")=cint(rs("Aclass")) then Response.
Write("selected") end if%>><%=rsc("Acname") '显示文章类型%></option>
        <%
          rsc.movenext                       '指针向下移动
          wend
          rsc.close
          Set rsc=Nothing
        %>
     </select>
    文章作者: <input name="文章作者" type="text" class="textbox" id="文章作者" value="<%=
rs("Aauthor")                                 '显示文章作者%>" />
    文章主题: <input name="文章主题" type="text" id="文章主题" class="textbox" value=
"<%=rs("Atitle")                             '显示文章主题%>" />
    文章内容: <textarea name="文章内容" cols="45" rows="6" id="文章内容"><%=rs("Acontent")
```

```
                                        '显示文章内容%></textarea>
    <input name="id" type="hidden" id="id" value="<%=rs("id")%>" />
    <input name="edit" type="submit" class="button" id="edit" value="修 改" onclick="return
Mycheck(this.form)" />
    <input type="button" name="Submit22" value="返 回" class="button" onclick="javascript:
window.location.href='index.asp'" />
    </form>
    <%
    rs.close                                    '关闭记录集
    Set rs=Nothing                              '释放 rs 占用的资源
    %>

    <%
    '修改记录
    If Not Isempty(Request("edit")) Then
      id=Request.Form("id")
      str1=Trim(Request.Form("文章类别"))
      str2=Trim(Request.Form("文章作者"))
      str3=Trim(Request.Form("文章主题"))
      str4=Trim(Request.Form("文章内容"))
      If str1<>"" and str2<>"" and str3<>"" and str4<>"" Then
          Set rs=Server.CreateObject("ADODB.Recordset")      '创建 Recordset 对象
          sqlstr="select * from tab_article where id="&id&""
          rs.open sqlstr,conn,1,3                             '打开记录集 rs
        '为各字段赋值
          rs("Aclass")=str1
          rs("Aauthor")=str2
          rs("Atitle")=str3
          rs("Acontent")=str4
          rs.update                                          '调用 Update 方法更新记录集
          rs.close                                           '关闭记录集
          Set rs=Nothing                                     '释放 rs 占用的资源
      Response.Write("<script>alert('文章修改成功!');window.close();window.opener.location.
reload();</script>")
      Else
          Response.Write("<script>alert('您填写的信息不完整!');history.back();</script>")
      End If
    End If
    %>
```

文章修改页面的运行结果如图 9-18 所示。

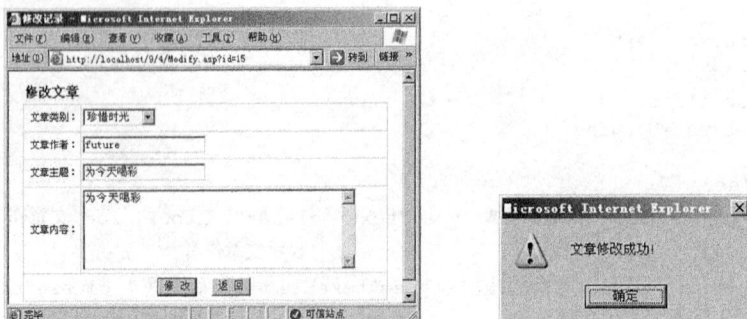

图 9-18　文章修改页面

（3）在图 9-16 的页面中单击"删除"超链接可以删除对应的记录。当 index.asp 页面接收到传递的 action 参数，程序首先查询数据表中对应的记录，然后调用 Recordset 对象的 Delete 方法以及 Update 方法删除记录并更新记录集。代码如下：

```
<!--#include file="conn.asp"-->
<%
If Request.QueryString("action")="del" Then
  id=Request.QueryString("id")                    '获取传递的记录 ID 编号
  sqlstr="select id from tab_article where id="&id&""    '查询记录
  Set rs=Server.CreateObject("ADODB.Recordset")    '创建 Recordset 对象
  rs.open sqlstr,conn,1,3                          '打开记录集 rs
  rs.delete                                        '调用 delete 方法
  rs.update                                        '调用 update 方法更新记录集
  rs.close                                         '关闭记录集
  Set rs=Nothing                                   '释放 rs 占用的资源
  Response.Write("<script>alert('文章删除成功！');window.location.href='index.asp';
</script>")
  End If
%>
```

9.6　Error 对象返回错误信息

9.6.1　了解 Error 对象

Error 对象用于存储一个系统运行时所发生的错误或警告。Error 对象提供的属性如下。

（1）Description 属性。

Description 属性表示错误或警告所发生的原因或描述。

语法：

```
String=Error.Description
```

（2）Number 属性。

Error 对象的 Number 属性表示所发生的错误或警告的数量。

语法：

```
LongInteger=Error.Number
```

（3）Source 属性。

Error 对象的 Source 属性表示造成系统发生错误或警告的来源。

语法：

```
String=Error.Source
```

（4）NativeError 属性。

Error 对象的 NativeError 属性表示造成系统发生错误或警告的错误代码。

语法：

```
LongInteger=Error.NativeError
```

（5）SQLState 属性。

SQLState 属性表示最近一次 SQL 命令运行的状态。

（6）HelpContext 属性。

HelpContext 属性表示错误或警告的解决方法的描述。

（7）HelpFile 属性。

HelpFile 属性表示错误或警告解决方法的说明文件。

9.6.2 设置错误陷阱

在 ASP 应用程序中，可以使用"On Error Resume Next"语句设置错误陷阱，在程序出现错误时调用相应的处理程序。"On Error Resume Next"语句可以屏蔽错误信息，当程序出错时，使得程序能够继续执行。可以使用 Error 对象的 Number 属性判断是否出现错误，并给出相应的错误提示信息。

【例 9-5】 设置错误陷阱。

在页面中使用"On Error Resume Next"语句设置错误陷阱。通过设置连接信息，指定一个不存在的数据源 DSN 及用户账号，以产生错误，查看错误信息。然后通过 Connection 对象的 Error 数据集合获取当前所有的 Error 对象，并调用 Error 对象的相关属性显示错误描述、错误号码、错误来源、错误代码行号等。代码如下：

```
<%
'设置错误陷阱
On Error Resume Next
Const adCmdText=1
Const RecordsAffected=0
Set Conn=Server.CreateObject("ADODB.Connection")
Conn.open"DSN=shop;UID=sa;PWD=;"      '设置连接信息，指定使用一个不存在的数据源 DSN 及用户账号
Set myErrors=Conn.Errors                '获取 Errors 的数据集
Response.Write"<center>系统发生[ "&myErrors.Count&" ]个错误</center>"
Response.Write"<table align=center border='1'>"
For i=0 to myErrors.Count-1
Response.Write"<tr><td align=right>Description 属性: </td>"
Response.Write"<td>"&myErrors(i).Description&"</td></tr>"
Response.Write"<tr><td align=right>Number 属性: </td>"
Response.Write"<td>"&myErrors(i).Number&"</td></tr>"
Response.Write"<tr><td align=right>Source 属性: </td>"
Response.Write"<td>"&myErrors(i).Source&"</td></tr>"
Response.Write"<tr><td align=right>NativeError 属性: </td>"
Response.Write"<td>"&myErrors(i).NativeError&"</td></tr>"
Next
Response.Write"</table>"
Set Conn=Nothing                        '释放 Connection 对象
%>
```

保存文件为"index.asp"。在 IIS 中浏览该文件，运行结果如图 9-19 所示。

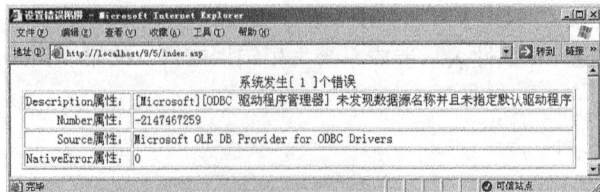

图 9-19 设置错误陷阱显示错误信息

小　结

本章主要介绍了使用 ADO 组件访问数据库，包括使用 ADO 的 Connection 对象连接 Access 数据库和 SQL Server 数据库、使用 Command 对象调用存储过程、使用 Recordset 对象获取记录集对数据库数据进行增删改的操作、使用 Error 对象获得错误信息等。通过本章的学习，读者可以方便地对数据库进行访问，并执行相关的操作。

习　题

9-1　ADO 包含哪些对象和数据集合，它们之间存在怎样的关系？

9-2　ODBC 的主要功能是什么？

9-3　连接 Access 或者 SQL Server 数据库有哪几种方法，这几种方法各具有什么特点？

9-4　Command 对象使用什么数据集合来记录存储过程中所定义的参数及参数值？

9-5　Recordset 对象的作用是什么？

9-6　Command 对象与 Recordset 对象的区别是什么？

9-7　在程序执行过程中，如何获取到错误的描述信息？

9-8　使用什么语句可以设置错误陷阱？

上 机 指 导

9-1　创建一个 Access 数据库，在 ODBC 数据源管理器中配置系统 DSN，连接 Access 数据库。

9-2　在 ASP 页面中显示数据库中的全部信息，并可以添加、修改和删除记录。

第10章
ASP 高级程序设计

本章介绍 ASP 高级程序设计的相关技术，主要内容包括 ASP 操作 XML 文档、在 ASP 中应用 Ajax 技术、在 ASP 中使用类。通过本章的学习，读者应掌握 XML 文档的结构并能对其进行编辑等操作，能够在 ASP 应用程序中使用 Ajax 技术完成异步操作，能够将代码封装在类中。

10.1 ASP 操作 XML 文档

随着 Internet 的迅速发展和广泛普及，XML 的出现体现出了它的适用性和重要性。XML 是由 W3C 定义的一种标记语言。由于 XML 是没有版权限制的，这样用户可以建立属于自己的一套软件而无须支付任何费用。ASP 应用 DOM 技术可以读取（包括远程读取）或存储 XML 数据，而且在 XML 文档中数据与显示格式是分离的，从而可以方便地规定 XML 文档中数据的输出格式。

10.1.1 XML 概述

为了弥补 HTML 语言不可扩展的缺点，并适应当前网站中庞大数据交换的需求，Web 标准化组织万维网联合会建议并推出可扩展标记语言（eXtentsible Markup Language，XML）。XML 是一种精简的标准通用化标记语言（Standard Generalized Markup Language，SGML）版本，是一种提供数据描述格式的标记语言，适用于不同应用程序间的数据交换，而且这种交换不以预先定义的一组数据结构为前提，增强了可扩展性。

下面介绍 XML 文档的结构、XML 语法要求、使用属性和注释。

1. XML 文档的结构

XML 是一套定义语义标记的规则，是可以定义其他标识语言的元标识语言。在 XML 文档中可以自定义标记和文档结构。

下面通过一个 XML 文档示例来介绍 XML 的文档结构。

```
<?xml version="1.0"?>
<?xml-stylesheet type="text/css" href="style.css" ?>
<!-- 这是 XML 文档的注释 -->
<RESUME>
    <NAME>明日科技</ NAME >
    <EMAIL>mingrisoft@mingrisoft.com</EMAIL>
    <HOMEPAGE>http://www.mingrisoft.com</HOMEPAGE>
    <PUBLICATION>
        <BOOK>
            <TITLE>ASP 技术</TITLE>
            <PAGES>760</PAGES>
        </BOOK>
```

```
            <BOOK>
                <TITLE>SQL 技术</TITLE>
                <PAGES>520</PAGES>
            </BOOK>
        </PUBLICATION>
</RESUME>
```

XML 文档总体上包括两部分：序言和文档元素。

（1）序言。

序言中包含 XML 声明、处理指令和注释。序言必须出现在 XML 文档的开始处。

上面示例代码中的第 1 行是 XML 声明，用于说明这是一个 XML 文档，并且给出版本号。示例代码中的第 2 行是一条处理指令，引用处理指令的目的是提供有关 XML 应用程序信息，本示例中处理指令告诉浏览器使用 CSS 样式表文件 style.css。示例代码中的第 3 行为注释语句。

（2）文档元素。

XML 文档中的元素是以树型分层结构排列的，元素可以嵌套在其他元素中。文档中必须只有一个顶层元素，称为文档元素或者根元素，类似于 HTML 页中的 BODY 元素，其他所有元素都嵌套在根元素中。文档元素中包含各种元素、属性、文本内容、字符和实体引用、CDATA 区等。

在上面示例代码中，文档元素是 RESUME，其起始和结束标记分别是<RESUME>、</RESUME>。在文档元素中定义了标记<NAME>、<EMAIL>、<HOMEPAGE>、<PUBLICATION>，分别代表的含义为名称、电子邮箱、主页地址、出版物信息；在标记<PUBLICATION>中定义了两个<BOOK>标记，用于说明出版物情况；<BOOK>标记中定义了标记<TITLE>、<PAGES>，说明出版物的名称、页码信息。

在 XML 文档中，元素指出了文档的逻辑结构，并且包含了文档的信息内容。

2．XML 语法要求

创建格式正确的 XML 文档的语法要求如下。

（1）XML 文档必须有一个顶层元素，即文档元素。所有其他元素必须嵌入在文档元素中。

（2）元素嵌套要正确，即如果一个元素在另一个元素中开始，那么必须在同一元素中结束。

（3）每一个元素必须同时拥有起始标记和结束标记。与 HTML 不同，XML 不允许忽略结束标记。

（4）起始标记中的元素类型名必须与相应结束标记中的名称完全匹配。

（5）元素类型名区分大小写。例如，分别定义起始标记<TITLE>、结束标记</Title>，起始标记的类型名与结束标记的类型名不匹配，则元素是非法的。

（6）元素类型名称中可以包含字母、数字以及其他字母元素类型，也可以使用非英文字符。名称不能数字或者符号"-"开头，名称中不能包含空格符和冒号"："。

3．使用属性

在一个元素的起始标记中，可以自定义一个或者多个属性。属性是依附于元素存在的。属性值用单引号或者双引号括起来。

例如，给元素 BOOK 定义属性 Type，用于说明书籍的类别，代码如下：

```
<BOOK Type= "WebBook"></BOOK>
```

给元素添加属性是为元素提供信息的一种方法。当使用 CSS 样式表显示 XML 文档时，浏览器不会显示属性以及其属性值。若使用数据绑定、HTML 页中的脚本或者 XSL 样式表显示 XML 文档则可以访问属性及属性值。

4．注释

注释是为了便于阅读和理解，在 XML 文档添加的附加信息。注释是对文档结构或者内容的解释，不属于 XML 文档的内容，所以 XML 解析器不会处理注释内容。

在 XML 文档中注释是以字符串 "<!--" 开始，以字符串 "-->" 结束。XML 解析器将忽略注释中的所有数据，这样可以在 XML 文档中添加注释说明程序用途，或者临时注释掉没有准备好的文档部分。

10.1.2   XML 的 3 种显示格式

显示 XML 文档常见的有 3 种格式：使用 CSS 样式表、使用 XSL 样式表和使用 XML 数据岛技术。

1. CSS 样式表

在 XML 文档中可以使用 CSS 样式表显示 XML 文档内容。在 XML 文档中直接链接一个 CSS 样式表文件。CSS 样式表中的样式名称应与 XML 文档中定义的元素名称相同。

语法：

```
<?xml-stylesheet type="text/css" href="CSS 样式表文件路径"?>
```

【例 10-1】 使用 CSS 样式表显示 XML 文档内容。

（1）建立一个 XML 文档 index.xml，在文档中定义元素 cssp，并引用 CSS 样式表文件，代码如下：

```
<?xml version="1.0" encoding="gb2312"?>
<?xml-stylesheet type="text/css" href="css.css"?>
<cssp>
    This Is An Example!
</cssp>
```

（2）建立 CSS 样式表文件 css.css，在文件中定义元素的显示格式，代码如下：

```
cssp{
    color:red;
    font-size:24px;
    text-decoration:underline;
}
```

在 IIS 中浏览 index.xml 或者直接打开该文件，运行结果如图 10-1 所示。

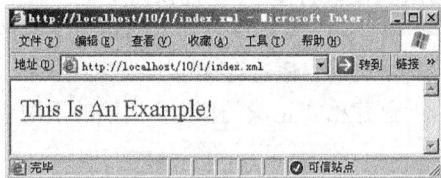

图 10-1   使用 CSS 样式表显示 XML 文档内容

2. XSL 样式表

可扩展样式表语言（eXtensible Stylesheet Language，XSL）与 CSS 样式表的功能类似。一个 XSL 样式表链接到一个 XML 文档可以显示 XML 数据。在 XML 文档中应用 CSS 样式表只允许指定每个 XML 元素的格式，而 XSL 样式表允许对输出进行完整的控制。XSL 样式表能够精确地选择想要显示的 XML 数据，能够按照任意顺序排列显示的数据，能够方便地修改或者添加数据。

XSL 是 XML 的一个应用，即一个 XSL 样式表是一个遵守 XML 规则格式的正确有效的 XML 文档，其扩展名为.xsl。

在 XML 文档中使用 XSL 样式表的语法如下：

```
<?xml-stylesheet type="text/xsl" href="XSL 样式表路径"?>
```

【例 10-2】 使用 XSL 样式表显示 XML 文档。

（1）建立一个 XML 文档 index.xml，在文档中定义根元素 PUBLICATION 以及子元素 BOOK，并引用 XSL 样式表文件，代码如下：

```
<?xml version="1.0" encoding="gb2312"?>
<?xml-stylesheet type="text/xsl" href="xmlf.xsl"?>
<PUBLICATION>
    <BOOK>
```

```
      <TITLE>ASP 技术</TITLE>
      <WRITER>张三</WRITER>
   </BOOK>
   <BOOK>
      <TITLE>SQL 技术</TITLE>
      <WRITER>李四</WRITER>
   </BOOK>
</PUBLICATION>
```

（2）编写 XSL 样式表文件 xmlf.xsl，以表格形式显示 XML 文档中的内容，代码如下：

```
<?xml version="1.0" encoding="gb2312"?>
<xsl:stylesheet xmlns:xsl="http://www.w3.org/TR/WD-xsl">
<xsl:template match="/">
   <html>
   <body>
   <center>
   <table width="300" height="30" border="4" cellspacing="0" cellpadding="0">
     <tr align="center">
        <td>书名</td>
        <td>作者</td>
     </tr>
<xsl:for-each select="PUBLICATION/BOOK">
     <tr align="center" height="30">
        <td><xsl:value-of select="TITLE"/></td>
        <td><xsl:value-of select="WRITER"/></td>
     </tr>
</xsl:for-each>
   </table>
   </center>
   </body>
   </html>
</xsl:template>
</xsl:stylesheet>
```

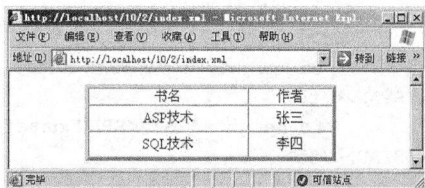
图 10-2　使用 XSL 样式表显示 XML 文档

在 IIS 中浏览 index.xml 或者直接打开该文件，运行结果如图 10-2 所示。

> 在 XML 文档中如果链接了多个 XSL 样式表，浏览器将使用第一个 XSL 样式表而忽略其他 XSL 样式表；如果同时链接一个 CSS 样式表文件和一个 XSL 样式表，浏览器将只使用 XSL 样式表。

3. XML 数据岛技术

XML 数据岛技术可以有效地将显示格式和显示数据分离。使用 XML 数据岛技术的文档也是一个正确有效的 XML 文档。在 XML 文档中存放显示的数据，在 HTML 页面中调用该文档显示 XML 文档内容。

在 HTML 文件中链接 XML 文件的语法如下：

```
<xml id= "value" src= "XML 文件">
```

【例 10-3】 应用 XML 数据岛技术显示 XML 文档内容。

（1）建立一个 XML 文档 xmlf.xml，在文档中定义根元素 persons 以及子元素 person，代码如下：

```
<?xml version="1.0" encoding="gb2312"?>
<persons>
   <person>
```

```
        <name>张三</name>
        <age>24</age>
    </person>
    <person>
        <name>李四</name>
        <age>28</age>
    </person>
</persons>
```

（2）在 index.htm 文件中引入 XML 文档，并在表格<table>标记中使用 datasrc="#xmlid"将 XML 文档与表格进行绑定，再使用<SPAN datafld="name"></SPAN>将 XML 文档中的数据绑定到表格中的每一行。代码如下：

```
<html>
<head>
<meta http-equiv="Content-Type" content="text/html; charset=gb2312">
<title>应用 XML 数据岛技术显示 XML 文档内容</title>
</head>
<body>
<xml id="xmlid" src="xmlf.xml"> <!-- 链接 XML 文件 -->
</xml>
<table datasrc="#xmlid" width="400" border="1" cellspacing="0" cellpadding="0">
  <thead>
  <td width="188" height="25" align="center">姓名</td>
    <td width="206" height="25" align="center">年龄</td>
  </thead>
  <tr>
    <td height="25"><SPAN datafld="name">
</SPAN></td>
    <td height="25"><SPAN datafld="age">
</SPAN></td>
  </tr>
</table>
</body>
</html>
```

图 10-3　应用 XML 数据岛技术显示 XML 文档内容

在 IIS 中浏览 index.xml 或者直接打开该文件，运行结果如图 10-3 所示。

10.1.3　通过 DOM 技术加载 XML 文档

文档对象模型（Document Object Model，DOM）技术主要是指利用 DOM 分析器通过对 XML 文档的分析，把整个 XML 文档以一棵 DOM 树的形式存放在内存中，应用程序可以随时对 DOM 树中的任何一个部分进行访问与操作，也就是说，通过 DOM 树，应用程序可以对 XML 文档进行随机访问。

在 ASP 中，通过创建 Document 对象可以对 XML 文档进行相关功能的操作。在 IE 5.0 中，包含了 Microsoft XML 类库，其中就包含了 Document 对象。要在 ASP 中使用 Microsoft XML，首先必须在服务器端安装 IE 5.0 或 XML 的插件，如果使用的是 Windows 2000 或 Windows XP 就不需要安装 IE 5.0 或 XML 的插件，如果使用的是 Windows 98，则需安装一个 IE 5.0 或 IE 5.0 以上版本的浏览器即可运行 XML 文件。

在 ASP 中创建 Document 对象的基本语法如下：

```
Set newXML=Server.CreateObject("Microsoft.XMLDOM")
```

当对象创建完成后就可以使用其内部的函数。

ASP 是通过 DOM 接口来访问 XML 文档中的任何一部分数据的。下面介绍两种访问 XML 文档的方法，分别为通过 load 方法直接加载 XML 文档和通过 loadXML 方法加载 XML 文档片断。

1. 通过 load 方法直接加载 XML 文档

通过 load 方法可以将指定的文件装载到当前的 Document 文档对象中，如果装载成功则返回"True"，否则将返回"False"。

语法：

```
load(filename)
```

filename：需要加载的文件名。

例如：

```
<%
Set newxml=Server.CreateObject("Microsoft.XMLDOM")
newxml.load(Server.MapPath("addnew.xml"))
%>
```

2. 通过 loadXML 方法加载 XML 文档片段

通过 loadXML 方法可以将指定的 XML 字符串装载到当前的 Document 文档对象中，如果装载成功则返回"True"，否则返回"False"。

语法：

```
loadXML(xmlString)
```

xmlString：需要加载的 XML 字符串，此字符串应是符合 XML 语法规则的 XML 片断。

例如：

```
<%
Dim newxml,newstr
newstr="<persons><person>张三</person></persons>"
Set newxml=Server.CreateObject("Microsoft.XMLDOM")
newxml.loadXML(newstr)
%>
```

10.1.4　ASP 向 XML 文档中添加数据

通过 Document 对象的 load 方法加载 XML 文档，然后调用相关方法创建 XML 文档的子元素，可以将表单中的数据动态添加到 XML 文档中。

【例 10-4】向 XML 文档中添加数据。

（1）创建有效的 XML 文档 addnew.xml，在文档中定义根元素<persons></persons>，代码如下：

```
<?xml version="1.0" encoding="gb2312"?>
<persons>
</persons>
```

（2）在 index.asp 页面中建立表单用于输入用户名、电话和地址，代码如下：

```
<form action="" method="post" name="form1" id="form1">
用户名: <input name="name" type="text" id="name" size="20" title="用户名" />
电 话: <input name="telephone" type="text" id="telephone" size="20" title="电话" />
地 址: <input name="address" type="text" id="address" size="50" title="地址"/>
<input name="add" type="submit" id="add" value="添加" onclick="Mycheck(this.form)" />
<input type="reset" name="Submit" value="重置" />
</form>
```

（3）当用户提交表单时，程序将首先创建 Document 对象并调用 load 方法加载 addnew.xml；然后调用 createElement 方法创建子元素<person>，并在该元素下创建元素<name>、<telephone>和<address>，同时使用获取到的表单数据为各元素赋值。代码如下：

```
<%
if Not Isempty(request("add")) then
    SaveFile=Server.MapPath("addnew.xml")
    Set xmladd=server.CreateObject("Microsoft.XMLDOM")      '创建 Document 对象
    FS=xmladd.load(SaveFile)                                 '加载 XML 文档
    if FS= true then
        set AddMent=xmladd.createElement("person")          '创建子元素 person
        set Elementadd=xmladd.createElement("name")         '创建元素 name
        Elementadd.text=request.Form("name")                '为元素 name 赋值
        AddMent.appendChild(Elementadd)                     '将元素 name 作为 person 的子元素
        set Elementadd=xmladd.createElement("telephone")    '创建元素 telephone
        Elementadd.text=request.Form("telephone")           '为元素 telephone 赋值
        AddMent.appendChild(Elementadd)                     '将元素 telephone 作为 person 的子元素
        set Elementadd=xmladd.createElement("address")      '创建元素 address
        Elementadd.text=request.Form("address")             '为元素 address 赋值
        AddMent.appendChild(Elementadd)                     '将元素 address 作为 person 的子元素

        xmladd.documentElement.appendChild(AddMent)         '将子元素 person 添加到根元素下
        xmladd.save(SaveFile)                               '更新 XML 文档
        Response.Write("<script>alert('向XML文档中添加数据成功!');window.location.href=
'index.asp';</script>")
    end if
end if
%>
```

在 IIS 中浏览 index.asp 文件，运行结果如图 10-4 所示。addnew.xml 文档中的内容如图 10-5 所示。

图 10-4　向 XML 文档中添加数据

图 10-5　XML 文档中的内容

10.1.5　ASP 读取 XML 数据

XML 文档中的标记是由用户自己定义的，浏览器是不能识别的，这就使得 XML 文档的数据和显示格式是分离的。在 ASP 中，通过 DOM 技术可以访问 XML 文档中的数据，然后将其内容显示到 ASP 页面中。

【例 10-5】　读取 XML 数据。

（1）建立有效的 XML 文档以存储员工基本信息，包括序号、姓名、年龄和所属部门，代码如下：

```xml
<?xml version="1.0" encoding="gb2312"?>
<Records>
    <Record>
        <num>001</num>
        <Name>张三</Name>
        <age>31</age>
        <department>研发部</department>
    </Record>
    <Record>
        <num>002</num>
        <Name>李四</Name>
        <age>28</age>
        <department>销售部</department>
    </Record>
    <Record>
        <num>003</num>
        <Name>赵五</Name>
        <age>25</age>
        <department>广告部</department>
    </Record>
</Records>
```

（2）在 index.asp 页面中，首先创建 Document 对象实例；然后设置该对象的 async 属性值为"False"（即不允许异步下载），并调用 Document 对象的 Load 方法加载指定的 XML 文档；再调用 Document 对象的 getElementsByTagName 方法返回指定名称的元素集合，使用集合的 length 属性获取到元素的总数，并应用"for…next"循环语句以及 childNodes 属性读取元素中各节点的内容。代码如下：

```asp
<tr>
    <td height="22" align="center" valign="middle" bgcolor="#FFFFFF">序号</td>
    <td height="22" align="center" valign="middle" bgcolor="#FFFFFF">姓名</td>
    <td height="22" align="center" valign="middle" bgcolor="#FFFFFF">年龄</td>
    <td height="22" align="center" valign="middle" bgcolor="#FFFFFF">部门</td>
</tr>
<%   '创建 3 个 Document 对象实例
    Set xmlDoc=Server.CreateObject("Microsoft.XMLDOM")
    Set xml_Record=Server.CreateObject("Microsoft.XMLDOM")
    Set xml_child=Server.CreateObject("Microsoft.XMLDOM")
    xmlDoc.async=False                                       '表示不允许异步下载
    xmlDoc.Load(Server.MapPath("payfor.xml"))               '加载 payfor.xml 文件
    If xmlDoc.parseError.errorCode <> 0 Then
      Response.Write("<tr><td colspan='4'>出现异常错误! </td></tr>")
    Else
      Set xml_Record=xmlDoc.getElementsByTagName("Record") '获取所有的 Record 元素
      record_num=xml_Record.length                          '获取元素的总数
      For i=0 to (record_num-1)                             '应用 for…next 语句
      Set xml_child=xml_Record.item(i)                      '获取每个 Record 元素
%>
  <tr>
    <td><%=xml_child.childNodes(0).text%></td>
```

```
<td><%=xml_child.childNodes(1).text%></td>
<td><%=xml_child.childNodes(2).text%></td>
<td><%=xml_child.childNodes(3).text%></td>
</td>
</tr>
<%Next
  End If
%>
```

在 IIS 中浏览 index.asp 文件，运行结果如图 10-6 所示。

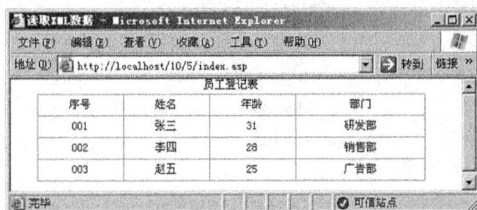

图 10-6　读取 XML 数据

10.2　在 ASP 中应用 Ajax

10.2.1　Ajax 技术概述

异步 JavaScript 和 XML（Asynchronous JavaScript And XML，Ajax）是多种技术的综合，JavaScript、XHTML 和 CSS、DOM、XML 和 XSTL、XMLHttpRequest 等技术在协作过程中按照一定的方式发挥各自的作用，从而构成了 Ajax。

互联网从 Web 1.0 到 Web 2.0 的转变，可以说在模式上是从单纯的"读"、"写"向"共同建设"的发展。Web 2.0 不是一个具体的事物，而是一个阶段。在这个阶段中，是以用户为中心，主动为用户提供互联网信息。在 Web 2.0 中，互联网将成为一个平台，在这个平台上将实现可编程、可执行的 Web 应用。

Ajax 是 Web 2.0 中非常重要的技术。Ajax 是一种用于浏览器的技术，它可以在浏览器和服务器之间使用异步通信机制进行数据通信，从而允许浏览器向服务器获取少量信息而不是刷新整个页面。

10.2.2　Ajax 与传统 Web 技术的区别

与传统的 Web 技术不同，Ajax 采用的是异步交互处理技术。Ajax 的异步处理可以将用户提交的数据在后台进行处理，这样，数据在更改时可以不用重新加载整个页面而只是刷新页面的局部。

传统 Web 工作模式的流程为：当客户端浏览器向服务器发出一个浏览网页的 HTTP 请求后，服务器接受该请求，查找所要浏览的动态网页文件，然后执行动态网页中的程序代码，并将动态网页转化成标准的静态网页，最后将生成的 HTML 页面返回给客户端。在这种模式下，当服务器处理数据时，用户一直处于等待状态。

Ajax 的工作原理如下。

（1）客户端浏览器在运行时首先加载一个 Ajax 引擎（该引擎由 JavaScript 编写）。

（2）Ajax 引擎创建一个异步调用的对象，向 Web 服务器发出一个 HTTP 请求。

（3）服务器端处理请求，并将处理结果以 XML 形式返回。

（4）Ajax 引擎接收返回的结果，并通过 JavaScript 语句显示在浏览器上。

从 Ajax 的工作原理，可以看到 Ajax 的作用有以下几点。

（1）减轻服务器的负担，因为 Ajax 的原则是"按需取数据"。

（2）无刷新更新页面，减少用户心理和实际的等待时间。

（3）可以把以前一些服务器负担的工作转交给客户端，利用客户端闲置的能力来处理，减轻服务器和带宽的负担，节约空间和宽带租用成本。

10.2.3　Ajax 使用的技术

Ajax 使用的并不是新技术，而是多种技术的集合。下面介绍 Ajax 中使用到的主要技术。

1. JavaScript

JavaScript 是一种在 Web 页面中可以添加动态脚本代码的解释性程序语言，其核心已经嵌入到目前主流的 Web 浏览器中。JavaScript 是一种具有丰富的面向对象特性的程序设计语言，利用它能执行许多复杂的任务。Ajax 就是通过 JavaScript 将 DOM、XHTML（或 HTML）、XML、CSS 等多种技术综合起来，并控制它们的行为的。

2. XML

XML 是一种提供数据描述格式的标记语言，适用于不同应用程序间的数据交换，而且这种交换不以预先定义的一组数据结构为前提，增强了可扩展性。XMLHttpRequest 对象与服务器交换的数据，通常是采用 XML 格式的。

3. XMLHttpRequest

Ajax 的核心技术就是 XMLHttpRequest，它是一个具有应用程序接口的 JavaScript 对象，能够使用超文本传输协议（HTTP）连接一个服务器。通过 XMLHttpRequest 对象，Ajax 可以像桌面应用程序一样只同服务器进行数据层面的交换，而不用每次都刷新整个页面。

4. DOM

在 DOM 中将 HTML 文档看成是树形结构。DOM 是可以操作 HTML 和 XML 的一组应用程序接口。在 Ajax 应用中，通过 JavaScript 操作 DOM，可以达到在不刷新页面的情况下实时修改用户界面的目的。

5. CSS

CSS 用于控制网页样式并允许将样式信息与网页内容分离的一种标记性语言。在 Ajax 中，可以在异步获得服务器数据之后，根据实际需要来更改网页中的某些元素样式。

10.2.4　Ajax 开发需要注意的几个问题

1. 浏览器兼容性问题

Ajax 使用了大量的 JavaScript 和 Ajax 引擎，而这些内容需要浏览器提供足够的支持。目前提供这些支持的浏览器有 IE 5.0 及以上版本、Mozilla 1.0、NetScape 7 及以上版本。Mozilla 虽然也支持 Ajax，但是提供 XMLHttpRequest 对象的方式不一样。所以使用 Ajax 的程序必须针对各个浏览器测试其兼容性。

2. XMLHttpRequest 对象封装

Ajax 技术的实现主要依赖于 XMLHttpRequest 对象，但是在调用其进行异步数据传输时，由于 XMLHttpRequest 对象的实例在处理事件完成后就会被销毁，所以如果不对该对象进行封装处理，在下次需要调用它时就得重新构建，而且每次调用都需要写一大段的代码，使用起来很不方便。不过，现在很多开源的 Ajax 框架都提供了对 XMLHttpRequest 对象的封装方案，其详细内容这里不做介绍，请参考相关资料。

3. 性能问题

由于 Ajax 将大量的计算从服务器移到了客户端，这就意味着浏览器将承受更大的负担，而不再是只负责简单的文档显示。由于 Ajax 的核心语言是 JavaScript，而 JavaScript 并不以高性能知名。另外，JavaScript 对象也不是轻量级的，特别是 DOM 元素耗费了大量的内存。因此，如何提高 JavaScript 代码的性能对于 Ajax 开发者来说尤为重要。下面是 3 种优化 Ajax 应用执行速度的方法。

（1）优化 for 循环。

（2）将 DOM 节点附加到文档上。

（3）尽量减少点 "." 号操作符的使用。

4. 中文编码问题

Ajax 不支持多种字符集，它默认的字符集是 UTF-8，所以在应用 Ajax 技术的程序中应及时进行编码转换，否则对于程序中出现的中文字符将变成乱码。一般情况下，在以下两种情况会产生中文乱码。

（1）发送路径的参数中包括中文，在服务器端接收参数值时产生乱码。

将数据提交到服务器有两种方法，一种是使用 GET 方法提交；另一种是使用 POST 方法提交。使用不同的方法提交数据，在服务器端接收参数时解决中文乱码的方法是不同的。具体解决方法如下。

① 当接收使用 GET 方法提交的数据时，如果接收请求的页面编码为 GBK 或是 GB2312 编码，则不需要进行转换，就可以正确获取中文信息，否则，如果接收请求的页面的编码为 UTF-8，则提交过来的中文就会出现乱码。解决的方法是：在发送 GET 请求时，应用 encodeURIComponent() 方法对要发送的中文进行编码。例如，当页面采用 UTF-8 编码时，则对应的发送请求的代码如下：

```
createRequest('checkUser.asp?user='+ encodeURIComponent(userName.value));
```

② 由于应用 POST 方法提交数据时，默认的字符编码是 UTF-8，所以当接收使用 POST 方法提交的数据时，要将编码转换为 UTF-8。具体的方法是在获取提交数据前，加上下面的代码。

```
Session.CodePage=65001          '此处必须转换为 UTF-8 编码，否则中文乱码
```

（2）获取服务器的响应结果时出现中文乱码

在获取服务器的响应结果时，需要根据页面的编码设置不同的内容。例如，如果页面的编码为 GBK 或者 GB2312，则需要在页面的顶部添加以下代码。

```
Session.CodePage=936
response.Charset="gbk"
```

如果响应的页面编码为 UTF-8，则需要在页面的顶部添加以下代码。

```
Session.CodePage=65001
response.Charset="UTF-8"
```

10.2.5 实现 Ajax 的步骤

要实现一个 Ajax 异步调用和局部刷新的功能，需要以下几个步骤。

（1）创建 XMLHttpRequest 对象，即创建一个异步调用的对象。

（2）创建一个新的 HTTP 请求，并指定该请求的方法、URL、验证信息等。

（3）设置响应 HTTP 请求状态变化的函数。

（4）发送 HTTP 请求。

（5）获取异步调用返回的数据。

（6）使用 JavaScript 和 DOM 实现局部刷新。

1. 创建 XmlHttpRequest 对象

不同的浏览器使用的异步调用对象也有所不同。在 IE 浏览器中异步调用使用的是 XMLHTTP 组件中的 XMLHttpRequest 对象，而在 Netscape、Firefox 浏览器中则直接使用 XMLHttpRequest 组件。因此，在不同浏览器中创建 XmlHttpRequest 对象的方法也不同。

（1）在 IE 中创建 XmlHttpRequest 对象。

语法：

```
var xmlHttp= new ActiveXObject("Msxml2.XMLHTTP");
```

或者

```
var xmlHttp= new ActiveXObject("Microsoft.XMLHTTP");
```

（2）在 Netscape 浏览器中创建 XmlHttpRequest 对象。

语法：

```
var xmlHttp = new XMLHttpRequest();
```

由于无法确定用户使用的浏览器，在创建 XmlHttpRequest 对象时应同时考虑以上两种创建方法。

例如，创建 XmlHttpRequest 对象的代码如下：

```
<script language="javascript" type="text/javascript">
var xmlHttp = false;                                  //定义变量 xmlHttp, 并赋值为 false
try {xmlHttp = new ActiveXObject("Msxml2.XMLHTTP"); //高版本 IE 创建 xmlHttpRequest 对
象的方法
} catch (e) {
try {xmlHttp = new ActiveXObject("Microsoft.XMLHTTP");//低版本 IE 创建 xmlHttpRequest
对象的方法
    } catch (e2) {}
}
if (!xmlHttp && typeof XMLHttpRequest != "undefined") {
    try {xmlHttp = new XMLHttpRequest();//使用其他浏览器创建 xmlHttpRequest 对象的方法
    }catch(e3){ xmlHttp = false;}                      //为变量 xmlHttp 赋值为 false
}
</script>
```

XMLHttpRequest 对象的常用属性和方法如表 10-1 所示。

表 10-1　　　　　　　　　　　XMLHttpRequest 对象的属性和方法

属性或方法	描　　述
readyState 属性	返回当前的请求状态
onreadystatechange 属性	当 readyState 属性改变时就可以读取此属性值
status 属性	返回 HTTP 状态码
responseText 属性	将返回的响应信息用字符串表示
ResponseBody 属性	返回响应信息正文，格式为字节数组
ResponseXML 属性	将响应的 domcoment 对象解析成 XML 文档并返回
Open 方法	初始化一个新请求
Send 方法	发送请求
GetAllReponseHeaders 方法	返回所有 HTTP 头信息
GetResponseHearder 方法	返回指定的 HTTP 头信息
SetRequestHeader 方法	添加指定的 HTTP 头信息
Abort 方法	停止当前的 HTTP 请求

由于 JavaScript 具有动态类型特性，而且 XMLHttpRequest 对象在不同浏览器上的实例是兼容的，所以可以用同样的方式访问 XMLHttpRequest 实例的属性的方法，不需要考虑创建该实例的方法。

2. 创建 HTTP 请求

创建了 XMLHttpRequest 对象后，必须为 XMLHttpRequest 对象创建 HTTP 请求，用于说明 XMLHttpRequest 对象要从何处获取数据。一般情况下可以从网站中获取数据，也可以从本地其他文件中获取数据。

通过调用 XMLHttpRequest 对象的 Open 方法可以创建 HTTP 请求。

语法：

```
xmlHttp.open(String method, String url, Boolean asyn, String user, String password)
```

其中，xmlHttp 表示创建的 XMLHttpRequest 对象，method 和 url 是必选参数，asyn、user 和 password 是可选参数。open 方法各参数如表 10-2 所示。

表 10-2　　　　　　　　　　　　　　　　open 方法参数

参 数 名 称	描　　　述
method	此参数指明了新请求的调用方法，其取值有 get 和 post
url	表示要请求页面的 url 地址。格式可以是相对路径、绝对路径或者是网络路径
asyn	说明该请求是异步传输还是同步传输，默认值为"true"（允许异步传输）
user	服务器验证时的用户名
password	服务器验证时的密码

通常使用以下代码访问一个网站中的文件内容，例如：

```
xmlHttp.open("get","URL 地址/ajax.asp",true);
```

使用以下代码访问一个本地文件内容，例如：

```
xmlHttp.open("get","ajax.asp",true);
```

3. 设置响应 HTTP 请求状态变化的函数

从创建 XMLHttpRequest 对象开始，到发送数据、接收数据，XMLHttpRequest 对象一共要经历 5 种状态：未初始化状态、初始化状态、发送数据状态、接收数据状态和完成状态。要获取从服务器端返回的数据，就必须要先判断 XMLHttpRequest 对象的状态。

XMLHttpRequest 对象的 readystate 属性用于返回当前的请求状态，请求状态共有 5 种，如表 10-3 所示。

表 10-3　　　　　　　　　　　　　　　　readystate 属性

属 性 值	描　　　述
0	表示尚未初始化，即未调用 open（）方法
1	建立请求，但还未调用 send（）方法发送请求
2	发送请求
3	处理请求
4	完成响应，返回数据

XMLHttpRequest 对象可以响应 readystatechange 事件，该事件在 XMLHttpRequest 对象状态改变时激发。因此，可以通过该事件调用一个函数，在该函数中判断 XMLHttpRequest 对象的 readystate 属性值。

例如，当 readystate 属性值为 4 时（即异步调用已完成）获取数据，代码如下：

```
<script language="javascript" type="text/javascript">
    xmlHttp.open("post","ajax.asp", true);            //创建 HTTP 请求
    xmlHttp.onreadystatechange = function(){          //定义函数
        if(xmlHttp.readyState == 4){                  //判断 readystate 属性值
            …//获取数据);
        }
    }
</script>
```

4. 设置获取服务器返回数据的语句

当异步调用过程完毕并且异步调用成功后，就可以通过 XMLHttpRequest 对象的 responseText

属性和 ResponseXML 属性来获取数据了。也就是说，当 XMLHttpRequest 对象的 readystate 属性值为 4，并且判断 XMLHttpRequest 对象的 status 属性值为 200 时，才能成功获取服务器返回的数据。

下面分别介绍 status 属性、responseText 属性和 responseXML 属性。

（1）status 属性。

status 属性用于返回 Http 状态码，常用 Status 属性如表 10-4 所示。

表 10-4　　　　　　　　　　　　　　　　　　status 属性

属　性　值	描　　　　述
200	操作成功
404	没有发现文件
500	服务器内部错误
505	服务器不支持或拒绝请求中指定的 HTTP 版本

（2）responseText 属性。

responseText 属性将返回的响应信息用字符串来表示。在默认情况下，返回的响应信息的编码格式为 "utf-8"。

（3）responseXML 属性。

responseXML 属性用于将响应的 domcoment 对象解析成 XML 文档并返回。

例如，设置获取服务器返回数据的代码如下：

```
<script language="javascript" type="text/javascript">
    xmlHttp.open("post","ajax.asp", true);                      //创建 HTTP 请求
    xmlHttp.onreadystatechange = function(){                    //定义函数
        if(xmlHttp.readyState == 4){                            //判断 readystate 属性值
            if(xmlHttp.status==200 || xmlHttp.status==0){       //判断 status 属性值
                tet=xmlHttp.responseText;                       //获取返回的数据
                document.write(tet);
            }
        }
    }
</script>
```

如果程序不是在 Web 服务器上运行，而是在本地运行，则 xmlHttp.status 的返回值为 0。因此，以上代码中加入了 xmlHttp.status==0 的判断。

5．发送 HTTP 请求

创建了 HTTP 请求，并设置相关属性后，就可以将 HTTP 请求发送到 Web 服务器上去了。使用 XmlHttpRequest 对象的 send()方法可以发送 HTTP 请求。

语法：

```
xmlHttp.send(data)
```

其中，data 是一个可选参数。如果没有要发送的内容，data 可以省略或为 "Null"。

例如，使用 XmlHttpRequest 对象的 send()方法发送 HTTP 请求，代码如下：

```
<script language="javascript" type="text/javascript">
    xmlHttp.open("post","ajax.asp", true);                      //创建 HTTP 请求
    xmlHttp.onreadystatechange = function(){                    //定义函数
        if(xmlHttp.readyState == 4){                            //判断 readystate 属性值
            if(xmlHttp.status==200 || xmlHttp.status==0){       //判断 status 属性值
                tet=xmlHttp.responseText;                       //获取返回的数据
                document.write(tet);
            }
```

```
        }
    }
xmlHttp.send(null);                                      //发送 HTTP 请求
</script>
```

> 只有在使用 send()方法后，XmlHttpRequest 对象的 readyState 属性值才会改变，也才会激发 readystatechange 事件。

6. 实现局部更新

通过 Ajax 的异步调用获取服务器端数据后，可以使用 JavaScript 或 DOM 将网页中的数据进行局部更新。下面介绍 3 种更新方法。

（1）表单元素的数据更新。

表单元素的数据更新是指更改表单元素的 value 属性值。

例如，更新指定的表单元素的数据，代码如下：

```
<html>
<head>
<script language="javascript" type="text/javascript">
function Data_change()
{
    document.form1.txt_data.value="新数据";
}
</script>
</head>
<body>
<form name="form1">
  <input name="txt_data" type="text" id="txt_data" value="原数据">
  <input type="submit" name="Submit" value="数据更新" onClick="Data_change()">
</form>
</body>
</html>
```

（2）IE 浏览器标记间的文本更新。

在 HTML 页面中，除了表单元素，还有很多其他元素。在元素的开始标记与结束标记之间往往会有文本内容。

IE 浏览器标记间的文本更新是指使用元素的 innerText 属性或者 innerHTML 属性来更改标记间的文本内容。其中，innerText 属性用于更改纯文本内容，innerHTML 属性用于更改 HTML 内容。

例如，更新<div></div>标记间的文本内容，代码如下：

```
<html>
<head>
<script language="javascript" type="text/javascript">
function Data_change()
{
    showdata.innerText="新数据";
}
</script>
</head>
<body>
<div id="showdata">原数据</div>
  <input type="submit" name="Submit" value="数据更新" onClick="Data_change()">
</body>
</html>
```

（3）使用 DOM 技术更新标记间的文本。

innerText 属性和 innerHTML 属性都是 IE 浏览器支持的属性，而在 Netscape 浏览器中是不支持这两个属性的。IE 浏览器和 Netscape 浏览器都支持 DOM，在 DOM 中可以修改标记间的文本内容。

在 DOM 中使用 getElementById()方法可以通过元素的 id 属性值来查找到标记（或者说是节点），然后通过 firstChild 属性获得节点下的第一个子节点，再使用节点的 nodeValue 属性来更改节点的文本内容。

例如，使用 DOM 技术更新标记间文本内容的代码如下：

```
<html>
<head>
<script language="javascript" type="text/javascript">
function Data_change()
{
    var node=document.getElementById("showdata");          //获取标记
    node.firstChild.nodeValue="新数据";                    //更新标记内的文本内容
}
</script>
</head>
<body>
<div id="showdata">原数据</div>
  <input type="submit" name="Submit" value="数据更新" onClick="Data_change()">
</body>
</html>
```

10.2.6　一个完整的 Ajax 实例

通过以上内容的介绍，读者对于应用 Ajax 技术的过程已有所了解。下面介绍一个完整的 Ajax 实例。

【例 10-6】　一个完整的 Ajax 实例。

在 index.asp 页面中定义一个<div>标记，并插入一个按钮。当单击"数据更新"按钮时，会自动调用 ajax.asp 页面中的数据，并将数据以局部刷新的方式显示在 index.asp 页面中指定的<div>标记内。

（1）在 index.asp 页面中自定义 3 个函数，分别是创建 XmlHttpRequest 对象的函数、定义响应 HTTP 请求状态变化的函数、定义获取数据的函数。代码如下：

```
<%@LANGUAGE="VBSCRIPT" CODEPAGE="936"%>
<html>
<head>
<title>一个完整的Ajax实例</title>
<script language="javascript" type="text/javascript">
<!--
var xmlHttp = false;                                     //定义变量xmlHttp，并赋值为false
function createObject()                                  //定义创建xmlHttpRequest对象的函数
{
    try {xmlHttp = new ActiveXObject("Msxml2.XMLHTTP");//高版本IE创建xmlHttpRequest对象的方法
      } catch (e) {
      try {xmlHttp = new ActiveXObject("Microsoft.XMLHTTP");//低版本IE创建xmlHttpRequest
对象的方法
          } catch (e2) {}
      }
      if (!xmlHttp && typeof XMLHttpRequest != "undefined") {
          try{xmlHttp = new XMLHttpRequest();              //使用其他浏览器创建 xmlHttp
```

Request 对象的方法

```
            }catch(e3){ xmlHttp = false;}                        //为变量 xmlHttp 赋值为 false
        }
    }
    function httpSetting()                                      //定义响应HTTP请求状态变化的函数
    {
        if(xmlHttp.readyState == 4){                            //判断 readystate 属性值
            if(xmlHttp.status==200 || xmlHttp.status==0){       //判断 status 属性值
                var node=document.getElementById("showdata");   //获取标记
                node.firstChild.nodeValue=xmlHttp.responseText; //将获取到的数据赋予标记
            }
        }
    }
    function getData()                                          //定义获取数据的函数
    {
        createObject();                                        //调用创建 xmlHttpRequest 对象的函数
        xmlHttp.open("get","ajax.asp",true);                   //创建 HTTP 请求
        xmlHttp.onreadystatechange =httpSetting;               //调用响应 HTTP 请求状态变化的函数
        xmlHttp.send(null);                                    //发送 HTTP 请求
    }
-->
</script>
</head>
<body>
<div id="showdata">原数据</div>
<input type="submit" name="Submit" value="数据更新" onClick="getData()">
</body>
</html>
```

（2）在 ajax.asp 页面中输出指定的字符串，代码如下：

```
<%
Response.ContentType = "text/html;charset=gb2312"    '设置页面的字符集
Response.Write("Ajax 技术实现局部刷新！")              '输出字符串
%>
```

在 IIS 中浏览 index.asp 文件，并单击"数据更新"按钮，如图 10-7，运行结果图 10-8 所示。

图 10-7　更新前的页面　　　　　　　　　　　　　图 10-8　更新后的页面

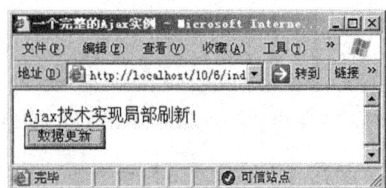

运行以上实例，读者可以发现在单击"数据更新"按钮时，IE 浏览器的执行状态条不会发生任何变化，数据只在页面的局部位置进行更新。

10.3　在 ASP 中使用类

在 ASP 中不仅可以使用内置对象，还可以建立自己的对象，并为该对象定义方法和属性。要建立自己的对象，需要使用类。

10.3.1　类的定义

要定义一个类，需要使用 Class 关键字，语法如下：

```
Class 类名
...
End Class
```

在 ASP 中，使用 Set 命令和 New 关键字来创建类的实例，语法如下：

```
Set 类实例名称=New 类名
```

使用 Set 命令注销类的实例，语法如下：

```
Set 类实例名称=Nothing
```

10.3.2　定义类的方法

在 Class…End Class 之间可以定义函数和子过程，这些函数和子过程就是此类的方法。

【例 10-7】　定义类的方法。

（1）定义一个类，在该类中定义一个函数和一个子过程，分别用于返回两个数字的平方和以及两个数字绝对值的立方和，代码如下：

```
<%
Class Myclass
    Public Function square(a,b)
        Dim sum
        sum=a^2+b^2
        square=sum              '返回函数值
    End Function

    Public Sub cube(a,b)
        Dim sum
        sum=(Abs(a))^3+(Abs(b))^3
        Response.Write sum       '输出结果
    End Sub
End Class
%>
```

（2）创建类的实例，并调用类的方法获取指定两个数字的平方和以及两个数字绝对值的立方和，代码如下：

```
<%
Dim obj
Set obj=New Myclass            '创建类的实例
Response.Write "-4 和 7 的平方和为： " & obj.square(-4,7) & "<br>"      '调用类的方法 square
Response.Write "-4 和 7 的绝对值的立方和为： "
obj.cube -4,7                  '调用类的方法 cube
%>
```

保存文件为 "index.asp"。在 IIS 中浏览该文件，运行结果如图 10-9 所示。

图 10-9　定义类的方法

10.3.3　定义类的属性

在类中可以使用 Public 关键字定义一个公共变量，这个公共变量即可作为类的属性。定义属性后，就可以给该属性赋值或者读取属性值。

【例 10-8】 定义类的属性。

在类中使用 Public 关键字定义两个公共变量，然后创建类的实例，为类的两个属性赋值并读取属性值，代码如下：

```
<%
Class UserInfo
    Public UserName
    Public Tel
End Class

Dim obj
Set obj=New UserInfo
obj.UserName="张三"
obj.Tel="131556988"
Response.Write"用户名:"& obj.UserName & "<br>"
Response.Write "联系方式: " & obj.Tel
%>
```

图 10-10　定义类的属性

保存文件为 "index.asp"。在 IIS 中浏览该文件，运行结果如图 10-10 所示。

小　　结

本章主要介绍了如何在 ASP 中操控 XML 文档、应用 Ajax 技术以及使用类。读者在掌握 XML 文档结构的基础上，可以通过 DOM 技术向 XML 文档中添加数据、读取 XML 文档中的数据等；在理解 Ajax 技术的前提下，明确实现 Ajax 的关键步骤并能灵活运用 Ajax 技术来实现页面的局部刷新；使用类可以将重复使用或者关键的程序代码封装起来，从而提高程序的可执行性。

习　　题

10-1　XML 的中文译名是什么？XML 文档的特点是什么？

10-2　在 XML 文档中怎样使用属性？如何添加注释语句？

10-3　以下哪些是 XML 的 3 种显示格式？

（1）CSS 样式表 　　　　　　　　（2）XSL 样式语言

（3）XML 数据岛技术 　　　　　　（4）DOM 技术

10-4　Ajax 的全称是什么？它是哪些技术的综合？

10-5　实现 Ajax 的关键步骤有哪些？

10-6　在 ASP 中，使用什么关键字定义类？

上 机 指 导

10-1　创建一个有效的 XML 文档，用于记录公司员工信息。在 ASP 页面中将 XML 文档中的数据显示在表格中，并应用 CSS 样式表来规范其显示格式。

10-2　应用 Ajax 技术制作无刷新留言板。

10-3　定义一个类，根据指定的文件路径返回文件名。

第 11 章
ASP 综合开发实例——博客网站

11.1　概　　述

博客，译自英文 Blog，它是互联网平台上的个人信息交流中心。它可以让每个人零成本、零维护地创建自己的网络媒体，随时把自己的思想火花和灵感更新到博客网站上。本章将介绍如何开发博客网站。

11.2　网站总体设计

11.2.1　项目规划

博客网站是一个 ASP 与数据库技术结合的典型应用程序，由前台用户操作和后台博主管理模块组成，规划系统功能模块如下。

（1）前台用户操作。

该模块主要包括我的文章、我的相册、博主登录、Blog 搜索、博主推荐、最新评论、网站统计等功能。

（2）后台博主管理。

该模块主要包括文章信息管理、相册信息管理、管理员资料管理等功能。

11.2.2　系统功能结构图

博客网站前台功能结构如图 11-1 所示。

博客网站后台功能结构如图 11-2 所示。

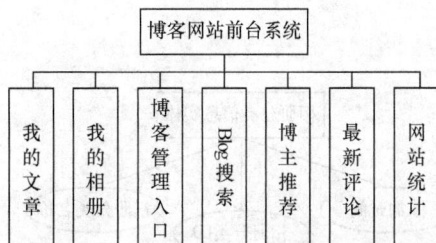

图 11-1　博客网站前台功能结构

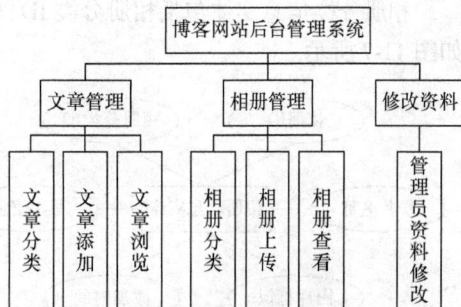

图 11-2　后台功能结构

11.3 数据库设计

11.3.1 数据库 E-R 图分析

这一设计阶段是在系统功能结构图的基础上进行的，设计出能够满足用户需求的各种实体以及它们之间的关系，为后面的逻辑结构设计打下基础。根据以上的分析设计结果，得到文章信息实体、文章分类信息实体、文章评论信息实体、相册信息实体、相册分类信息实体和管理员信息实体。下面来介绍几个主要信息实体的 E-R 图。

（1）文章信息实体。

文章信息实体包括文章 ID、文章所属分类 ID、文章标题、文章内容、作者名称和发表时间。文章信息实体的 E-R 图，如图 11-3 所示。

（2）文章分类信息实体。

文章分类信息实体包括文章分类 ID、文章分类名称和添加时间。文章分类信息实体的 E-R 图，如图 11-4 所示。

（3）文章评论信息实体。

图 11-3 文章信息实体 E-R 图

文章评论信息实体包括评论 ID、文章 ID、评论人昵称、评论内容和发表时间。文章评论信息实体的 E-R 图，如图 11-5 所示。

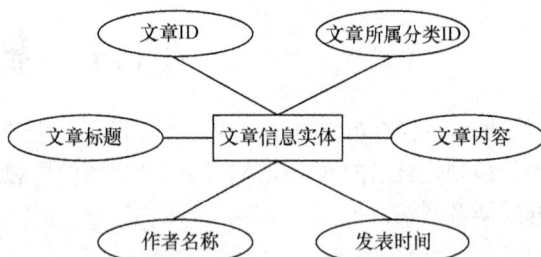

图 11-4 文章分类信息实体 E-R 图

图 11-5 文章评论信息实体 E-R 图

（4）相册信息实体。

相册信息实体包括相册 ID、相册分类 ID、图片名称、图片标识、图片信息和添加时间。相册信息实体的 E-R 图，如图 11-6 所示。

（5）相册分类信息实体。

相册分类信息实体包括相册分类 ID、相册分类名称和添加时间。相册分类信息实体的 E-R 图，如图 11-7 所示。

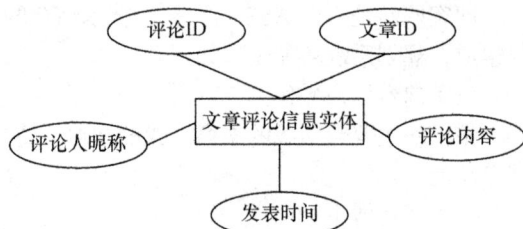

图 11-6 相册信息实体 E-R 图

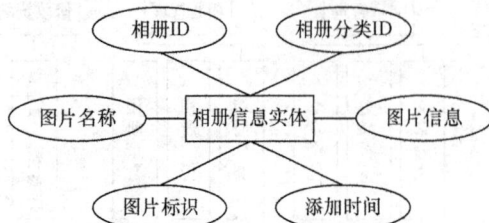

图 11-7 相册分类信息实体 E-R 图

11.3.2　数据表概要说明

根据上一节的介绍，可以创建与实体对应的数据表。为了使读者对本系统数据库的结构有一个更清晰的认识，下面给出数据库中包含的数据表的结构图，如图 11-8 所示。

11.3.3　主要数据表的结构

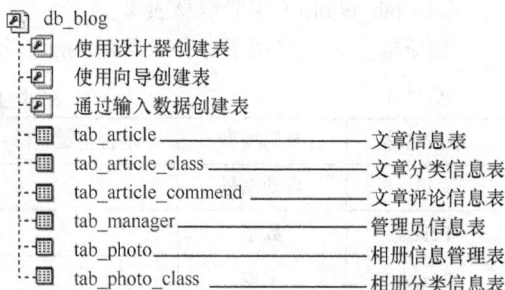

数据库在整个管理系统中占据非常重要的地位，数据库结构设计的好坏直接影响着系统的效率和实现效果。本系统采用的是 Access 2000 数据库，数据库名称为"db_Blog"。下面介绍 db_Blog 数据库中的主要数据表结构。

```
db_blog
  使用设计器创建表
  使用向导创建表
  通过输入数据创建表
  tab_article ——————————— 文章信息表
  tab_article_class ————————— 文章分类信息表
  tab_article_commend ———————— 文章评论信息表
  tab_manager ——————————— 管理员信息表
  tab_photo ————————————— 相册信息管理表
  tab_photo_class —————————— 相册分类信息表
```

图 11-8　数据表结构图

（1）tab_article（文章信息表）。

文章信息表主要用于保存添加的文章信息，tab_article 表的结构如表 11-1 所示。

表 11-1　　　　　　　　　　　　　　　　tab_article 表结构

字段名称	数据类型	是否主键	长　　度	默认值	允许空	字段描述
id	自动编号	是				唯一标识
Aclass	数字		4	0		所属类别 ID
Atitle	文本		50		否	文章标题
Acontent	备注				否	文章内容
Aauthor	文本		50		否	作者名称
Adate	日期/时间		8	Now()		添加时间

（2）tab_article_class（文章分类信息表）。

文章分类信息表主要用于保存文章的分类信息，tab_article_class 表的结构如表 11-2 所示。

表 11-2　　　　　　　　　　　　　　　tab_article_class 表结构

字段名称	数据类型	是否主键	长　　度	默认值	允许空	字段描述
id	自动编号	是				唯一标识
Acname	文本		50		否	文章分类名称
Adate	日期/时间		8	Now()		添加时间

（3）tab_article_commend（文章评论信息表）。

文章评论信息表主要用于保存对文章进行评论的信息，tab_article_commend 表的结构如表 11-3 所示。

表 11-3　　　　　　　　　　　　　　tab_article_commend 表结构

字段名称	数据类型	是否主键	长　　度	默认值	允许空	字段描述
id	自动编号	是				唯一标识
Cid	数字		4	0		文章 ID 编号
Cname	文本		50		否	昵称
Ccontent	文本		200		否	评论内容
Cdate	日期/时间		8	Now()		添加时间

（4）tab_photo（相册信息表）。

相册信息表主要用于保存上传的相册信息内容，tab_photo 表的结构如表 11-4 所示。

表 11-4   tab_photo 表结构

字段名称	数据类型	是否主键	长 度	默认值	允许空	字段描述
id	自动编号	是				唯一标识
Pclass	数字		4	0		相册分类 ID
Pname	文本		50		否	图片名称
Ppic	文本		50		否	图片信息
Pdate	日期/时间		8	Now()		添加时间

（5）tab_photo_class（相册分类信息表）。

相册分类信息表主要用于保存相册的分类信息，tab_photo_class 表的结构如表 11-5 所示。

表 11-5   tab_photo_class 表结构

字段名称	数据类型	是否主键	长 度	默认值	允许空	字段描述
id	自动编号	是				唯一标识
Pcname	文本		50		否	相册分类名称
Pcdate	日期/时间		8	Now()		添加时间

11.4   文件架构设计

在网站构建的前期，可以把网站中可能用到的文件夹先创建出来（例如，创建一个名为 images 的文件夹，用于保存网站中使用的图片），这样可以规范网站的整体架构，使网站易于开发、易于管理、易于维护。笔者在开发博客网站时，设计了如图 11-9 所示的文件夹架构。

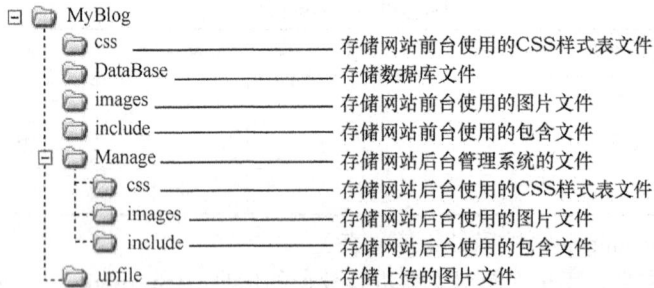

```
☐ 📁 MyBlog
   📁 css ─────────────────── 存储网站前台使用的CSS样式表文件
   📁 DataBase ───────────── 存储数据库文件
   📁 images ─────────────── 存储网站前台使用的图片文件
   📁 include ───────────── 存储网站前台使用的包含文件
☐ 📁 Manage ──────────────── 存储网站后台管理系统的文件
   📁 css ─────────────── 存储网站后台使用的CSS样式表文件
   📁 images ─────────── 存储网站后台使用的图片文件
   📁 include ───────── 存储网站后台使用的包含文件
   📁 upfile ───────────────── 存储上传的图片文件
```

图 11-9   文件夹架构图

11.5   公共文件的编写

公共文件是指将网站中多个页面都使用到的代码编写到一个单独的文件中，在使用时只要用 #include 指令包含此文件即可。

11.5.1   防止 SQL 注入和创建数据库连接

为了防止 SQL 注入漏洞，可以将其相关代码与创建数据库连接的代码放置在同一个文件中（如

conn.asp 文件）。这样，可以保证网站中绝大部分文件都可以引用该公用文件，从而保证网站的安全。

1．防止 SQL 注入

当应用程序使用输入内容来构造动态 SQL 语句访问数据库时，会产生 SQL 注入攻击，SQL 注入成功后，就会出现攻击者可以随意在数据库中执行命令的漏洞。所以，在程序代码中把一些 SQL 命令或者 SQL 关键字进行屏蔽，可以防止 SQL 注入漏洞的产生。

将防止 SQL 注入漏洞的程序代码写入到数据库连接文件中，保证网站中的每个页面都调用此程序。程序逻辑是首先将需要屏蔽的命令、关键字、符号等用符号"|"分隔并存储在变量中，再使用 Split 和 Ubound 脚本函数将页面接收到的字符串数据与其作比较，如果接收到的字符串数据包含屏蔽的数据信息，则将页面转入到指定页面，不允许访问者进行其他操作。代码如下：

```
<%
dim SQL_Injdata
SQL_Injdata="''|;|and|exec|insert|select|delete|update|count|*|%|chr|mid|master|truncate| char| declare"          '定义需要屏蔽的命令、关键字、符号等
SQL_inj = split(SQL_Injdata,"|")          '获得由"|"分隔的一维数组
If Request.QueryString<>"" Then
  For Each SQL_Get In Request.QueryString          '遍历 QueryString 数据集合中的数据
    For SQL_Data=0 To Ubound(SQL_inj)
     '如果搜索到屏蔽的数据，则跳转到网站首页
     if instr(Request.QueryString(SQL_Get),Sql_Inj(Sql_Data))>0 Then
       Response.Redirect("index.asp")
     end if
    next
  Next
End If
%>
```

2．创建数据库连接

为了提高程序的运行效率，保证网站浏览者能够以较快地速度打开并顺畅地浏览网页，可以通过 OLE DB 方法连接 Access 数据库。OLE 是一种面向对象的技术，利用这种技术可以开发可重用软件组件。使用 OLE DB 不仅可以访问数据库中的数据，还可以访问 Excel、文本文件、邮件服务器中的数据等。使用 OLE DB 访问 Access 数据库的代码如下：

```
<%
Dim conn,connstr
Set conn=Server.CreateObject("ADODB.Connection")
connstr="Provider=Microsoft.Jet.OLEDB.4.0;User ID=admin;Password=;Data Source="&Server.MapPath("DataBase/db_blog.mdb")&";"
conn.open connstr
%>
```

11.5.2　统计访问量

在网站中通过设计一个计数器可以统计网站的访问量，从而能够准确地掌握网站的访问情况。实现网站计数器的方法有很多，如可以使用 FileSystemObject 对象对文本文件进行操作。

设计思路如下。

（1）在判断指定的 Cookies 变量 visitor 为空的前提下，创建 FileSystemObject 对象并以只读方式打开文本文件 count.txt，读取其中的数据赋予指定的变量。

（2）再以写文件方式打开文本文件 count.txt，将访问量累加 1 后写入到文件中。

（3）给 Cookies 变量 visitor 赋值，并设置此变量的有效期为 1 天。

代码如下：

```
<%
If Trim(Request.Cookies("visitor"))="" Then
'创建 FileSystemObject 对象
Set FSObject=Server.CreateObject("Scripting.FileSystemObject")
'以只读方式打开 count.txt
Set TextFile=FSObject.OpenTextFile(Server.MapPath("count.txt"))
If not TextFile.AtEndOfStream Then
num3=TextFile.ReadLine                                '读取文件 count.txt 的数据
End If
Set TextFile=Nothing
'以写方式打开 count.txt
Set TextFile=FSObject.OpenTextFile(Server.MapPath("count.txt"),2,true)
TextFile.WriteLine num3+1                             '将数值加 1 后写入到 count.txt
Set TextFile=Nothing
Set FSObject=Nothing
Response.Cookies("visitor")="visited"                '为 Cookies 变量 visitor 赋值
Response.Cookies("visitor").Expires=DateAdd("d",1,now())  '指定 Cookie 的有效时间
End If
%>
```

可以将以上代码编写在 conn.asp 文件中，以保证有效地统计网站访问量。

11.6　前台主页面设计

11.6.1　前台主页面概述

网站前台主页面是网站提供给浏览者的第一视觉界面。前台首页不仅要有合理的整体布局，使浏览者有一个流畅的视觉体验，还应该通过各功能模块体现出网站的主题内容，使浏览者在最短的时间内了解网站的用途。

本系统前台主页面的运行效果如图 11-10 所示。

图 11-10　前台主页面

11.6.2　前台主页面的布局

前台主页面框架采用两分栏结构，分为 4 个区域：页头、侧栏、页尾和内容显示区。实现前台主页面的 ASP 文件为 index.asp，该页面的布局如图 11-11 所示。

在 index.asp 文件中主要采用#include 指令来包含各区域所对应的 ASP 文件。例如，页头对应文件为 top.asp，侧栏对应文件为 left.asp。在内容显示区，则定义浮动框架标记<iframe>用于显示其他文件内容。

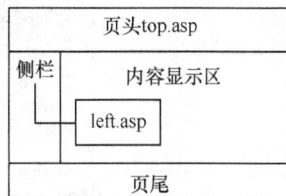

图 11-11　前台主页面布局

11.6.3　前台主页面的实现

根据图 11-11 所示的页面布局，可以在 index.asp 页面中创建一个 3 行 2 列的表格，然后在相应的单元格中使用#include 指令包含相应的 ASP 页面，并在左侧单元格中定义<iframe>标记。代码如下：

```
<table width="778" border="0" align="center" cellpadding="0" cellspacing="0">
  <tr>
    <!-- 包含页头文件 -->
    <td colspan="2"><!--#include file="top.asp"--></td>
  </tr>
  <tr>
    <!-- 包含侧栏文件 -->
    <td width="210" align="center" valign="top"><!--#include file="left.asp"--></td>
    <!-- 定义 iframe 标记-->
    <td width="568"align="center"valign="top"><iframe name="mainFrame"src="web_index.asp"width="560"height="450"frameborder="0"marginheight="0"marginwidth="0"scrolling="auto"></iframe></td>
  </tr>
  <tr>
    <td height="40" colspan="2" align="center" valign="middle">Copyright
    2008 &copy; Future PYJ</td>
  </tr>
</table>
```

11.7　文章展示模块设计

11.7.1　文章展示模块概述

文章展示模块的主要功能是浏览网站发表的文章列表，可以查看文章的详细内容，包括文章作者、发表时间等，并可以针对文章发表评论。

文章展示模块主要包括前台主页面文章展示；文章分类列表展示，如图 11-12 所示；文章详细内容显示，如图 11-13 所示。

11.7.2　主页面文章展示的实现过程

在网站前台主页面中展示最新的两篇文章信息，包括文章标题、文章部分内容、发表时间以及评论数量，单击"阅读全文"超链接可以查看到文章的详细内容，如图 11-10 所示。

图 11-12 文章分类列表展示页面

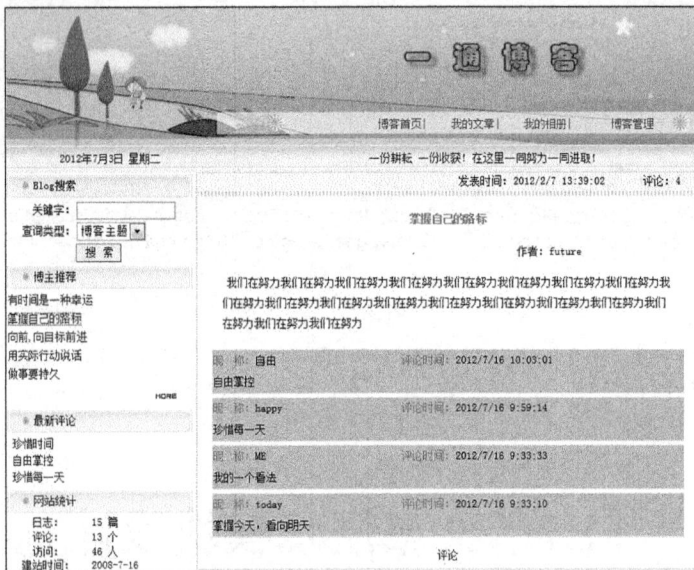

图 11-13 文章详细内容显示页面

在 web_index.asp 页面中，首先查询文章信息表中最新的两条记录，然后在依次展示文章内容的同时查询文章评论信息表以获取文章对应的评论数量。代码如下：

```
<%
Set rs=Server.CreateObject("ADODB.Recordset")
'查询最新的两条记录信息
sqlstr="select top 2 id,Atitle,Adate,Aclass,Acontent from tab_article order by id desc"
rs.open sqlstr,conn,1,1
If rs.eof Then
    Response.Write("<tr><td height=20 colspan=2 align=center>暂无收藏! </td></tr>")
    Response.End()
Else
    while not rs.eof                        '应用 while…wend 语句循环显示记录集中的记录
```

```
        Set rs_commend=conn.Execute("select count(id) as num from tab_article_commend
where Cid="&rs("id")&"")                        '获取评论数量
    %>
      <tr>
        <td height="20" colspan="2"><table width="100%" border="0">
        <tr>
          <td height="30"><%=rs("Atitle")  '显示文章标题%></td>
        </tr>
        <tr>
          <td><p align="left" style="width:240px; line-height:20px;"><%Response.Write
Left(rs("Acontent"),45) & "......"              '显示指定字节数的文章内容%></p></td>
        </tr>
        <tr>
          <td><palign="center"style="width:200px;line-height:20px;"><ahref="web_blog_view.asp?
id=<%=rs("id")%>&amp;num=<%=rs_commend("num")%>">阅读全文</a></p></td>
        </tr>
        <tr>
          <td align="right" valign="middle"><p align="left" style="width:300px; line-height:
20px;">发表时间: <%=rs("Adate")%> | 评论: <%=rs_commend("num")%></p></td>
        </tr>
      </table></td>
    </tr>
    <%
        Set rsc=Nothing
        rs.movenext                             '记录集指针向下移动
        wend
    End If
    rs.close
    Set rs=Nothing
    %>
```

11.7.3　文章列表展示的实现过程

文章列表展示主要包括显示根据选择的文章分类或者通过 Blog 搜索查找到的文章列表内容。当用户在网站导航栏处单击"我的文章"超链接，将显示按照发表时间倒序排序的文章列表；在该页面中单击文章分类，可以显示对应分类的文章列表；当用户在前台主页面的 Blog 搜索栏目输入查询内容，则显示与之查询内容匹配的文章列表。

文章列表页面 web_blog_list.asp 首先获取传递的参数值，根据参数值确定显示文章列表的条件从而执行相应的 SQL 查询语句。关键程序代码如下：

```
<%
'获取传递的参数,根据参数值确定 SQL 查询语句
classid=Request.QueryString("classid")                '获取文章分类 ID
classname=Request.QueryString("classname")            '获取文章分类名称
If classname<>"" Then megstr="<font color=#FF0000>"&classname&"</font>"&" 之"
btype=Request.Form("btype")                           '获取查询条件
keyword=Request.Form("keyword")                       '获取查询关键字

Set rs=Server.CreateObject("ADODB.Recordset")        '创建 Recordset 对象
'查询最新文章记录
sqlstr="select top 14 id,Atitle,Adate,Aclass from tab_article where 1=1"
'按分类查询
If IsNumeric(classid) and classid<>"" Then sqlstr=sqlstr&" and Aclass="&classid&""
```

```
'按查询条件搜索,如文章标题、文章内容或者作者
If keyword<>"" Then
Select case btype
case "1"
    sqlstr=sqlstr&" and Atitle like '%"&keyword&"%'"
case "2"
    sqlstr=sqlstr&" and Acontent like '%"&keyword&"%'"
case "3"
    sqlstr=sqlstr&" and Aauthor like '%"&keyword&"%'"
End Select
End If
sqlstr=sqlstr&" order by id desc"
rs.open sqlstr,conn,1,1                              '打开记录集 rs
If rs.eof Then
%>
        <tr>
          <td height="20" colspan="2" align="center">您查询的记录暂无收藏! </td>
        </tr>
        <%End IF%>
        <%
while not rs.eof
Set rs_commend=conn.Execute("select count(id) as num from tab_article_commend where
Cid="&rs("id")&"")                                   '获取文章对应的评论数量%>
        <tr>
          <td> [<%=formatDateTime(rs("Adate"),2)    '显示发表时间%>]</td>
          <td><a
href="web_blog_view.asp?id=<%=rs("id")%>&amp;num=<%=rs_commend("num")%>"><%=rs("Atitle
")                                                   '显示文章标题%></a></td>
        </tr>
        <%
Set rsc=Nothing
rs.movenext                                          '记录集指针向下移动
wend
rs.close                                             '关闭 rs
Set rs=Nothing                                       '释放 rs 占用的资源
%>
```

11.7.4　文章详细显示的实现过程

文章详细显示包括显示文章的详细内容、文章作者以及文章发表时间，并展示文章对应的评论内容。在文章详细显示页面中，单击"评论"超链接，浏览者可以填写信息发表评论。下面介绍文章详细显示的实现过程。

（1）页面 web_blog_view.asp 根据接收到的参数，查询文章信息表展示文章内容，同时查询文章评论信息表展示文章对应的评论信息。关键程序代码如下：

```
<%
'-----显示文章的详细内容,包括文章标题、文章作者、发表时间以及文章内容-----
id=Request.QueryString("id")         '文章 ID
num=Request.QueryString("num")       '评论数量
If Not IsNumeric(id) Then
Else
Set rs=conn.Execute("select id,Atitle,Acontent,Aauthor,Adate from tab_article where
id="&id&"")
%>
```

```
    <tr align="left" bgcolor="FFFCE8">
     <td align="right">发表时间：<%=rs("Adate")%> 评论：<%=num%> </td>
    </tr>
    <tr>
     <td><h4><%=rs("Atitle")              '文章标题%></h4></td>
    </tr>
    <tr>
     <td><div style="width:200px;"   >作者：<%=rs("Aauthor")%></div></td>
    </tr>
    <tr>
     <td><p align="left" style="width:500px;line-height:22px; text-indent:5px"><%=rs
("Acontent")                         '文章内容%></p></td>
    </tr>
    <tr>
     <td>
<%
'-----显示对此篇文章发表的详细评论内容-----
Set rsc=Server.CreateObject("ADODB.Recordset")
sqlstr="select top 25 * from tab_article_commend where Cid="&id&" order by id desc"
rsc.open sqlstr,conn,1,1
while not rsc.eof
%>
     <table width="95%"  border="0" align="center" cellpadding="0" cellspacing="1" bgcolor=
"#CACACA">
        <tr bgcolor="#FFFFFF">
         <td><font class="font1">昵  称：</font><%=rsc("Cname")%></td>
         <td><font class="font1">评论时间：</font><%=rsc("Cdate")%></td>
        </tr>
        <tr bgcolor="#FFFFFF">
         <td><%=rsc("Ccontent")      '评论内容%></td>
        </tr>
     </table>
<%
rsc.movenext
wend
rsc.close
Set rsc=Nothing
%>
```

（2）当单击"评论"超链接时，显示用于提交评论信息的表单。代码如下：

```
<%'-----发表评论-----%>
  <tr id="xuxian" style="display:none">
   <td align="center" height="1" background="images/xuxian.gif"></td>
  </tr>
  <tr id="commend_show" style="display:none">
   <td>
    <table width="100%" border="0" cellspacing="0" cellpadding="0">
     <form action="" method="post" name="form1" id="form1">
       <tr>
         <td>昵称：</td>
         <td><input name="评论人昵称" type="text" class="textbox" id="评论人昵称" /></td>
       </tr>
       <tr>
         <td>评论内容：</td>
         <td><textarea name="评论内容"cols="60"rows="3"id="评论内容"onkeydown= "CountStrByte
```

```
(this.form.评论内容,this.form.total,this.form.used,this.form.remain);" onkeyup="CountStrByte
(this.form.评论内容,this.form.total,this.form.used,this.form.remain);"></textarea>
                <br />提示（最多允许
            <input name="total" type="text" disabled="disabled" class="textbox" id="total"
value="200" size="3" />个字节 已用字节:
            <input name="used" type="text" disabled="disabled" class="textbox" id="used"
value="0" size="3" />剩余字节:
            <input name="remain" type="text" disabled="disabled" class="textbox" id="remain"
value="200" size="3" />
            ) </td>
        </tr>
        <tr>
         <td>验证密码: </td>
         <td height="22"><%Session("verify")=randStr(4)%>
            <input name="验证密码" type="text" class="textbox" id="验证密码" size="6" />
            <font color="#FF0000"><%=Session("verify")%></font>
            <input name="verify2" type="hidden" id="verify2" value="<%=Session("verify")%>"
/></td>
        </tr>
        <tr>
            <td height="22"><input name="add" type="submit" class="button" id="add"
onclick="return Mycheck(this.form)" value="提 交" />
            <input name="Submit2" type="reset" class="button" value="重 置" />
            <input name="id" type="hidden" id="id" value="<%=id%>" />
            <input name="num" type="hidden" id="num" value="<%=num%>" /></td>
        </tr>
      </form>
    </table></td>
  </tr>
<%
  Set rs=Nothing
  End IF
%>
<script language="javascript">
function Mycheck(form){                //用于验证表单数据
  for(i=0;i<form.length;i++){
    if(form.elements[i].value==""){
      alert(form.elements[i].name + "不能为空!");return false;}
    if(form.elements[5].value!=form.elements[6].value){
      alert("验证码错误!");return false;}
  }
}
function show_tr(){                //用于显示或者隐藏"评论表单"
  if(xuxian.style.display=="none"){
      xuxian.style.display="block";
      commend_show.style.display="block";
  }
  else {
      xuxian.style.display="none";
      commend_show.style.display="none";
  }
}
</script>
```

（3）用户填写昵称、评论内容以及验证密码后，程序将此信息添加到文章评论信息表中。代码如下：

```
<%
Session("verify")=""
'-----添加新的评论-----
Sub add()
  id=Request.Form("id")              '文章 ID
  num=Request.Form("num")
  str1=Str_filter(Request.Form("评论人昵称"))
  str2=Str_filter(Request.Form("评论内容"))
If str1<>"" and str2<>"" Then
  Set rs=Server.CreateObject("ADODB.Recordset")
  sqlstr="select * from tab_article_commend"
  rs.open sqlstr,conn,1,3
  rs.addnew
  rs("Cid")=id
  rs("Cname")=str1
  rs("Ccontent")=str2
  rs.update
  rs.close
  Set rs=Nothing
  Response.Redirect("web_blog_view.asp?id="&id&"&num="&num+1&"")
Else
  Response.Write("<script>alert('您填写的信息不完整!');history.back();</script>")
End IF
End Sub
If Not Isempty(Request("add")) Then call add()
%>
```

11.8　相册展示模块设计

11.8.1　相册展示模块概述

相册展示模块主要用于分类展示上传的相册图片信息，即列出相册的分类以及某一分类中包含的图片。相册分类展示，如图 11-14 所示；某一相册分类对应的图片展示，如图 11-15 所示。

图 11-14　相册分类展示页面

图 11-15　相册图片展示页面

11.8.2　相册展示的实现过程

1. 相册分类展示

相册分类展示是指显示数据库中的相册分类信息。相册分类页面读取相册分类信息数据表以及相册信息数据表中与分类对应的第一个图片信息，并以表格形式显示分类对应的第一张图片信息以及分类名称，如果分类没有图片信息则以默认图片代替。web_photo.asp 页面的关键程序代码如下：

```
<%
n=1
Set rs=Server.CreateObject("ADODB.Recordset")
sqlstr="select id,Pcname from tab_photo_class"  '查询相册分类信息表
rs.open sqlstr,conn,1,1
while not rs.eof
'读取分类对应的第一张图片信息
Set rsc=conn.Execute("select top 1 Ppic from tab_photo where Pclass="&rs("id")&"")
%>
<td>
    <table border="0" align="center" cellpadding="0" cellspacing="0">
     <tr>
        <td  align="center"><a  href="web_photo_list.asp?classid=<%=rs("id")%>&amp;classname
=<%=rs("Pcname")%>">
            <%'显示图片，如分类没有对应图片则显示默认图片
If Not rsc.eof Then%>
            <img src="upfile/<%=rsc("Ppic")%>" height="100" width="120" border="0" />
            <%Else%>
            <img src="upfile/instead.jpg" height="100" width="120" border="0" />
            <%End If%>
          </a></td>
      </tr>
      <tr>
        <td height="22"align="center"><a href="web_photo_list.asp?classid=<%=rs("id")%>&amp;
classname= <%=rs("Pcname")%>"><%=rs("Pcname")        '显示图片名称%></a></td>
      </tr>
```

```
        </table>
          </td>
          <%If n mod 3=0 Then                              '一行显示 3 张图片%>
      </tr>
      <tr>
        <%End If%>
        <%
Set rsc=Nothing
n=n+1
rs.movenext
wend
rs.close
Set rs=Nothing
%>
```

2. 相册图片显示

相册图片显示是按照选择的分类显示该分类的全部图片信息，包括图片以及图片名称。由于相册图片是上传到服务器的，所以读取时使用 HTML 语言的<image>标记，指定图片路径即可显示图片信息。web_photo_list.asp 页面的关键程序代码如下：

```
<%
classid=Request.QueryString("classid")
n=1
Set rs=Server.CreateObject("ADODB.Recordset")
'查询对应分类的图片信息
sqlstr="select id,Pname,Ppic from tab_photo where Pclass="&classid&""
rs.open sqlstr,conn,1,1
while not rs.eof
%>
        <td>
      <table border="0" align="center" cellpadding="0" cellspacing="0">
       <tr>
      <!-- 显示图片 -->
        <td align="center"><img src="upfile/<%=rs("Ppic")%>" height="100" width="120"
border="0" /></td>
      </tr>
      <tr>
        <td height="22" align="center"><%=rs("Pname")        '图片名称%></td>
      </tr>
    </table>
        </td>
        <%If n mod 3=0 Then                              '一行显示 3 张图片%>
      </tr>
      <tr>
        <%End If%>
        <%
n=n+1
rs.movenext
wend
rs.close
Set rs=Nothing
%>
```

11.9　博主登录模块设计

11.9.1　博主登录功能概述

当用户通过单击前台主页面导航栏处的"博客管理"超链接后，将进入博主登录页面，如图 11-16 所示。

当用户没有输入用户名和密码，或者输入了错误的用户名和密码进行登录时，页面会给出相应的提示信息。当用户输入正确的用户名和密码，则允许进入到博客后台系统进行操作。博主登录模块的操作流程如图 11-17 所示。

在博主登录页面中，除了输入用户名和密码，还要求用户输入随机生成的验证码，这样可以提高网站的安全性。为了防止非博主用户非法登录博客后台系统，还应定义浏览器缓存该登录页面的有效期限。

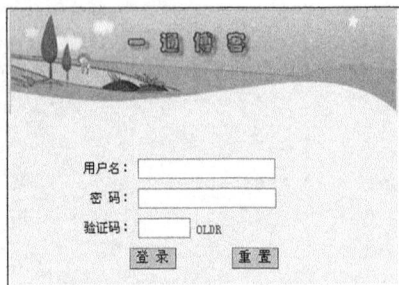

图 11-16　博主登录页面

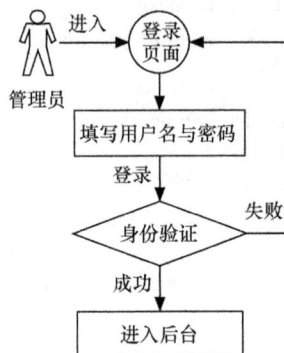

图 11-17　博主登录模块流程图

11.9.2　博主登录的实现过程

1. 设置页面缓存有效期限

通过 Response 对象的 Expires 属性和 CacheControl 属性不允许浏览器缓存页面，以提高网站安全性，代码如下：

```
<%
Response.Buffer=true
Response.Expires=0                    '设置 Expires 属性的属性值为 0，使缓存的页面立即过期
Response.CacheControl="no-cache"      '禁止代理服务器高速缓存页面
%>
```

以上代码应放置在页面 login.asp 的开头。

2. 设计表单

建立表单，用于输入用户名、密码和验证码，代码如下：

```
<form name="form1" method="post" action="">
用户名：<input name="txt_name" type="text" class="textbox" id="txt_name" size="18"
maxlength="50">
密码：<input name="txt_passwd" type="password" class="textbox" id="txt_passwd" size="19"
maxlength="50">
```

验证码: <input name="verifycode" id="verifycode" class="textbox" onFocus="this.select();
"onMouseOver="this.style.background='#E1F4EE';" onMouseOut="this.style.background='#FFFFFF'"
size="6" maxlength="4">

```
<span style="color: #FF0000"><%=session("verifycode")%></span>
<input type="hidden" name="verifycode2" value="<%=session("verifycode")%>">
<input name="login" type="submit" id="login" value="登 录" class="button" onClick=
"return Mycheck()">
<input type="reset" name="Submit2" value="重 置" class="button"></td>
</form>
```

3．实现登录验证

当用户提交登录表单，程序将首先验证用户输入的验证码是否正确，然后依次验证输入的用户名、密码。如果信息通过验证则将用户名保存到 Session 变量中，并允许用户登录到后台首页面。代码如下：

```
<!--#include file="include/conn.asp"-->
<%
session("verifycode")=randStr(4)          '根据 conn.asp 文件中自定义的函数获得生成的随机字符
If Not Isempty(Request("login")) Then
'获取表单数据
 txt_name=Str_filter(Request.Form("txt_name"))
 txt_passwd=Str_filter(Request.Form("txt_passwd"))
 verifycode=Str_filter(Request.Form("verifycode"))
 verifycode2=Str_filter(Request.Form("verifycode2"))
'检查验证码
 If verifycode <> verifycode2 then
   Response.write"<SCRIPT language='JavaScript'>alert('您输入的验证码不正确!');location.
href='login.asp'</SCRIPT>"
   Response.End()
 Else
   Session("verifycode")=""
 End IF
 If txt_name<>"" Then
  Set rs=Server.CreateObject("ADODB.Recordset")
  sqlstr="select Mname,Mpasswd from tab_manager where Mname='"&txt_name&"'"
  rs.open sqlstr,conn,1,1
  If rs.eof Then
   Response.Write("<script lanuage='javascript'>alert('用户名不正确,请核实后重新输
入!');location.href='login.asp';</script>")
  Else
   If rs("Mpasswd")<>txt_passwd Then
    Response.Write("<script lanuage='javascript'>alert('密码不正确,请确认后重新输
入!');location.href='login.asp';</script>")
   Else
    Session("Mname")=rs("Mname")               '将用户名保存到 Session 变量中
    Response.Redirect("index.asp")
   End If
  End If
 Else
  errstr="请输入用户名!"
 End If
End If
%>
```

11.10　文章管理模块设计

11.10.1　文章管理模块概述

文章管理模块的主要功能包括文章分类的管理，文章信息的添加、查询、修改和删除操作，以及对文章相关评论的管理。

进入后台主页面后，单击左侧导航栏处的"文章分类"超链接，可以对文章分类进行添加、修改和删除操作，如图 11-18 所示。

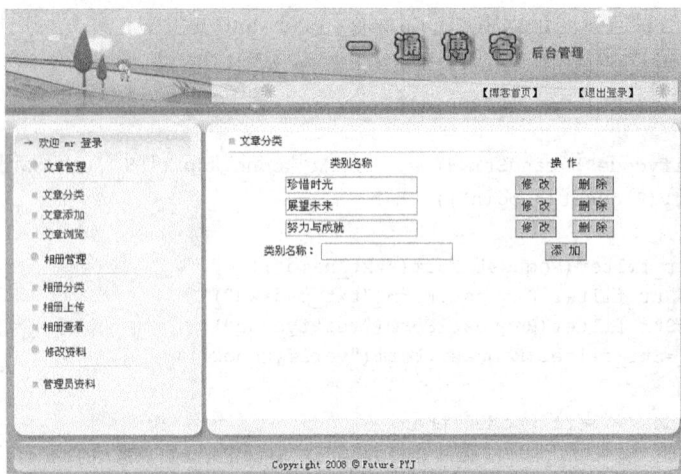

图 11-18　文章分类页面

添加文章分类后，单击左侧导航栏处的"文章添加"超链接，可以添加新的文章，如图 11-19 所示。

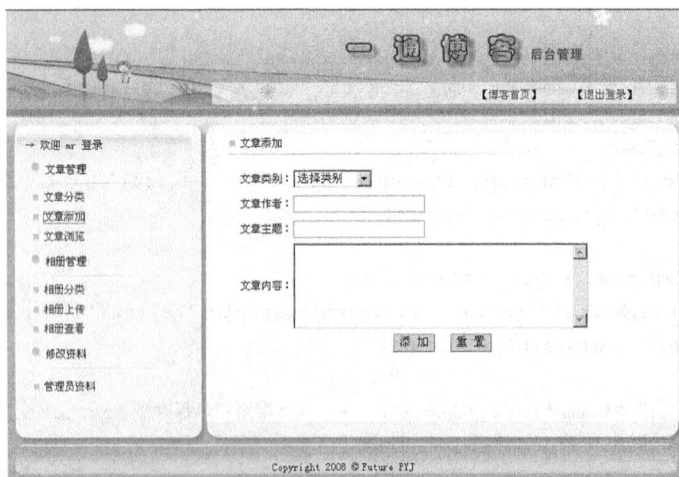

图 11-19　文章添加页面

单击左侧导航栏处的"文章浏览"超链接，可以在打开的页面中执行查询或者删除文章的操作，在该页面中还提供"修改"文章以及"查看评论"的入口，如图 11-20 所示。

在图 11-20 中单击文章对应的"评论"超链接可以查看评论信息，如图 11-21 所示。

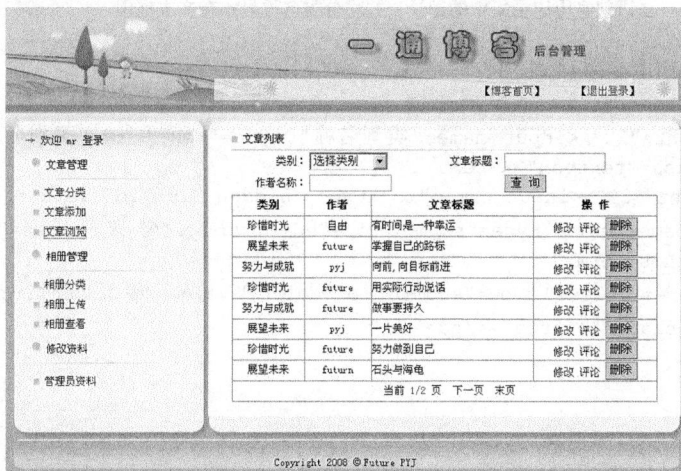

图 11-20　文章列表浏览页面

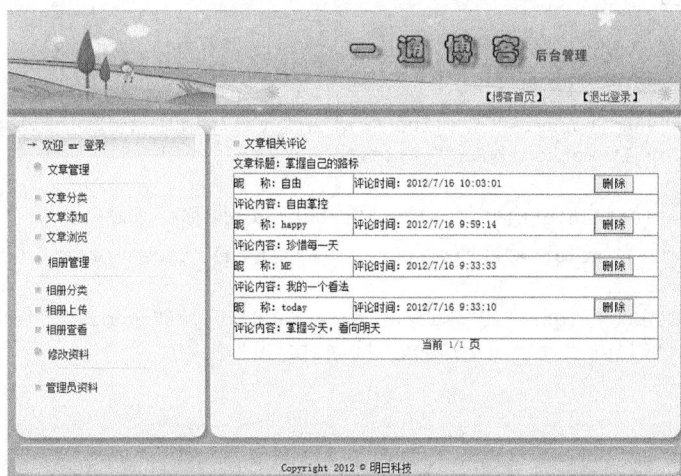

图 11-21　文章评论浏览页面

11.10.2　文章分类管理的实现过程

文章分类管理是指实现对文章分类名称的添加、修改以及删除操作。下面介绍文章分类管理的实现过程。

（1）在文章分类管理页面 ad_article_class.asp 中，建立两个表单：一个用于展示现有的文章分类信息；另一个用于添加文章分类。代码如下：

```
<table width="90%" border="0" align="center" cellpadding="0" cellspacing="2">
 <tr align="center">
   <td height="22">类别名称</td>
   <td height="22">操 作</td>
 </tr>
 <%
Set rs=Server.CreateObject("ADODB.Recordset")
sqlstr="select id,Acname from tab_article_class"     '查询文章分类信息表
rs.open sqlstr,conn,1,1
while not rs.eof
```

```
'应用 while…wend 语句遍历记录集中的记录，并将分类名称显示在文本框中
%>
 <form name="form2<%=rs("id")%>" method="post" action="">
   <tr align="center">
     <td height="22"><input name="类别名称" type="text" id="类别名称" value="<%=rs
("Acname")%>" class="textbox"></td>
       <td height="22"><input name="id" type="hidden" id="id" value="<%=rs("id")%>">
       <input name="edit" type="submit" id="edit" value="修 改" class="button" onClick=
"return Mycheck(this.form)">
         <input name="delete" type="submit" id="delete" value="删 除" onClick="return confirm
('确定要删除吗?')" class="button"></td>
   </tr>
</form>
<%
rs.movenext
wend
rs.close
set rs=nothing
%>
</table>
<!-- 添加文章 -->
<table width="90%" border="0" align="center" cellpadding="2" cellspacing="0">
<form name="form1" method="post" action="">
  <tr>
    <td width="106" height="22" align="right">类别名称: </td>
    <td width="261" height="22"><input name="类别名称" type="text" id="类别名称 3" class=
"textbox"></td>
      <td width="133" height="22"><input name="add" type="submit" id="add" value="添 加
" class="button" onClick="return Mycheck(this.form)"></td>
   </tr>
  </form>
 </table>
```

（2）定义了 3 个子过程，分别使用 "Insert into"、"Update" 和 "Delete" 语句实现添加、修改和删除文章类别名称的功能。关键程序代码如下：

```
<!--#include file="include/conn.asp"-->
<!--#include file="checklogin.asp"-->
<%
'添加新记录
Sub add()
  str1=Str_filter(Request.Form("类别名称"))
  sqlstr="insert into tab_article_class(Acname) values('"&str1&"')"
  conn.Execute(sqlstr)
  Response.Redirect("ad_article_class.asp")
End Sub
'修改记录
Sub edit()
  str1=Str_filter(Request.Form("类别名称"))
  id=Request.Form("id")
  sqlstr="update tab_article_class set Acname='"&str1&"' where id="&id&""
  conn.Execute(sqlstr)
  Response.Redirect("ad_article_class.asp")
```

```
End Sub
'删除记录
Sub del()
  id=Request.Form("id")
  sqlstr="delete from tab_article where Aclass="&id&""
  conn.Execute(sqlstr)
  sqlstr="delete from tab_article_class where id="&id&""
  conn.Execute(sqlstr)
  Response.Redirect("ad_article_class.asp")
End Sub
'执行子过程
If Not Isempty(Request("add")) Then call add()
If Not Isempty(Request("edit")) Then call edit()
If Not Isempty(Request("delete")) Then call del()
%>
```

11.10.3　文章添加的实现过程

文章添加是指将文章的相关信息，包括文章分类、文章作者、文章主题和文章内容添加到数据库中，添加的文章信息将展示在网站前台页面中。下面介绍文章添加的实现过程。

（1）在页面 ad_article.asp 中建立表单，用于输入文章信息，代码如下：

```
<table width="90%" border="0" align="center" cellpadding="0" cellspacing="0">
<form name="form1" method="post" action="">
  <tr>
    <td height="28" align="right">文章类别: </td>
      <td height="28"><select name="文章类别" id="select">
      <option selected>选择类别</option>
      <%
        Set rs=Server.CreateObject("ADODB.Recordset")
        sqlstr="select id,Acname from tab_article_class"
        rs.open sqlstr,conn,1,1
        while not rs.eof
        %>
      <option value="<%=rs("id")%>"><%=rs("Acname")%></option>
      <%
        rs.movenext
        wend
        rs.close
        Set rs=Nothing
        %>
      </select></td>
  </tr>
  <tr>
    <td height="28" align="right">文章作者: </td>
      <td height="28"><input name="文章作者" type="text" class="textbox" id="文章作者"></td>
  </tr>
  <tr>
    <td height="28" align="right">文章主题: </td>
      <td height="28"><input name="文章主题" type="text" id="文章主题" class="textbox"></td>
  </tr>
  <tr>
```

```
    <td height="22" align="right">文章内容: </td>
      <td height="22"><textarea name="文章内容" cols="45" rows="6" id="文章内容"></
textarea></td>
    </tr>
    <tr>
      <td height="28" colspan="2" align="center"><input name="add" type="submit" class=
"button" id="add" value="添 加" onClick="return Mycheck(this.form)">
     
      <input type="reset" name="Submit2" value="重 置" class="button"></td>
    </tr>
  </form>
</table>
```

（2）定义用于添加数据的子程序，将获取到的表单信息使用 Recordset 对象的 AddNew 方法添加到数据库中。关键程序代码如下：

```
<!--#include file="include/conn.asp"-->
<!--#include file="checklogin.asp"-->
<%
'添加新记录
Sub add()
  str1=Str_filter(Request.Form("文章类别"))
  str2=Str_filter(Request.Form("文章作者"))
  str3=Str_filter(Request.Form("文章主题"))
  str4=Str_filter(Request.Form("文章内容"))
If str1<>"" and str2<>"" and str3<>"" and str4<>"" Then
  Set rs=Server.CreateObject("ADODB.Recordset")
  sqlstr="select * from tab_article"
  rs.open sqlstr,conn,1,3
  rs.addnew
  rs("Aclass")=str1
  rs("Aauthor")=str2
  rs("Atitle")=str3
  rs("Acontent")=str4
  rs.update
  rs.close
  Set rs=Nothing
  Response.Redirect("ad_article_list.asp")
Else
  Response.Write("<script>alert('您填写的信息不完整!');history.back();</script>")
End If
End Sub
If Not Isempty(Request("add")) Then call add()
%>
```

11.10.4　文章查询和删除的实现过程

文章浏览的主要功能是以分页形式显示所有文章信息，可以按照条件查询文章，可以删除指定文章，而且提供了修改文章以及查看文章评论的入口。

1. 查询文章

（1）在页面 ad_article_list.asp 中建立用于查询的表单，在该表单中插入列表/菜单、文本框，以选择或输入查询条件，如文章类别、文章标题、作者名称等，代码如下：

```
<table width="90%" border="0" align="center" cellpadding="0" cellspacing="2">
  <form name="form1" method="get" action="">
    <tr>
      <td height="22" align="right">类别：</td>
      <td><select name="txt_class" id="select">
        <option selected>选择类别</option>
        <%
                  Set rs=Server.CreateObject("ADODB.Recordset")
                  sqlstr="select id,Acname from tab_article_class"
                  rs.open sqlstr,conn,1,1
                  while not rs.eof
                  %>
        <option value="<%=rs("id")%>"><%=rs("Acname")%></option>
        <%
                  rs.movenext
                  wend
                  rs.close
                  Set rs=Nothing
                  %>
      </select></td>
      <td height="22" align="right">文章标题：</td>
      <td><input name="txt_title" type="text" class="textbox" id="txt_title" size="15"></td>
      <td height="22"> </td>
    </tr>
    <tr>
      <td height="22" align="right">作者名称：</td>
      <td><input name="txt_author" type="text" class="textbox" id="txt_author" size="12"></td>
      <td height="22" align="right"> </td>
      <td><input name="query" type="submit" class="button" id="query" value="查 询"></td>
      <td height="22"> </td>
    </tr>
  </form>
</table>
```

（2）页面根据获得的查询参数（如文章类别、文章标题、文章作者等），来确定 SQL 查询语句，并以分页形式显示查询到的文章信息。关键程序代码如下：

```
<table width="90%" border="0" align="center" cellpadding="0" cellspacing="1" bgcolor="#FF6600">
  <tr align="center">
    <th width="86" bgcolor="#FFFFFF">类别</th>
    <th width="77" height="22" bgcolor="#FFFFFF">作者</th>
    <th width="191" height="22" bgcolor="#FFFFFF">文章标题</th>
    <th width="146" height="22" bgcolor="#FFFFFF">操 作</th>
  </tr>
  <%
txt_class=Request("txt_class")
txt_title=Request("txt_title")
txt_author=Request("txt_author")
Set rs=Server.CreateObject("ADODB.Recordset")
sqlstr="select * from tab_article where 1=1"
If txt_class<>"" and txt_class<>"选择类别" Then sqlstr=sqlstr&" and Aclass="&txt_class&""
If txt_title<>"" Then sqlstr=sqlstr&" and Atitle like '%"&txt_title&"%'"
If txt_author<>"" Then sqlstr=sqlstr&" and Aauthor like '%"&txt_author&"%'"
sqlstr=sqlstr&" order by id desc"
```

```
        rs.open sqlstr,conn,1,1
        If Not (rs.eof and rs.bof) Then
            rs.pagesize=8                          '定义每页显示的记录数
            pages=clng(Request("pages"))           '获得当前页数
            If pages<1 Then pages=1
            If pages>rs.recordcount Then pages=rs.recordcount
            showpage rs,pages                      '执行分页子程序 showpage
            Sub showpage(rs,pages)                 '分页子程序 showpage(rs,pages)
            rs.absolutepage=pages                  '指定指针所在的当前位置
            For i=1 to rs.pagesize                 '循环显示记录集中的记录
        %>
        <form name="form1" method="post" action="">
        <tr align="center">
            <td align="center" bgcolor="#FFFFFF"><%Set rsc=conn.Execute("select Acname from
tab_article_class where id="&rs("Aclass")&"")
                Response.Write(rsc("Acname"))
                Set rsc=Nothing
            %></td>
            <td height="22" align="center" bgcolor="#FFFFFF"><%=rs("Aauthor")%></td>
            <td height="22" align="left" bgcolor="#FFFFFF"><%=Left(rs("Atitle"),15)%></td>
            <td height="22" bgcolor="#FFFFFF"><input name="id" type="hidden" id="id" value=
"<%=rs("id")%>">
                    <a href="ad_article.asp?id=<%=rs("id")%>&action=view">修改</a><a href="ad_article_
commend.asp?id=<%=rs("id")%>&Atitle=<%=rs("Atitle")%>">评论</a>
                    <input name="delete" type="submit" id="delete" value="删除" onClick="return
confirm('确定要删除吗?')" class="button"></td>
            </tr>
        </form>
        <%
        rs.movenext                                '指针向下移动
        If rs.eof Then exit for
        Next
        End Sub
        End If
        %>
        <tr align="center">
            <form name="form" action="?" method="get">
            <td height="22" colspan="4" bgcolor="#FFFFFF"><%
            if pages<>1 then
            response.Write("  <a
href="&path&"?pages=1&txt_class="&txt_class&"&txt_title=  "&txt_title&"&txt_author="&txt_
author&">首页</a>")
                response.Write("  <a
href="&path&"?pages="&(pages-1)&"&txt_class="&txt_ class&"&txt_title="&txt_title&"&txt_
author="&txt_author&">上一页</a>")
                end if
            response.Write("  当前 <font color='#FF0000'>"&pages&"/"&rs.pagecount&"
</font> 页")
            if pages<>rs.pagecount then
                    response.Write("  <a
href="&path&"?pages="&(pages+1)&"&txt_class=  "&txt_class&"&txt_title="&txt_title&"&txt_
author="&txt_author&">下一页</a>")
                    response.Write("  <a
```

```
href="&path&"?pages="&rs.pagecount&"&txt_class=" &txt_class&"&txt_title="&txt_title&"&txt_
author="&txt_author&">末页</a>")
        end if
      rs.close
      Set rs=Nothing
     %>
        </td>
      </form>
    </tr>
  </table>
```

2．删除文章

在页面 ad_article_list.asp 中单击"删除"按钮可以删除选定的文章，并同时删除与文章对应的所有评论信息。代码如下：

```
<%
If Not Isempty(Request("delete")) Then
  id=Request.Form("id")
  sqlstr="delete from tab_article_commend where Cid="&id&""
  conn.Execute(sqlstr)
  sqlstr="delete from tab_article where id="&id&""
  conn.Execute(sqlstr)
  Response.Redirect("ad_article_list.asp")
End If
%>
```

11.11　相册管理模块设计

11.11.1　相册管理模块概述

相册管理模块的主要功能包括对相册的分类管理以及上传、浏览和删除照片。

进入后台主页面后，单击左侧导航栏中的"相册分类"超链接，可以对相册分类进行添加、修改和删除操作，如图 11-22 所示。

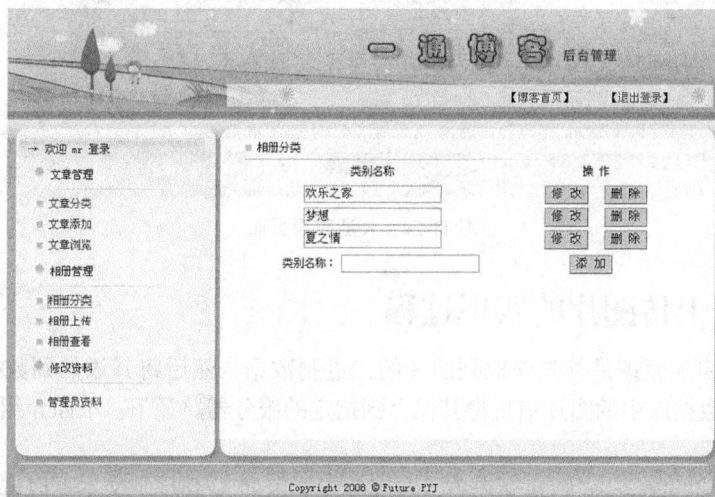

图 11-22　相册分类页面

添加相册分类后，单击左侧导航栏中的"相册上传"超链接，在打开的页面中选择相册类别、输入图片名称、单击"浏览"按钮选择上传图片路径并单击"上传"按钮实现上传图片到服务器的功能，如图 11-23 所示。

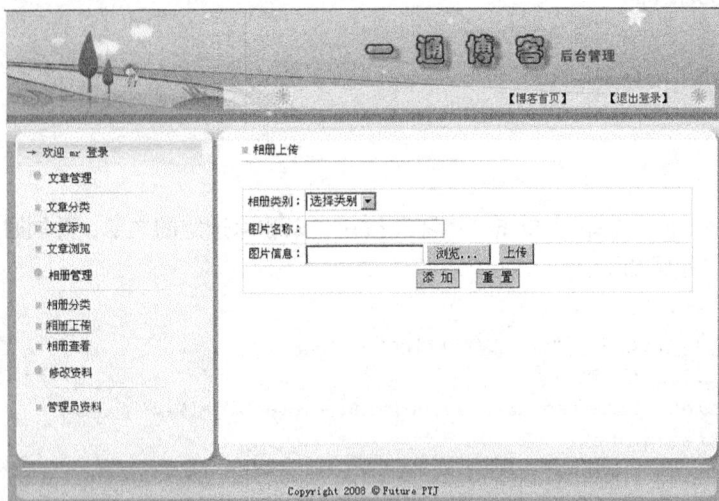

图 11-23　相册上传页面

单击左侧导航栏中的"相册查看"超链接，可以执行查询或者删除图片信息的操作。在该页面中还提供"修改"图片信息的入口，如图 11-24 所示。

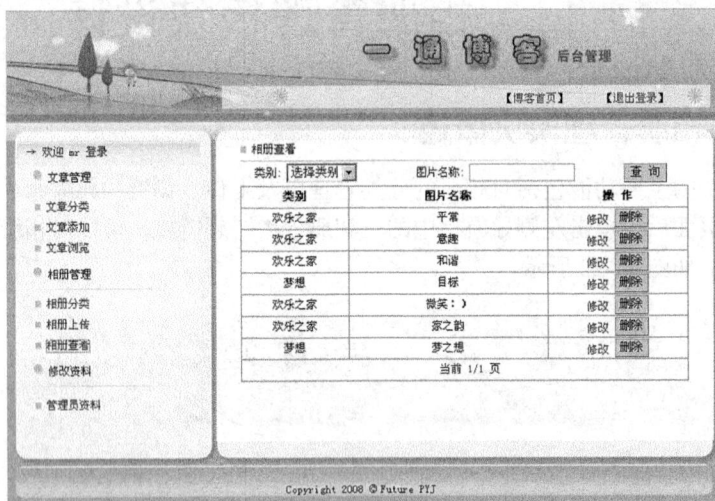

图 11-24　相册查看页面

11.11.2　上传图片的实现过程

上传图片的实现原理是首先获取到图片的二进制数据，然后将其添加到数据库中，再利用 Stream 对象加载数据库中的图片信息将其保存到指定的服务器路径下。下面介绍上传图片的实现过程。

（1）在页面 ad_photo.asp 中建立表单，在表单中插入列表/菜单、文本框以选择相册类别和输入图片名称，并定义<iframe>标记用于包含上传图片的表单。代码如下：

```
<table width="90%" border="0" align="center" cellpadding="0" cellspacing="1" bgcolor="#E3E3E3">
<form name="form1" method="post" action="">
 <tr>
  <td width="121" height="28" align="right" bgcolor="#FFFFFF">相册类别: </td>
  <td width="566" height="28" bgcolor="#FFFFFF"><select name="相册类别" id="select">
          <option selected>选择类别</option>
          <%
               Set rs=Server.CreateObject("ADODB.Recordset")
               sqlstr="select id,Pcname from tab_photo_class"
               rs.open sqlstr,conn,1,1
               while not rs.eof
          %>
          <option value="<%=rs("id")%>"><%=rs("Pcname")%></option>
          <%
               rs.movenext
               wend
               rs.close
               Set rs=Nothing
               %>
        </select></td>
   </tr>
   <tr>
    <td height="28" align="right" bgcolor="#FFFFFF">图片名称: </td>
    <td height="28" bgcolor="#FFFFFF"><input name="图片名称" type="text" id="图片名称"
class="textbox"></td>
    </tr>
    <tr>
    <td height="22" align="right" bgcolor="#FFFFFF">图片信息: </td>
    <td height="22" bgcolor="#FFFFFF"><div align="left">
        <iframe src="UpFile.asp" width="300" height="22" scrolling="no" MARGINHEIGHT=
"0" MARGINWIDTH="0" align="middle" frameborder="0"></iframe>
      </div></td>
    </tr>
    <tr>
      <td height="28" colspan="2" align="center" bgcolor="#FFFFFF"><input name="add"
type="submit" class="button" id="add" value="添 加" onClick="return Mycheck(this.form)">
     
        <input type="reset" name="Submit2" value="重 置" class="button"></td>
        </tr>
 </form>
 </table>
```

（2）在页面 UpFile.asp 建立表单，在表单中插入文件域和按钮，用于上传图片。代码如下：

```
<table width="400" border="0" cellspacing="0" cellpadding="0" align="center">
<form name="formup" method="post" action="UpLoad.asp" enctype="multipart/form-data">
    <tr align="center" valign="middle">
     <td align="left" id="upid" height="20" width="400" bgcolor="#FFFFFF">
      <input name="file1" type="file" class="tx1" style="width:200" value="" size="40">
      <input type="submit" name="Submit" value="上传">
     </td>
    </tr>
</form>
</table>
```

（3）当用户选择了上传图片，并单击"上传"按钮后，在程序处理页面 UpLoad.asp 将根据文件格式提取图片数据，并将其保存在 Session 变量中。同时，获取上传的图片路径，也将其保存在 Session 变量中。代码如下：

```
<%
'限制文件的大小
imgsize=request.TotalBytes
If imgsize/1024>3000 Then
    Response.write "<script language='javascript'>alert('您上传的文件大小超出规定的范围，请重新上传！');window.location.href='Upfile.asp';</script>"
    response.End()
End If

imgData=request.BinaryRead(imgsize)
Hcrlf=chrB(13)&chrB(10)
Divider=leftB(imgdata,clng(instrB(imgData,Hcrlf))-1)
dstart=instrB(imgData,chrB(13)&chrB(10)&chrB(13)&chrB(10))+4
Dend=instrB(dstart+1,imgdata,divider)-dstart
Mydata=MidB(imgdata,dstart,dend)
Session("pic")=Mydata                '保存图片信息

'获取客户端文件路径
datastart=InstrB(imgData,Hcrlf)+59
dataend=InstrB(datastart,imgData,Hcrlf)-2
datalen=dataend-datastart+1
filepath=MidB(imgData,datastart,datalen)
filepath=toStr(filepath)
Session("filepath")=filepath              '保存上传图片路径

'将二进制数据转换为字符串
Function toStr(Byt)
    Dim blow
    toStr = ""
    For i = 1 To LenB(Byt)
    blow = MidB(Byt, i, 1)
    If AscB(blow) > 127 Then
    toStr = toStr & Chr(AscW(MidB(Byt, i + 1, 1) & blow))
    i = i + 1
    Else
    toStr = toStr & Chr(AscB(blow))
    End If
    Next
End Function
%>
```

（4）当用户输入图片信息并完成上传图片的操作后，在 ad_photo.asp 页面中单击"添加"按钮即可将图片相关信息保存到数据库中，并将图片上传到服务器上。代码如下：

```
<!--#include file="include/conn.asp"-->
<!--#include file="checklogin.asp"-->
<%
'根据日期和时间获取文件名称
Function GetFileName(dDate)
'根据传递的时间字符串，以及 Year、Month、Day、Hour、Minute 和 Second 函数定义返回的字符串格式
    GetFileName = RIGHT("0000"+Trim(Year(dDate)),4)+RIGHT("00"+Trim(Month(dDate)),2)+RIGHT("00"+Trim(Day(dDate)),2)+RIGHT("00"+Trim(Hour(dDate)),2)+RIGHT("00"+Trim(Minute(dDate)),2)+RIGHT("00"+Trim(Second(dDate)),2)
```

```
End Function
```

'定义用于获取文件扩展名的函数
```
Function GetExt(filepath)
    Dim arr                         '定义变量
    arr=split(filepath,".")         '使用 split 函数以小数点为分隔符，返回一维数组
    nums=Ubound(arr)                '获取数组元素个数
    If nums=0 Then                  '如果 nums 值为 0，则说明没有文件扩展名
        GetExt="无"
    Else                            '如果 nums 值不为 0，则将数组指定元素赋予 GetExt
        GetExt="."&arr(nums)
    End If
End Function
```

'添加新记录
```
Sub add()
  str1=Str_filter(Request.Form("相册类别"))
  str2=Str_filter(Request.Form("图片名称"))
  str3=Session("pic")
  filepath=Session("filepath")
  filename=GetFileName(now())&GetExt(filepath)
If str1<>"" and str2<>"" and str3<>"" Then
  Set rs=Server.CreateObject("ADODB.Recordset")
  sqlstr="select * from tab_photo"
  rs.open sqlstr,conn,1,3
  rs.addnew
  rs("Pclass")=str1
  rs("Pname")=str2
  rs("Ppic")=filename
  rs("Pinfo").appendchunk str3        '将二进制图片数据添加到数据库中
  Session("pic")=""
  Session("filepath")=""
  rs.update
  '获取上传后记录的 ID 编号
  temp=rs.bookmark
  rs.bookmark=temp
  fileID=rs("id")
  rs.close
  '将数据库中的文件保存到服务器
  sqlstr="select * from tab_photo where id="&fileID&""
  rs.open sqlstr,conn,1,3
  Dim objStream
  Set objStream=Server.CreateObject("ADODB.Stream")
  objStream.Type=1
  objStream.Open
  objStream.Write rs("Pinfo").GetChunk(8000000)
  objStream.SaveToFile Server.MapPath("../upfile")&"/"&filename,2
  objStream.Close
  Set objStream=Nothing
  rs.close
  Set rs=Nothing
  Response.Redirect("ad_photo_list.asp")
Else
  Response.Write("<script>alert('您填写的信息不完整!');history.back();</script>")
```

```
End If
End Sub
If Not Isempty(Request("add")) Then call add()
%>
```

11.11.3　浏览图片的实现过程

浏览图片包括查看所有的图片信息以及浏览查询到的图片信息。下面介绍浏览图片的实现过程。

（1）在页面 ad_photo_list.asp 中建立用于查询的表单，在该表单中插入列表/菜单、文本框，以选择或输入查询条件，如选择相册类别或者输入图片名称，代码如下：

```
<table width="90%" border="0" align="center" cellpadding="2" cellspacing="0">
<form name="form1" method="get" action="">
  <tr>
    <td height="22" align="right">类别: </td>
    <td><select name="txt_class" id="select">
        <option selected>选择类别</option>
        <%
            Set rs=Server.CreateObject("ADODB.Recordset")
            sqlstr="select id,Pcname from tab_photo_class"
            rs.open sqlstr,conn,1,1
            while not rs.eof
            %>
        <option value="<%=rs("id")%>"><%=rs("Pcname")%></option>
        <%
            rs.movenext
            wend
            rs.close
            Set rs=Nothing
            %>
    </select></td>
    <td height="22" align="right">图片名称: </td>
<td><input name="txt_title" type="text" class="textbox" id="txt_title" size="15"></td>
<td><input name="query" type="submit" class="button" id="query" value="查 询"></td>
    </tr>
    </form>
</table>
```

（2）页面根据获得的查询参数（如相册类别、图片名称等），来确定 SQL 查询语句，并以分页形式显示查询到的文章信息。关键程序代码如下：

```
<table width="90%"border="0"align="center"cellpadding="0"cellspacing="1"bgcolor= "#FF6600">
    <tr align="center">
        <th width="134" bgcolor="#FFFFFF">类别</th>
        <th width="246" height="22" bgcolor="#FFFFFF">图片名称</th>
        <th width="170" height="22" bgcolor="#FFFFFF">操 作</th>
    </tr>
<%
txt_class=Request("txt_class")
txt_title=Request("txt_title")
Set rs=Server.CreateObject("ADODB.Recordset")
sqlstr="select * from tab_photo where 1=1"
If txt_class<>""and txt_class<>"选择类别"Then sqlstr=sqlstr&"and Pclass= "&txt_class&""
If txt_title<>"" Then sqlstr=sqlstr&" and Pname like '%"&txt_title&"%'"
sqlstr=sqlstr&" order by id desc"
rs.open sqlstr,conn,1,1
```

```
    If Not (rs.eof and rs.bof) Then
        rs.pagesize=8                          '定义每页显示的记录数
        pages=clng(Request("pages"))           '获得当前页数
        If pages<1 Then pages=1
        If pages>rs.recordcount Then pages=rs.recordcount
        showpage rs,pages                      '执行分页子程序 showpage
        Sub showpage(rs,pages)                 '分页子程序 showpage(rs,pages)
        rs.absolutepage=pages                  '指定指针所在的当前位置
        For i=1 to rs.pagesize                 '循环显示记录集中的记录
%>
        <form name="form1<%=rs("id")%>" method="post" action="">
          <tr align="center">
            <td align="center" bgcolor="#FFFFFF">
            <%Set rsc=conn.Execute("select Pcname from tab_photo_class where id="&rs
("Pclass")&"")
        If Not rsc.eof or Not rsc.bof Then
          Response.Write(rsc("Pcname"))
        End If
        Set rsc=Nothing
        %></td>
            <td><%=Left(rs("Pname"),15)%></td>
            <td><input name="id" type="hidden" id="id" value="<%=rs("id")%>">
              <a href="ad_photo.asp?id=<%=rs("id")%>&action=view">修改</a>
            <input name="delete" type="submit" id="delete" value="删除" onClick="return
confirm('确定要删除吗?')" class="button"></td>
          </tr>
        </form>
        <%
    rs.movenext  '指针向下移动
    If rs.eof Then exit for
    Next
    End Sub
    End If
    %>
    <tr align="center">
      <form name="form" action="?" method="get">
        <td height="22" colspan="3" bgcolor="#FFFFFF">
        <%
    if pages<>1 then
    response.Write("<a
href="&path&"?pages=1&txt_class="&txt_class&"&txt_title="&txt_title&">首页</a>")
    response.Write("<a  href="&path&"?pages="&(pages-1)&"&txt_class="&txt_class&"&txt_
title="&txt_title&">上一页</a>")
        end if
    response.Write("当前 <font color='#FF0000'>"&pages&"/"&rs.pagecount&"</font> 页")
        if pages<>rs.pagecount then
        response.Write("<a
href="&path&"?pages="&(pages+1)&"&txt_class="&txt_class&"&txt_title="&txt_title&"> 下 一
页</a>")
        response.Write("<a
href="&path&"?pages="&rs.pagecount&"&txt_class="&txt_class& "&txt_title="&txt_title&">末页
</a>")
        end if
```

```
    rs.close
    Set rs=Nothing
    %>
      </td>
    </form>
  </tr>
</table>
```

11.11.4　删除图片的实现过程

删除图片包括删除存储在服务器上的图片文件以及数据库中对应的图片记录。

在页面 ad_photo_list.asp 中单击"删除"按钮，即可删除对应的图片信息。在页面中首先创建 FileSystemObject 对象并调用 Delete 方法删除指定路径和名称的图片文件，然后再执行"Delete"语句删除数据库中的记录。代码如下：

```
<!--#include file="include/conn.asp"-->
<!--#include file="checklogin.asp"-->
<%
If Not Isempty(Request("delete")) Then
  id=Request.Form("id")
  Set rs=conn.Execute("select Ppic from tab_photo where id="&id&"")
  pic=rs("Ppic")                                  '获取图片名称
  Set rs=Nothing
  pic="../upfile/"&pic                            '指定图片路径
  Set FSObject=Server.CreateObject("Scripting.FileSystemObject")
  If FSObject.FileExists(Server.MapPath(pic)) Then
    Set FileObject=FSObject.GetFile(Server.MapPath(pic))
    FileObject.Delete True                        '删除图片文件
  End If
  sqlstr="delete from tab_photo where id="&id&""   '删除记录
  conn.Execute(sqlstr)
  Response.Redirect("ad_photo_list.asp")
End If
%>
```

11.12　网　站　发　布

博客网站开发完成后就可以进行网站的发布了。要发布网站，需要经过注册域名、申请空间、解析域名和上传网站 4 个步骤。下面分别进行介绍。

11.12.1　注册域名

域名就是用来代替 IP 地址，以方便用户记忆及访问网站的名称，如 www.163.com 就是网易的域名；www.yahoo.com.cn 就是中文雅虎的域名。域名需要到指定的网站中注册购买，名气较大的有 www.net.com（万网）、www.xinnet.com（新网）。

购买注册域名的步骤如下。

（1）登录域名服务商网站。

（2）注册会员。如果不是会员则无法购买域名。

（3）进入域名查询页面，查询要注册的域名是否已经被注册。

（4）如果用户欲注册的域名未被注册，则进入域名注册页面并填写相关的个人资料。

（5）填写成功后，单击"购买"按钮，注册成功。

（6）付款后，等待域名开启。

11.12.2　申请空间

域名注册完毕后就需要申请空间了，空间可以使用虚拟主机或租借服务器。目前，许多企业建立网站都采用虚拟主机，这样既节省了购买机器和租用专线的费用，同时也不必聘用专门的管理人员来维护服务器。

申请空间的步骤如下。

（1）登录虚拟空间服务商网站。

（2）注册会员（如果已有会员账号，则直接登录即可）。

（3）选择虚拟空间类型（空间支持的语言、数据库、空间大小和流量限制等）。

（4）确定机型后，直接购买。

（5）进入缴费页面，选择缴费方式。

（6）付费后，空间在 24 小时内开通，随后即可使用此空间。

> **注意**　申请的空间一定要支持相应的开发语言及数据库，如本网站要求空间支持的语言为 ASP，数据库是 Access。

11.12.3　将域名解析到服务器

域名和空间购买成功后就需要将域名地址指向虚拟服务器的 IP 了。进入域名管理页面，添加主机记录，一般要先输入主机名，注意不包括域名，如解析 www.bccd.com，只需输入 www 即可，后面的 bccd.com 不需要填写，接下来填写 IP 地址，最后单击"确定"按钮即可。如果想添加多个主机名，重复上面的操作即可。

11.12.4　上传网站

上传网站需要使用 FTP 软件，如 CuteFTP 软件。下面就以 CuteFTP 软件为例，详细介绍上传网站的操作步骤。

（1）打开 FTP 软件。

（2）选择"File"/"Site-Manager"命令，将弹出站点面板。

（3）单击"New"按钮，新建一个站点。

（4）在"Label for site"中输入站点名。

（5）在"FTP Host Address"中输入域名。

（6）在"FTP site User Name"中输入用户名。

（7）在"FTP site Password"中输入密码。

（8）单击"Edit..."按钮，弹出编辑窗口。

（9）取消选中"Use PASV mode"和"Use firewall setting"复选框。

（10）单击"确定"按钮。

（11）单击 Connet 按钮连接到服务器。

（12）连接服务器后，在左侧的本地页面中，选中需要上传的文件，单击"上传文件"按钮即可。

（13）如果上传过程中出现错误，右击"继续上传"即可。

（14）上传成功后，关闭 FTP 软件。

第 12 章

课程设计一——新闻网站

12.1　课程设计的目的

本章提供"新闻网站"作为这一学期的课程设计之一，本次课程设计旨在提升学生的动手能力，加强对专业理论知识的理解和实际应用。本次课程设计的主要目的如下。

- ❑ 能对网站功能进行合理分析，并设计合理的代码结构。
- ❑ 掌握 ASP 网站的基本开发流程。
- ❑ 掌握 ADO 访问数据库技术在实际开发中的应用。
- ❑ 掌握 Access 数据库备份与恢复的方法。
- ❑ 提供网站的开发能力，能够运用合理的控制流程编写高效的代码。
- ❑ 培养分析问题、解决实际问题的能力。

12.2　功　能　描　述

新闻网站系统是一个典型的数据库开发应用程序，由前台展示区和后台管理组成，规划系统功能模块如下。

- ❑ 前台功能模块：主要功能包括新闻分类、站内搜索、焦点导读、往日新闻查看、新闻最新排行和新闻一周排行。
- ❑ 后台管理模块：主要功能包括按照分类对新闻信息的管理、管理员信息及管理权限的设置和对数据库的维护管理。

12.3　程序业务流程

新闻网站系统功能结构图，前台功能模块如图 12-1 所示。

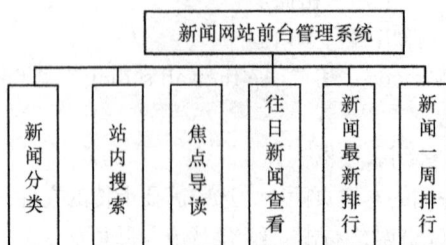

图 12-1　系统前台功能结构图

后台功能模块图如图 12-2 所示。

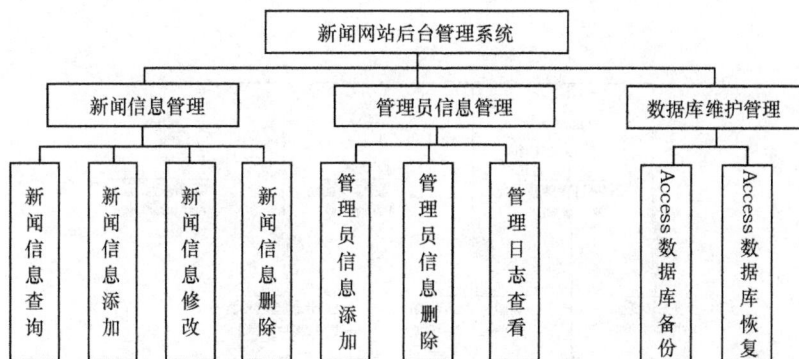

图 12-2 系统后台功能结构图

12.4 数据库设计

本系统数据库采用 Access 2003 数据库，应用的数据库名称为 db_News.mdb。数据库 db_News.mdb 中包含 4 张数据表。为了使读者对本系统数据库中的数据表有一个更清晰的认识，笔者设计了一个数据表树型结构图，如图 12-3 所示。

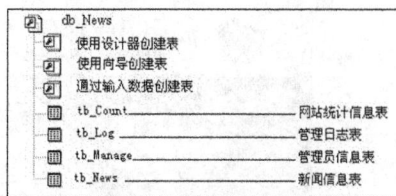

图 12-3 数据表树型结构图

12.5 前台主要功能模块详细设计

12.5.1 前台文件总体架构

1. 模块功能介绍

前台页面主要包括以下功能模块。

- ❑ 网站导航：主要包括网站的旗帜广告条和主功能导航两部分。
- ❑ 新闻展示模块：主要用于按照不同分类展示新闻信息内容。
- ❑ 焦点导读模块：主要用于展示近日关注的新闻内容。
- ❑ 往日新闻查看模块：主要用于根据选择的日期查看新闻内容。
- ❑ 新闻排行模块：主要用于展示新闻的最新排行和一周排行信息。

2. 文件架构

新闻网站系统的前台文件架构图，如图 12-4 所示。

3. 前台页面运行结果

网站前台页面的运行结果如图 12-5 所示。

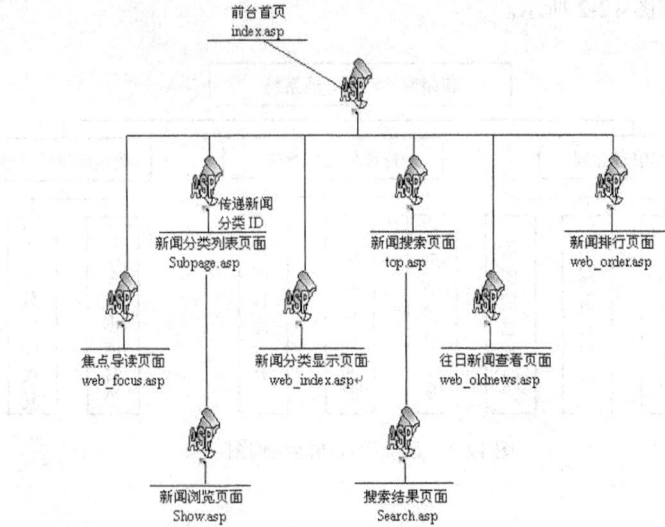

图 12-4　新闻网站的前台文件架构图

图 12-5　前台页面运行结果

为了方便读者阅读本章内容，将前台页面的各部分说明将以列表形式给出，如表 12-1 所示。

表 12-1　　　　　　　　　　　　　　　　前台首页解析

区　域	名　　称	说　　明	对应文件
1	网站导航	主要用于显示网站的标题及为用户提供前台功能导航	top.asp
2	新闻信息分类	主要用于按照分类展示新闻信息列表	web_index.asp
3	焦点导读	展示焦点新闻	web_focus.asp
4	往日新闻查看	提供新闻日历，查看往日新闻	web_oldnews.asp
5	新闻排行	展示最新和一周新闻排行	web_order.asp

12.5.2　连接数据库模块设计

连接数据库模块的主要功能是使用相应的连接数据库技术进行数据库连接，保证对数据库的有效操作。

在 ASP 应用程序中可以通过 ADO 组件访问 Access 数据库，并将连接数据库的语句写入 conn.asp 文件中。ADO（ActiveX Data Ojbect，ActiveX 数据对象）是微软公司开发的数据库访问组件，是一种既易于使用又可扩充的数据库访问技术。连接数据库的程序代码如下：

```
<!--*********************  include/conn.asp  *********************-->
<%
Dim conn,connstr
path=Application("DBpath")
  set conn = Server.CreateObject("ADODB.Connection")
ConnStr="Driver={Microsoft Access Driver (*.mdb)};DBQ="&path
  conn.Open ConnStr
%>
```

在 conn.asp 文件中应用的 Application 变量是在 Global.asa 文件中定义的。Global.asa 文件是用来存放执行任何 ASP 应用程序期间的 Application、Session 事件程序，当 Application 或者 Session 对象被第一次调用或者结束时，就会执行该 Global.asa 文件内的对应程序。用户可以在 Global.asa 文件中为 Application_OnStart 事件和 Application_OnEnd 事件指定脚本。当应用程序启动时，服务器在 Global.asa 文件中查找并处理 Application_OnStart 事件脚本；当应用程序终止时，服务器处理 Application_OnEnd 事件脚本。Global.asa 文件中的程序代码如下：

```
<script language="vbscript" runat="server">
sub application_onstart
application("DBpath")=Server.MapPath("\Database\db_News.mdb")
end sub
</script>
```

注意　一个应用程序只能对应一个 Global.asa 文件，该文件应存放在网站的根目录下运行，否则出现程序错误。

12.5.3　新闻展示模块设计

新闻展示模块的主要功能是用来展示所有分类的部分新闻标题列表，并提供所属分类的全部新闻标题列表以及设计新闻搜索结果页面。

1．新闻分类信息展示页面设计

新闻分类信息展示页面根据传递的日期参数，按新闻分类展示当日的新闻内容。其关键程序代码如下：

```
<!--*********************** web_index.asp ***********************-->
<table border="0" cellpadding="0" cellspacing="0">
<%
If Request("NewsDate")="" Then times=date() Else times=Request("NewsDate")
Set rs=Server.CreateObject("ADODB.Recordset")
  sql="Select top 6 * from tb_News where Style='时政要闻' and IssueDate=#"&times&"#"
rs.open sql,conn
  While Not rs.Eof
%>
<tr align="left" valign="top">
<td width="84" height="20"><div align="center">【<%=rs("Type")%>】</div></td>

    <td width="186">  <a href="#" onclick="window.open('Show.asp?id=<%=rs("ID")%>','详
细内容查看','width=630,height=400,scrollbars=yes,toolbar=no,location=no,status=no,menubar=
no')">
    <%If len(rs("Title"))>15 Then
        Response.Write(left(rs("Title"),13)&"...")
        Else
        Response.Write(rs("Title"))
        End If
%></A> </td>
</tr>
  <% rs.movenext
    Wend
    Set rs=Nothing
%>
</table>
```

2. 新闻分类列表页面设计

新闻分类列表页面的主要功能是根据选择的新闻分类，展示此新闻分类的当日新闻列表。

页面中首先获取查看的新闻日期时间，再根据选择的新闻分类确定 SQL 查询语句，按顺序显示新闻标题列表，并进行分页处理。其关键程序代码如下：

```
<!--***********************SubPage.asp***********************-->
<%
 If Request("NewsDate")="" Then times=date() Else times=Request("NewsDate")
 id=request.QueryString("id")
 select case id
 case 1
     table="时政要闻"
 case 2
     table="经济动向"
 case 3
     table="科学教育"
 case 4
     table="社会现象"
 case 5
     table="体育世界"
 case 6
     table="时尚娱乐"
 end select
Set rs=Server.CreateObject("ADODB.Recordset")
sql="Select * from tb_News where Style='"&table&"' and IssueDate=#"&times&"#"
```

```
rs.Open sql,conn,1,3
If Not (rs.eof and rs.bof) Then
    rs.pagesize=4   '定义每页显示的记录数
    pages=clng(Request("pages"))   '获得当前页数
    If pages<1 Then pages=1
    If pages>rs.recordcount Then pages=rs.recordcount
    showpage rs,pages   '执行分页子程序 showpage
    Sub showpage(rs,pages)   '分页子程序 showpage(rs,pages)
    rs.absolutepage=pages   '指定指针所在的当前位置
    For i=1 to rs.pagesize   '循环显示记录集中的记录
%>
    <tr>
    <td width="111"> 【<%=rs("Type")%>】</td>
    <td width="489">  <a href="#" onclick="window.open('Show.asp?id=<%=rs("ID")
%>','详细内容查看','width=630,height=400,scrollbars=yes,toolbar=no,location=no,status=no,
menubar=no,resized=yes')"> <%=rs("Title")%></a></td>
    </tr>
<%
  rs.movenext  '指针向下移动
  If rs.eof Then exit for
  Next
  End Sub
End If
%>
    </table></td>
    </tr>
    <tr>
    <form name="form" action="?" method="get">
    <td align="right">
    <%
    if pages<>1 then
        response.Write("  <a href=?pages=1&id="&id&"&NewsDate="&times&">
首页</a>")
        response.Write("  <a
href=?pages="&(pages-1)&"&id="&id&"&NewsDate="&times&">上一页</a>")
    end if
    response.Write("  当前 <font color='#FF0000'>"&pages&"/"&rs.pagecount&"
</font> 页")
    if pages<>rs.pagecount then
        response.Write("  <a
href=?pages="&(pages+1)&"&id="&id&"&NewsDate="&times&">下一页</a>")
        response.Write("  <a
href=?pages="&rs.pagecount&"&id="&id&"&NewsDate="&times&">末页</a>")
    end if
    rs.close
    Set rs=Nothing
    %></td>
</form> </tr>
```

新闻分类列表页面的运行结果如图 12-6 所示。

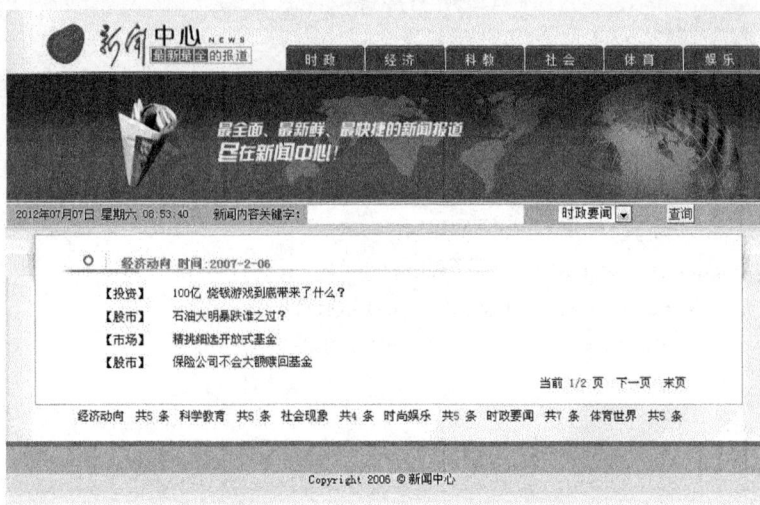

图 12-6　新闻分类列表页面

3. 新闻搜索结果页面设计

新闻搜索结果页面的主要功能是显示根据选择的日期时间、搜索关键字和选择的新闻分类进行搜索得到的新闻内容列表，其关键程序代码如下：

```
<!--*****************************Search.asp*****************************-->
<table width="550" height="55" border="0" cellpadding="0" cellspacing="0">
<%
If Request("NewsDate")="" Then times=date() Else times=Request("NewsDate")
key=Request.Form("keyword")
id=Request.Form("id")
 select case id
 case 1
   table="时政要闻"
 case 2
  table="经济动向"
 case 3
  table="科学教育"
 case 4
  table="社会现象"
 case 5
  table="体育世界"
 case 6
  table="时尚娱乐"
 end select
 Set rs=Server.CreateObject("ADODB.Recordset")
 sql="select * from tb_News where Content Like '%"&key&"%' and Style='"&table&"' and
IssueDate=#"&times&"#"
 rs.open sql,conn,1,1
 %>
 <tr>
   <td  height="21"><table  width="550"  height="20"  border="0"  cellpadding="0"
cellspacing="0">
       <tr>
         <td width="27"><img src="Image/top1.gIf" width="27" height="21"></td>
         <td    width="486"    valign="baseline"   background="Image/top2.gIf"><div
align="center">您的查询条件是：<%=table%> 类新闻，内容关键字为“ <%=key%> ”，时间
```

```
<%=formatdatetime(times,2)%></div></td>
              <td width="37"><img src="Image/top3.gIf" width="37" height="21"></td>
          </tr>
      </table></td>
    </tr>
    <tr>
      <td>
        <table width="550" height="350" border="0" cellpadding="0" cellspacing="0">
          <tr>
            <td colspan="3" valign="top">
                <table    width="545"    border="0"    align="center"    cellpadding="2"
cellspacing="2">
                  <tr bgcolor="#CED3DE">
                    <td height="20"><div align="center">新闻类型</div></td>
                    <td height="20"><div align="center">新闻标题</div></td>
                  </tr>
                  <% while not rs.eof %>
                  <tr>
                    <td width="127" height="20"><div align="center">【 <%=rs("Type")%> 】
</div></td>
                    <td width="423" height="20"><a href="#" onclick="window.open('Show.
asp?id=<%=rs("ID")%>','详细内容查看','width=630,height=400,scrollbars=yes')">
                        <%If len(cstr(rs("Title")))>30 Then Response.Write(left(cstr(rs
("Title")),28)&"...") Else Response.Write(rs("Title")) End If %>
                      </A> </td>
                  </tr>
                  <% rs.movenext
                     wend
                     set rs=nothing
                  %>
                </table></td>
          </tr>
        </table></td>
    </tr>
  </table>
```

新闻搜索结果页面的运行结果如图 12-7 所示。

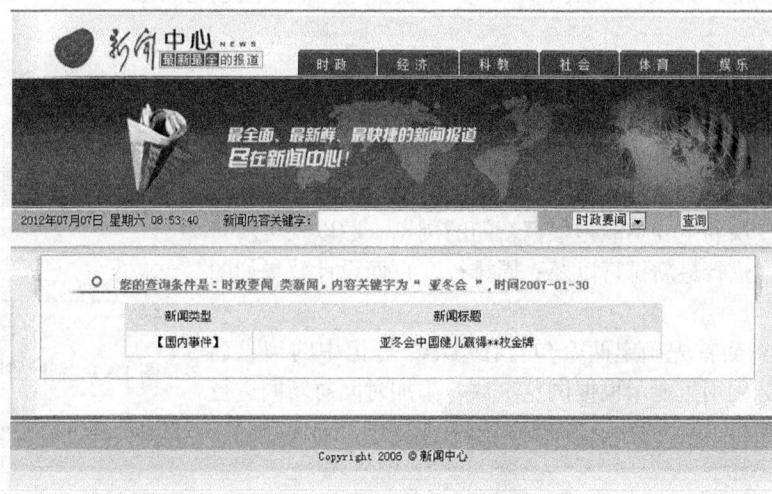

图 12-7　新闻搜索结果页面

12.5.4　往日新闻查看模块设计

　　往日新闻查看模块的主要功能是根据日历选择日期，查看当日的新闻内容。页面设计效果如图 12-8 所示。

图 12-8　往日新闻查看页面设计效果

　　往日新闻查看页面中使用<object>标记嵌入日期拾取组件（Microsoft Date and Time Picker），用户可以通过日期拾取器选择日期时间。在表单按钮的 OnClick 事件中调用 JavaScript 脚本函数，通过脚本的日期时间函数获得用户选择的日期。其关键程序代码如下：

```
<!--*************************** web_oldnews.asp ***************************-->
<meta http-equiv="Content-Type" content="text/html; charset=gb2312">
<table width="240" border="0" cellspacing="2" cellpadding="0">
   <tr>
     <td width="56%" height="22" align="right">选择新闻日期:</td>
     <td width="44%" height="22"></td>
   </tr>
   <tr align="center">
     <td height="22">
<script language="javascript">
function myevent(){
  var date=new Date(mydate.value)  ;
  year=date.getUTCFullYear();
  month=date.getUTCMonth()+1;
  day=date.getUTCDate();
myform.NewsDate.value=year+"-"+month+"-"+day;
myform.submit();
}
</script>
    <object classid="clsid:20DD1B9E-87C4-11D1-8BE3-0000F8754DA1" name="mydate" width=
"110" height="20">
    <param name="format" value=1>
</object></td>
<form name="myform" method="post" action="">
<td height="22" align="left" valign="middle">
<input type="hidden" name="NewsDate" size="18">
   <input type="button" name="Submit" value="查 看" class="button" onClick="myevent()">
</td>
</form>
</tr>
</table>
```

12.5.5　新闻排行模块设计

　　新闻排行模块的主要功能是根据新闻的浏览次数以及更新时间，对新闻信息进行最新排行以及一周排行。页面设计效果如图 12-9 所示。

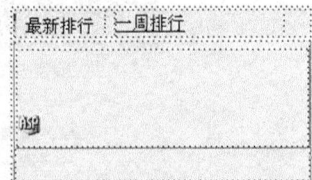

图 12-9　新闻排行页面设计效果

　　新闻排行页面首先确定两个包含在<DIV>标记中的信息列表，信息列表分别用于显示根据浏览次数、添加时间对新闻进行最新排行和一周排行，再使用 CSS 样式以及标记的 display 属性实现对列表的隐藏或者显示功能。其关键程序代码如下：

```
<!--***************************web_order.asp ***************************-->
<DIV class=item_bg>
```

```
<TABLE class=bg_item_0 id=top_item height=21 cellSpacing=0 cellPadding=0
width=202 border=0>
   <TR>
      <TD                          width="76"                          class=left
onmouseover="SetItem('top_item','bg_item_0','view_item_0','view_item_1')">
      <A title=最新排行 href="#">最新排行</A></TD>
      <TD                          width="126"                         class=right
onmouseover="SetItem('top_item','bg_item_1','view_item_1','view_item_0')">
      <A title=一周排行 href="#">一周排行</A></TD> </TR></TABLE>
</DIV>
<DIV id=view_item_0>
<TABLE >
<TR><TD vAlign=top align=left height=200>
  <TABLE style="MARGIN-TOP: 5px" cellSpacing=0 width=220>
      <TR><TD colSpan=2 height=106>
      <%
      Set rs=Server.CreateObject("ADODB.Recordset")
      sqlstr="select top 18 ID,Title from tb_News order by Nnums desc,ID desc"
      rs.open sqlstr,conn,1,1
      while not rs.eof
      Response.Write("<FONT class=f7 color=#00349a>●</FONT> ")
      Response.Write("<a href=# onclick=window.open('Show.asp?id="&rs("ID")&"','详细
内容查看','width=630,height=400,scrollbars=yes,toolbar=no,location=no,status=no,menubar
=no') title="&rs("Title")&">")
      Response.Write(Left(rs("Title"),16)&"</a><BR>")
      rs.movenext
      wend
      rs.close
      Set rs=Nothing
      %> </TD> </TR></TABLE></TD></TR></TABLE>
</DIV>
<DIV id=view_item_1 style="DISPLAY: none">
<TABLE>
<TR> <TD vAlign=top align=left height=200>
      <TABLE style="MARGIN-TOP: 5px" cellSpacing=0 width=220>
         <TR><TD colSpan=2 height=106>
            <%
            Set rs=Server.CreateObject("ADODB.Recordset")
            sqlstr="select top 18 ID,Title,IssueDate from tb_News order by Nnums desc,ID
desc"
            rs.open sqlstr,conn,1,1
            while not rs.eof
            If DateDiff("d",rs("IssueDate"),date())<=7 Then
            Response.Write("<FONT class=f7 color=#00349a>●</FONT> ")
            Response.Write("<a href=# onclick=window.open('Show.asp?id="&rs("ID")
&"','详细内容查看','width=630,height=400,scrollbars=yes,toolbar=no,location=no,status=no,
menubar=no') title="&rs("Title")&">")
            Response.Write(Left(rs("Title"),16)&"</a><BR>")
            End If
            rs.movenext
            wend
            rs.close
            Set rs=Nothing
            %></TD></TR></TABLE></TD></TR></TABLE>
</DIV>
```

调用的 JavaScript 脚本函数如下：

```
<SCRIPT language=javascript type=text/javascript>
<!--
function GetObjName(objName){
```

```
        if(document.getElementById){
            return eval('document.getElementById("' + objName + '")');
        }else if(document.layers){
            return eval("document.layers['" + objName +"']");
        }else{
            return eval('document.all.' + objName);
        }
}
function SetItem(objId, cClass, divID0, divID1){
    GetObjName(objId).className = cClass;
    GetObjName(divID0).style.display = "block";
    GetObjName(divID1).style.display = "none";
}
//-->
</SCRIPT>
```

12.6　后台主要功能模块详细设计

12.6.1　后台总体架构

1. 模块功能介绍

后台页面主要包括以下功能模块。

❑　新闻信息管理模块：主要包括根据新闻分类进行添加、查询、修改和删除新闻信息操作。

❑　管理员设置模块：主要用于添加、删除管理员信息、修改密码以及查看管理员日志信息。

❑　数据库维护管理模块：主要用于对网站数据库进行备份和恢复。

2. 文件架构

新闻网站系统的后台文件架构图，如图 12-10 所示

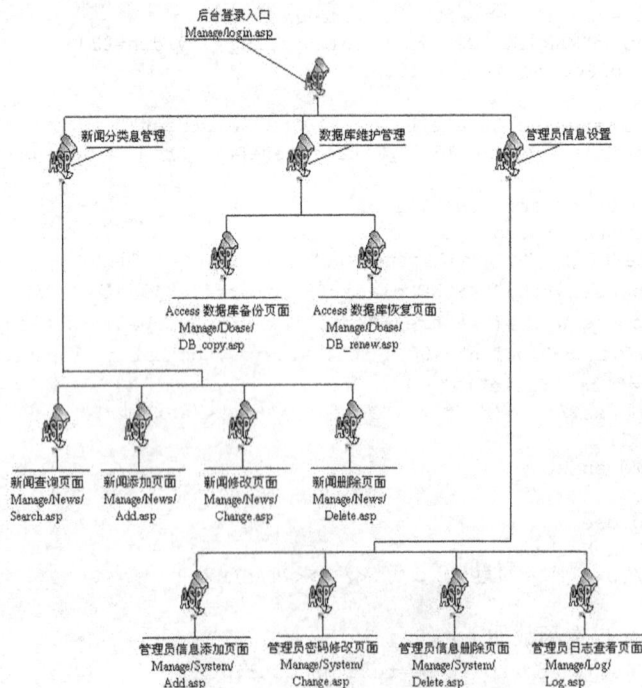

图 12-10　后台文件架构图

3. 后台页面运行结果

网站后台页面的运行结果如图 12-11 所示。

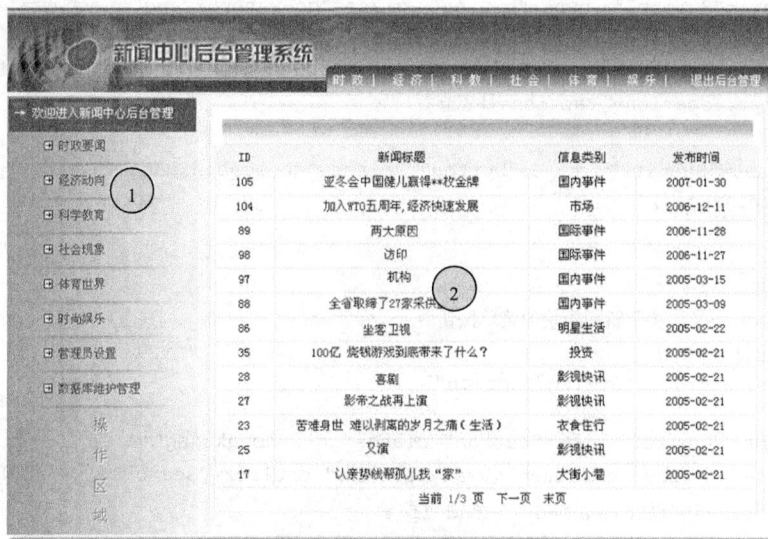

图 12-11　网站后台页面运行结果

为了方便读者阅读此章节内容，将后台页面的各部分说明以列表形式给出，如表 12-2 所示。

表 12-2　　　　　　　　　　　　　　　后台页面解析

区域	名　　称	说　　明	对应文件
1	后台管理导航	主要用于选择各种后台管理操作	manage/left.asp
2	后台功能管理区	主要用于进行各种后台管理操作	manage/Log/Uelete.asp manage/Log/Log.asp manage/News/Add.asp manage/News/Lnange.asp manage/News/Delete.asp manage/News/News.asp manage/News/Search.asp manage/System/Add.asp manage/System/Change.asp manage/System/Default.asp manage/System/Delete.asp manage/System/Manager.asp

12.6.2　功能菜单模块设计

功能菜单模块的主要功能是根据选择不同的项目名称而显示对应的菜单项。页面中定义 4 个子过程，分别表示用户在选择"新闻类别"、"管理员设置"或者是选择"数据库管理"时显示的相应按钮菜单项。其关键程序代码如下：

```
<!--*********************************Manage/left.asp*************************-->
<!-- 子过程 Manager(),关于管理员设置的菜单按钮 -->
<%Sub Manager()
  If Session("MType")="Super" Then
%>
<input name="Submit5" type="button" class="go-wenbenkuang" value="查看管理员信息"
```

```
onclick="javascript:location.href='index.asp?action=see'">
    <input name="Submit1" type="button" class="go-wenbenkuang" value="添加管理员"
onClick="systemadd()">
    <input name="Submit3" type="button" class="go-wenbenkuang" value="删除管理员"
onClick="systemdelete()">
    <input name="Submit4" type="button" class="go-wenbenkuang" value="管理员日志查看"
onclick="jscript:location='?action=日志查看'">
    <%Else%>
    <input name="Submit2" type="button" class="go-wenbenkuang" value="修改密码"
onClick="systemchange()">
    <%
    End If
    End Sub %>
<!-- 子过程 News()，关于新闻模块的菜单按钮 -->
<%Sub News()
    style=Request.QueryString("action")
%>
<input name="Submit1" type="button" class="go-wenbenkuang"
<% if style<>"" then %>value="<%=style%>查询" onClick="searchs('<%=style%>')"
<% Else%> value="操"disabled <% End If %>>
<input name="Submit2" type="button" class="go-wenbenkuang"
<% If style<>"" Then %>value="<%=style%>添加" onclick="add('<%=style%>')"
<% Else%> value="作" disabled <% End If %>>
<input name="Submit3" type="button" class="go-wenbenkuang"
<% if style<>"" then %>value="<%=style%>修改" onClick="change('<%=style%>')"
<% else%> value="区" disabled <% End If %>>
<input name="Submit4" type="button" class="go-wenbenkuang"
<% if style<>"" then %>value="<%=style%>删除" onClick="deletes('<%=style%>')"
<% Else%> value="域"disabled <% End If %>>
<% End Sub %>
<!-- 子过程 Dbase()，关于数据库管理模块的菜单按钮 -->
<%Sub Dbase()%>
    <input name="Submit1" type="button" class="go-wenbenkuang" value="Access 数据库备份"
onClick="DB_copy()">
    <input name="Submit3" type="button" class="go-wenbenkuang" value="Access 数据库恢复"
onClick="DB_renew()">
    <% End Sub %>
    <tr>
      <td align="center">
      <%
      action=Request.QueryString("action")
      Select case action
      case "管理员设置"
        call Manager()
      case "日志查看"
        call Manager()
      case "数据库管理"
        call Dbase()
      case else
        call News()
      End Select
      %>
```

12.6.3　新闻管理模块设计

新闻管理模块的主要功能是实现按照新闻分类进行查询、添加、修改以及删除新闻内容的操作。

1. 新闻信息查询页面设计

新闻信息查询页面的主要功能是通过输入新闻的标题或者新闻对应的 ID 编号，查询新闻信息。页面通过在表单中使用 POST 方法传递表单内容，并调用 JavaScript 脚本函数实现在 Manage/index.asp 页面中浏览查询结果。其关键程序代码如下：

```
<!--*********************** Manage/News/Search.asp ***************************-->
<%  names=request.QueryString("name")
     sqlstr="insert                 into                 tb_Log(Name,Content,IssueDate)
values('"&session("Mname")&"','"&names&"类新闻信息查询','"&Now()&"')"
     conn.Execute(sqlstr)
%>
<script language="javascript">
function searchs(){
    var num=form1.id.value;
    if(num=="") alert("请输入您要查询的新闻题目或新闻题目对应的 ID 号码");
    else{
    window.close();
    opener.location="../index.asp?action=<%=names%>&id="+num;
    }
}
</script>
```

> JavaScript 脚本语言区分大小写，在每个语句结尾处要加分号"；"。

新闻信息查询页面的运行结果如图 12-12 所示。

图 12-12　新闻信息查询页面

2. 新闻信息添加页面设计

新闻信息添加页面的主要功能是根据获取的参数判断正在操作的新闻类别，然后添加详细的新闻内容。

新闻信息添加页面对提交的表单信息进行判断，防止在同一新闻类别中添加相同的新闻信息，并且将操作情况记录到管理员日志表中。其关键程序代码如下：

```
<!--****************************Manage/News/Add.asp ***************************-->
<%
names=Request.QueryString("name")  '类别名称
If Not Isempty(Request("add")) Then
  if Request.Form("Content")="" or Request.Form("Title")="" then
    Response.Write("<script lanuage='javascript'>alert('您添加的信息不完整!');history.back();</script>")
  else
    Set rs=Server.CreateObject("ADODB.Recordset")
```

```
    sql="select * from tb_News where Title='"&Request.Form("Title")&_
     "' and Type='"&Request.QueryString("type")&"'"
    rs.open sql,conn
    if not rs.Eof And not rs.Bof Then '用户输入的新闻信息已经存在时，执行的操作
        set rs=nothing
        sql="insert into tb_Log(Name,Content,IssueDate) values('"&_
         session("Mname")&"',' 新 闻 信 息 "&Request.Form("Title")&" 添 加 失 败
',''"&Now()&"')"
        conn.Execute(sql)
        Response.Write("<script  lanuage='javascript'>alert(' 此 信 息 已 经 存
在!');history.back();</script>")
    Else        '用户输入的新闻信息不存在时，执行的操作
        set rs=nothing
        sql="insert into tb_News(Title,Content,Style,Type,IssueDate) values('"&_
         Request.Form("Title")&"','"&Request.Form("Content")&"','"&_
         names&"','"&Request.Form("Type")&"','"&Date()&"')"
        conn.Execute(sql)
        sql="insert              into           tb_Log(Name,Content,IssueDate)
values('"&session("Mname")&_
         "','新闻信息--"&Request.Form("Title")&"添加成功','"&Now()&"')"
        conn.Execute(sql)
        Response.Write("<script  lanuage='javascript'>alert(' 信 息 添 加 成
功!');window.close();opener.location.reload();</script>")
    End if
    rs.close
    Set rs=Nothing
 End If
End If
%>>
```

新闻信息添加页面的运行结果如图 12-13 所示。

> **注意**　Inser into 语句与 Recordset 对象 AddNew 方法的区别：数据表中的字段数比较少，并对大量数据进行操作时，直接使用 SQL 语句将会加快存取数据的速度，节省 ADO 调用 SQL 语句再执行的时间；当对包含多个字段的数据表进行操作时，使用 AddNew 方法可以增强程序的可读性，减少程序出错的机会。

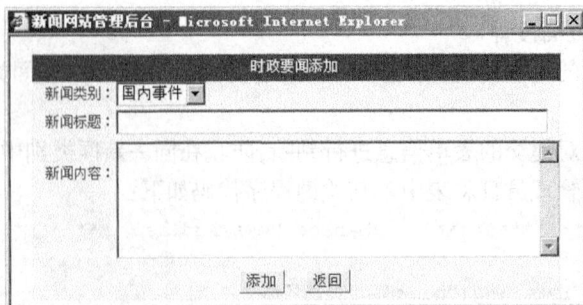

图 12-13　新闻信息添加页面

3. 新闻信息修改页面设计

新闻信息修改页面的主要功能包括修改新闻所属的小类、详细内容以及设置是否成为焦点导读。页面设计效果如图 12-14 所示。

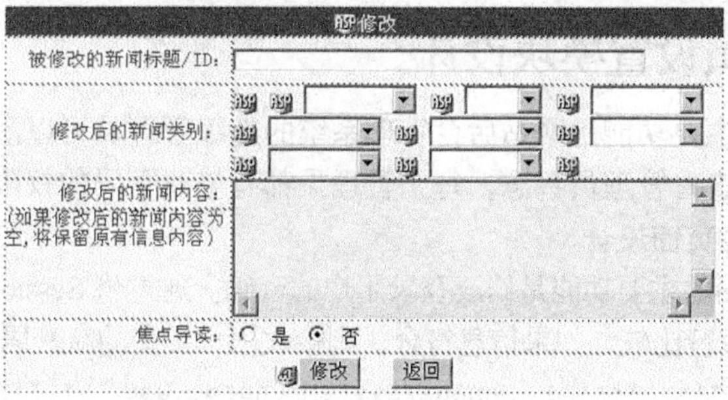

图 12-14　新闻信息修改页面设计效果

新闻信息修改页面根据用户输入的新闻标题或者新闻 ID 编号，判断该新闻数据是否存在，如果存在则执行修改操作，并且可以设置新闻是否为焦点导读，如果选择是，则该条新闻信息将显示在网站前台首页的"焦点导读"栏目中。其关键程序代码如下：

```
<!--*****************************Manage/News/Change.asp*********************-->
<%
sql="insert into tb_Log(Name,Content,IssueDate) values('"&session("Mname")&_
  "','进行"&request.QueryString("name")&"类新闻信息修改','"&Now()&"')"
conn.Execute(sql)
names=request.QueryString("name")
If Not Isempty(Request("edit")) Then
    name1=Request.Form("title")
    content=Request.Form("content")
    types=Request.Form("type")
    style=Request("names")
    fig=Request("fig")
    If Not isnumeric(name1) Then num=0 Else num=name1 End If
    Set rs=Server.CreateObject("ADODB.Recordset")
    sql="select * from tb_News where (ID="&num&" or Title='"&name1&"') and
Style='"&style&"'"
    rs.open sql,conn
    If Not rs.Eof or Not rs.Bof Then '当用户输入的新闻标题/ID存在时
      If content="" Then
        sql="update tb_News Set Type='"&types&"',Nfocus='"&fig&"' where (ID="&num&"
or Title='"&name1&"') and Style='"&style&"'"
      else
        sql="update tb_News Set Content='"&content&"',Type='"&types&"',Nfocus
='"&fig&"' where (ID="&num&" or Title='"&name1&"') and Style='"&style&"'"
      end if
        conn.Execute(sql)
        sql="insert into tb_Log(Name,Content,IssueDate) values('"&session("Mname")&_
         "','"&style&"类新闻信息"&name1&"成功修改','"&Now()&"')"
        conn.Execute(sql)
        Response.Write("<script lanuage='javascript'>alert('信息修改成
功!');window.close();opener.location.reload();</script>")
    Else '当用户输入的新闻标题/ID不存在时
      Response.Write("<script lanuage='javascript'>alert('您要修改的新闻标题/ID 不存
在!');history.back();</script>")
    End If
End If
%>
```

12.6.4　管理员设置模块设计

管理员设置模块的主要功能是网站后台管理系统的超级管理员可以添加新的管理员信息、查询或删除管理员信息、查看管理员日志，每个管理员都有修改密码的权限。

1. 管理员密码修改页面设计

管理员密码修改页面的主要功能是修改登录用户的密码。通过将 Session 变量中存储的用户登录名称与数据库中的信息进行比较，如果信息符合，则接收用户提交的新密码。其关键程序代码如下：

```
<!--*********************** Manage/System/Change.asp ***********************-->
<%
If request.Form("password1")<>"" then
    sql="update tb_Manager set Password='"&request.form("password1")&_
     "' where Name='"&Session("Mname")&"'"
    rs.open sql,conn
    set rs=nothing
    Response.Write("<script  language='javascript'>alert(' 密  码  修  改  成
功!');opener.location.reload();window.close();</script>")
End if
%>
```

管理员密码修改页面的运行结果如图 12-15 所示。

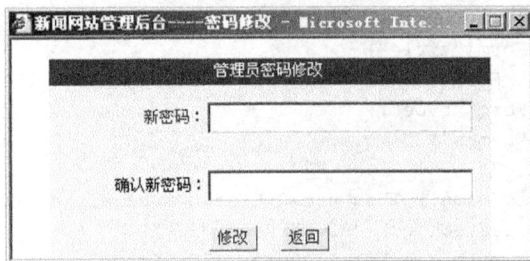

图 12-15　管理员密码修改页面

2. 管理员信息删除页面设计

管理员信息删除页面的主要功能是删除指定的管理员信息。页面可以根据获取到的管理员 ID 编号进行删除，也可以删除全部的管理员信息。在删除操作中，禁止删除 ID 编号为 1 的 Super 管理员，以保证管理员对网站信息的有效管理。其关键程序代码如下：

```
<!--*********************** Manage/System/Delete.asp ***********************-->
<%
sqlstr="insert into tb_Log(Name,Content,IssueDate) values('"&session("Mname")&"','
管理员信息删除','"&Now()&"')"
conn.Execute(sqlstr)
If Not Isempty(Request("Delete")) Then
  names=Request.Form("deletes")
  If names=1 Then
    Response.Write("<script  language='javascript'>alert('Super 管 理 员 无 法 删
除!');history.back();</script>")
  Else
    sqlstr="select * from tb_Manager where ID="&names
    rs.open sqlstr,conn,1,1
    If Not rs.Eof Or Not rs.Bof Then
      sqlstr="delete from tb_Manager where ID="&names
      conn.Execute(sqlstr)
```

```
      Response.Write("<script   language='javascript'>alert(' 信 息 删 除 成
功!');window.close();opener.location.reload();</script>")
      Else
      Response.Write("<script   language='javascript'>alert(' 您 要 删 除 的 信 息 不 存
在!');history.back();</script>")
      End if
      Set rs=nothing
      conn.close
      Set conn=nothing
   End If
 End IF
 If Not Isempty(Request("DeleteAll")) Then
     sqlstr="delete from tb_Manager where ID<>1"
     conn.Execute(sqlstr)
     Response.Write("<script   language='javascript'>alert(' 信 息 全 部 删 除 成
功!');window.close();opener.location.reload();</script>")
 End If
 %>
```

管理员信息删除页面的运行结果如图 12-16 所示。

图 12-16　管理员信息删除页面

3. 管理员日志页面设计

管理员日志页面是用来显示管理员在网站后台管理上进行的所有操作信息。页面设计效果如图 12-17 所示。

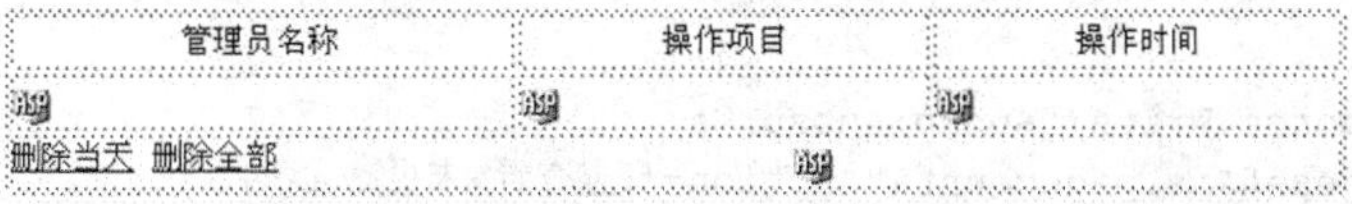

图 12-17　管理员日志页面设计效果

管理员日志页面执行查询管理员日志表的操作，并通过表格显示相关信息，其关键程序代码如下：

```
<!--************************Manage/Log/Log.asp  ************************-->
<%
Set rs=Server.CreateObject("ADODB.Recordset")
sqlstr="select * from tb_Log order by IssueDate DESC"
rs.open sqlstr,conn,1,1
If Not (rs.eof and rs.bof) Then
    rs.pagesize=10  '定义每页显示的记录数
    pages=clng(Request("pages"))  '获得当前页数
    If pages<1 Then pages=1
    If pages>rs.recordcount Then pages=rs.recordcount
    showpage rs,pages  '执行分页子程序 showpage
    Sub showpage(rs,pages)  '分页子程序 showpage(rs,pages)
```

```
        rs.absolutepage=pages     '指定指针所在的当前位置
        For i=1 to rs.pagesize  '使用 for…to…语句循环显示记录
%>
  <tr>
    <td height="22"><%=rs("Name")%></td>
    <td height="22"><%=rs("Content")%></td>
    <td height="22"><%=rs("IssueDate")%></td>
  </tr>
  <%
  rs.movenext  '指针向下移动
  If rs.eof Then exit for
  Next
  End Sub
End If
%>
  <tr>
    <form name="form" action="?" method="get">
      <td height="22" colspan="3" align="center"><div style="float:left"> <a href="#"
onClick="javascript:window.open('Log/Delete.asp')"> 删  除  当  天 </a>  <a
href="Manager.asp?action=Log"
onClick="javascript:window.open('Log/Delete.asp?action=all')">删除全部</a></div>

    <%
    if pages<>1 then
        response.Write("  <a href="&path&"?pages=1&action=日志查看>首页
</a>")
        response.Write("  <a href="&path&"?pages="&(pages-1)&"&action=日
志查看>上一页</a>")
    end if
    response.Write("  当前 <font color='#FF0000'>"&pages&"/"&rs.pagecount&"
</font> 页")
    if pages<>rs.pagecount then
        response.Write("  <a href="&path&"?pages="&(pages+1)&"&action=日
志查看>下一页</a>")
        response.Write("  <a
href="&path&"?pages="&rs.pagecount&"&action=日志查看>末页</a>")
    end if
    rs.close
    Set rs=Nothing
    %></td>
    </form>
  </tr>
```

调用删除日志数据页面的程序代码如下：

```
<!--*************************Manage/Log/Delete.asp********************-->
<%
if Request.QueryString("action")="all" then
    sql="delete from tb_Log"
else
     sql="delete * from tb_Log where IssueDate between #"&Cdate(date()&_
    " 00:00:01")&"# And #"&Now()&"#"
end if
conn.Execute(sql)

if Request.QueryString("action")="all" then
```

```
    sql="insert into tb_Log(Name,Content,IssueDate) values('"&_
    session("Mname")&"','全部日志被删除','"&Now()&"')"
        conn.Execute(sql)
else
    sql="insert into tb_Log(Name,Content,IssueDate) values('"&_
    session("Mname")&"','当天日志被删除','"&Now()&"')"
        conn.Execute(sql)
end if
Response.Write("<script lanuage='javascript'>alert('日志已删除!');
    window.close();opener.location.reload();</script>")
%>
```

管理员日志页面的运行结果如图 12-18 所示。

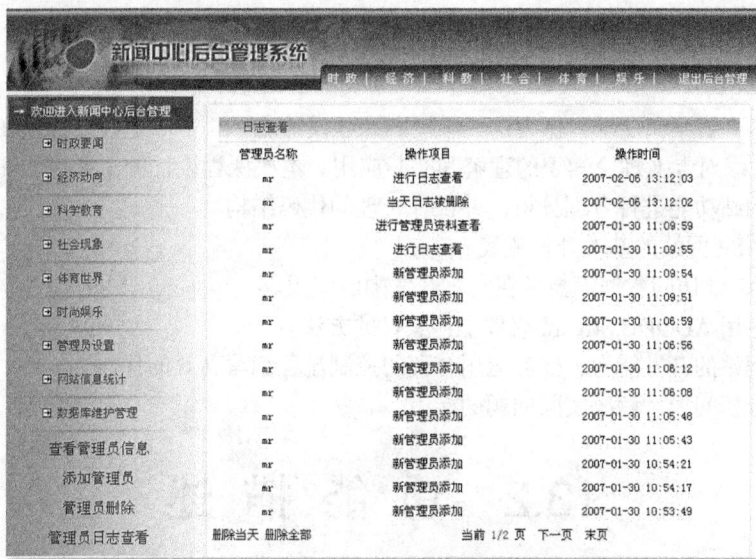

图 12-18　管理员日志页面

第 13 章
课程设计二——新城校友录

13.1 课程设计目的

本章提供了"新城校友录"作为这一学期的课程设计之一，本次课程设计旨在提升学生的动手能力，加强大家对专业理论知识的理解和实际应用。本次课程设计的主要目的如下。
- ❑ 能对网站功能进行合理分析，并设计合理的代码结构。
- ❑ 掌握 ASP 网站的基本开发流程。
- ❑ 掌握 ADO 访问数据库技术在实际开发中的应用。
- ❑ 掌握使用 ADODB.Stream 组件上传文件的方法。
- ❑ 提供网站的开发能力，能够运用合理的控制流程编写高效的代码。
- ❑ 培养分析问题、解决实际问题的能力。

13.2 功 能 描 述

新城校友录网站是一个典型的 ASP 数据库开发应用程序，主要由前台信息添加与后台管理两部分组成。
- ❑ 前台信息添加：主要包括加入班级、加入同学、班级相册、真情祝福、上传照片和班级通讯录。
- ❑ 后台管理：主要对网站内的一些基础数据信息进行有效管理，包括班级信息管理、同学信息管理、上传照片信息管理、发送真情祝福信息管理、班级通讯录信息管理等。

13.3 程序业务流程

新城校友录网站前台功能结构如图 13-1 所示。
新城校友录网站后台功能结构如图 13-2 所示。

13.4 数据库设计

本系统数据库采用 Access 2003 数据库，系统数据库名称为 db_schoolcomputer。数据库 db_schoolcomputer 中包含多张数据表。下面给出数据表概要说明以及主要数据表结构。

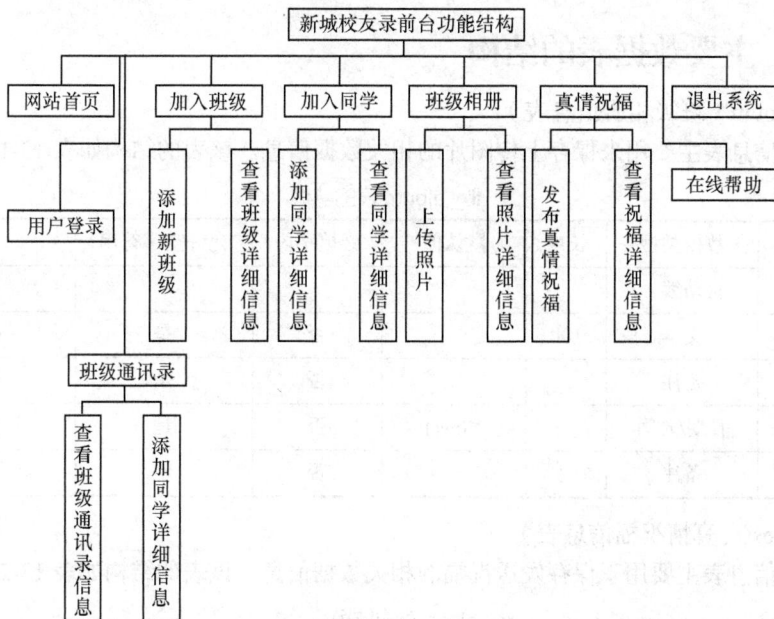

图 13-1　网站前台功能结构图

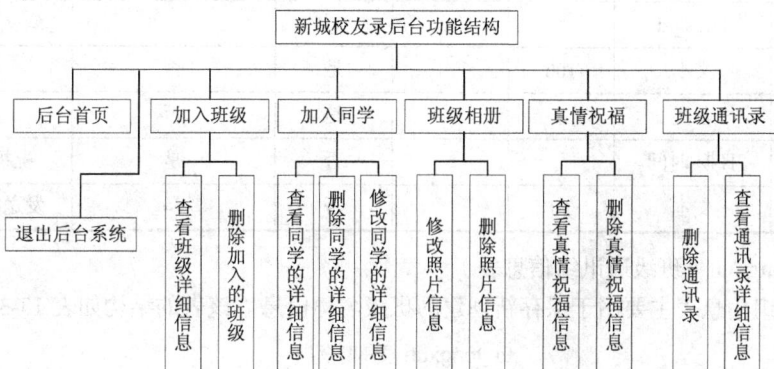

图 13-2　网站后台功能结构图

13.4.1　数据表概要说明

从读者角度出发，为了使读者对本系统后台数据库中数据表有一个清晰的认识，笔者在此特设计一个数据表树型结构图，该数据表树型结构图包含系统中所有数据表，如图 13-3 所示。

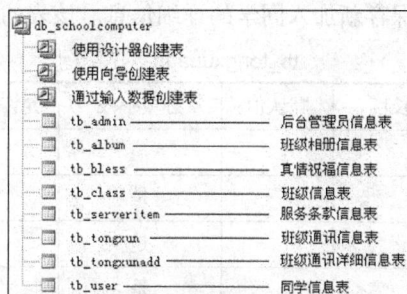

图 13-3　数据表树型结构图

13.4.2　主要数据表的结构

❑　tb_album（班级相册信息表）

班级相册信息表主要用来保存上传图片的相关数据信息。该表的结构如表 13-1 所示。

表 13-1　　　　　　　　　　　　　　tb_ album 表的结构

字段名	数据类型	长度	默认值	必填字段	允许空字符串	描述
ID	自动编号					照片编号
name1	文本	100		否	是	照片名称
photo	备注			否	是	照片介绍
photo_time	日期/时间		Now()	否	是	照片上传的时间
picture	备注			否	是	上传的照片名子

❑　tb_bless（真情祝福信息表）

真情祝福信息表主要用于保存发送祝福的相关数据信息。该表的结构如表 13-2 所示。

表 13-2　　　　　　　　　　　　　　tb_ bless 表的结构

列名	数据类型	长度	默认值	必填字段	允许空字符串	描述
bless_id	bless_id					祝福编号
bless_title	文本	100		是	否	祝福标题
bless_content	备注			是	否	祝福内容
bless_data	日期/时间			否	是	祝福发送的时间
bless_fu	文本	50		否	是	发送祝福的心情符

❑　tb_tongxun（班级通讯组信息表）

班级通讯组信息表主要用于保存新创建的班级名称信息。该表的结构如表 13-3 所示。

表 13-3　　　　　　　　　　　　　　tb_tongxun 表的结构

列名	数据类型	长度	默认值	必填字段	允许空字符串	描述
id	自动编号					
Time1	备注			是	否	
Name1	日期/时间		Now()	否	是	

❑　tb_tongxunadd（同学详细信息表）

同学详细信息表主要用于保存新加入同学的详细信息。该表的结构如表 13-4 所示。

表 13-4　　　　　　　　　　　　　　tb_tongxunadd 表的结构

列名	数据类型	长度	默认值	必填字段	允许空字符串	描述
ID	自动编号					自动编号
name11	备注			是	否	同学姓名
birthday	日期/时间			是	否	出生日期
sex	备注			是	否	性别
hy	备注			是	否	婚姻状况

续表

列名	数据类型	长度	默认值	必填字段	允许空字符串	描述
dw	备注			是	否	单位
department	备注			是	否	所属班级
zw	备注			是	否	职位
sf	备注			是	否	省份
cs	备注			是	否	城市
phone	备注			是	否	移动电话
phone1	备注			是	否	办公电话
email	备注			是	否	E-mail 地址
postcode	备注			是	否	邮政编码
OICQ	备注			是	否	OICQ
family	备注			是	否	家庭电话
address	备注			是	否	家庭住址
remark	备注			是	否	备注
name1	数字			是	否	所属班级

13.5　前台主要功能模块详细设计

13.5.1　班级相册模块设计

1. 上传照片

当用户进入到网站首页后，可以通过功能导航条进入到相关功能模块。单击"班级相册"超链接可以进入到班级相册模块。在进入该模块前首先需要判断一下，该用户是否成功登录到该网站，如果用户成功登录该网站则可以上传照片；否则不允许进入该模块上传照片。上传照片页面的设计效果如图 13-4 所示。

上传照片页面所涉及的 HTML 表单元素如表 13-5 所示。

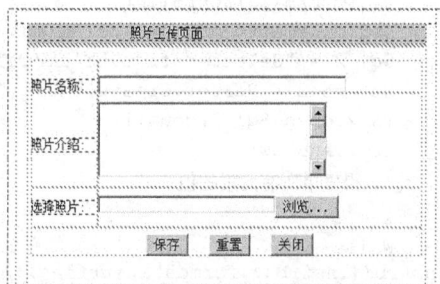

图 13-4　上传照片页面的设计效果

表 13-5　　　　　　　　　　　　上传照片页面所涉及的 HTML 表单元素

名称	类型	含义	重要属性
form1	form	表单	<form name="form1" method="post" action="add.asp" enctype="multipart/form-data">
name1	text	照片名称	<input name="name1" type="text" id="name1" size="35">
photo	textarea	照片介绍	<textarea name="photo" cols="30" rows="6" id="photo"></textarea>
picture	file	选择照片	<input name="picture" type="file" id="picture" size="25" />

续表

名称	类型	含义	重要属性
Submit	button	"保存" 按钮	`<input type="button" name="Submit" value="保存" onclick="Mycheck();">`
Submit2	reset	"重置" 按钮	`<input type="reset" name="Submit2" value="重置" />`
Submit3	button	"关闭" 按钮	`<input type="button" name="Submit3" value="关闭" onClick="javascript:window.close();">`

　　照片信息填写完毕后，通过单击"保存"按钮将填写的数据信息提交给数据处理页面，此时数据处理页将相关数据信息存储到指定的数据表中。数据处理页面的程序代码如下：

```
<!--
****************************add.asp***********************************
-->
<%@LANGUAGE="VBSCRIPT" CODEPAGE="936"%>
<!--#include file="Conn/conn.asp"-->
<%
  Response.Buffer=true
formsize=Request.TotalBytes
if formsize/1024 >200 then
%>
<script>
alert("上传文件不能大于 200KB!现在文件大小为:<%=int(formsize/1024)%>KB");
history.go(-1);
</script>
<%
end if
formdata=Request.BinaryRead(formsize)
crlf=chrB(13)&chrB(10)
strflag=leftb(formdata,clng(instrb(formdata,crlf))-1)
Sql_2 = "Select * from tb_album"
Set rs_2 = Server.CreateObject("ADODB.Recordset")
rs_2.open Sql_2,conn,1,3
rs_2.AddNew
'获得表单所有元素的值
k = 1
While                        instrb(k,formdata,strflag)              <
instrb((instrb(k,formdata,strflag)+lenb(strflag)),formdata,strflag)
      start = instrb(k,formdata,strflag) + lenb(strflag) + 2
      endsize = instrb((instrb(k,formdata,strflag)+lenb(strflag)),formdata,strflag) -
start - 2
      bin_content = midb(formdata,start,endsize)
      pos1_name = instrb(bin_content,toByte("name="""))
      pos2_name = instrb(pos1_name+6,bin_content,toByte(""""))
      nametag = midb(bin_content,pos1_name+6,pos2_name-pos1_name-6)
      pos1_filename = instrb(pos2_name,bin_content,toByte("filename="""))
          If(pos1_filename = 0)Then
             namevalue                                              =
toStr(midb(bin_content,pos2_name+5,lenb(bin_content)-pos2_name-4))
             If(InStr(toStr(nametag),"name1") > 0)Then
    Set rs_2a = Server.CreateObject("ADODB.Recordset")
ww="select * from tb_album where name1='"&namevalue&"'"
conn.execute(ww)
rs_2a.open ww,conn,1,3
```

```
if  not(rs_2a.eof) then
%>
<script language="javascript">
alert("该信息已存在!")
window.location.href='album_shang.asp';
</script>
<%
response.End()
end if
                rs_2("name1") = namevalue
                End If
                If(InStr(toStr(nametag),"photo") > 0)Then
                    rs_2("photo") = namevalue
                End If

                If(InStr(toStr(nametag),"introduce") > 0)Then
                    If(namevalue = "")Then
                    rs_2("introduce") = "空"
                    Else
                    rs_2("introduce") = namevalue
                    End If
                End If
            Else
                '取 filename 的值
                pos2_filename = instrb(pos1_filename+10,bin_content,toByte(""""))
                fullpath                                                    =
midb(bin_content,pos1_filename+10,pos2_filename-pos1_filename-10)
                If(fullpath <> "")Then
                    '叛断上传的格式
                    filename = GetFileName(toStr(fullpath))
                    expandname = Mid(filename,InStrRev(filename,".")+1)
                    imgarray = Array("gif","jpg","jpeg","jpe","bmp")
                    imgflag = false
                    For q=0 To Ubound(imgarray)
                        If(InStr(Lcase(expandname),imgarray(q)) > 0)Then
                        imgflag = true
                        End If
                    Next
                    If(imgflag = false)Then
%>
    <script>
    alert("上传格式不对! ");
    history.go(-1);
    </script>
<%
                    Response.End()
                    End If
                    realname = Mid(filename,InStrRev(filename,"/")+1)
                    If(realname <> "")Then
                    rs_2("picture") = realname
                    Else
                    rs_2("picture") = "空"
                    End If
                    bin_start = instrb(bin_content,crlf&crlf) + 4
                    filedata=midb(bin_content,bin_start)
```

```
                           '把图片数据上传到文件夹
                           Set objstream = CreateObject("ADODB.Stream")
                           objstream.mode = 3
                           objstream.type = 1
                           objstream.open
                           objstream.write formdata
                           objstream.position = instrb(instrb(formdata,toByte("filename=""")),
formdata,crlf&crlf) + 3  '是加3不是4
                           set guyu = server.CreateObject("adodb.stream")
                           guyu.mode = 3
                           guyu.type = 1
                           guyu.open
                           objstream.copyto guyu,lenb(filedata)
                           guyu.savetofile Server.MapPath("Images/goods/"&realname),2
                           guyu.close
                           Set guyu = nothing
                           objstream.close
                           Set objstream = nothing
                       Else
                       rs_2("picture") = "空"
                       End If
                   End If
       k = instrb((instrb(k,formdata,strflag)+lenb(strflag)),formdata,strflag)
Wend
rs_2.Update
%>
<script language="javascript">
alert("照片上传成功! ");
opener.location.reload();
window.close();
</script>
<%
'字符串转换成二进制数
 Private function toByte(Str)
   dim i,iCode,c,iLow,iHigh
   toByte=""
   For i=1 To Len(Str)
   c=mid(Str,i,1)
    iCode =Asc(c)
   If iCode<0 Then iCode = iCode + 65535
   If iCode>255 Then
     iLow = Left(Hex(Asc(c)),2)
     iHigh =Right(Hex(Asc(c)),2)
     toByte = toByte & chrB("&H"&iLow) & chrB("&H"&iHigh)
   Else
     toByte = toByte & chrB(AscB(c))
   End If
   Next
 End function
'二进制转达换成字符串
 Private function toStr(Byt)
     toStr=""
     for i=1 to lenb(byt)
     blow = midb(byt,i,1)
     if  ascb(blow)>127 then
```

```
        toStr = toStr&chr(ascw(midb(byt,i+1,1)&blow))
        i = i+1
        else
        toStr = toStr&chr(ascb(blow))
        end if
        Next
    End function
```
'获得上传文件的路径
```
    Private function GetFilePath(FullPath)
     If FullPath <> "" Then
      GetFilePath = left(FullPath,InStrRev(FullPath, "\"))
     Else
      GetFilePath = ""
     End If
    End  function
```
'获得上传文件的名称
```
    Private function GetFileName(FullPath)
     If FullPath <> "" Then
       GetFileName = mid(FullPath,InStrRev(FullPath,
"\")+1)
     Else
      GetFileName = ""
     End If
    End  function
%>
```
上传照片页面的运行结果如图 13-5 所示。

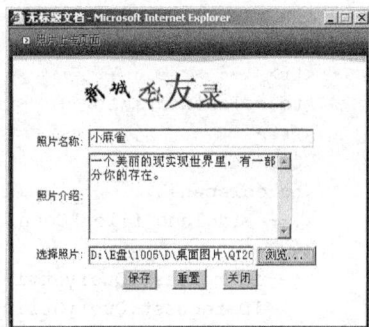

图 13-5　上传照片页面的运行结果

2. 照片详细信息显示

在班级相册管理页面中，对上传的照片信息应用 Order by 语句进行降序排序，同时对照片信息进行分栏、分页显示。在该页面中，通过单击每张照片下面的"详细信息"按钮的超链接将进入到指定照片的详细信息页面。照片详细信息显示页面的设计效果如图 13-6 所示。

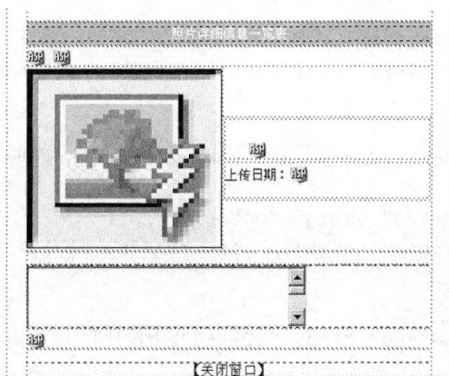

图 13-6　照片详细信息显示页面的设计效果

照片详细信息显示页面所涉及的 HTML 表单元素如表 13-6 所示。

表 13-6　　　　　　　　　　　照片详细信息显示页面所涉及的 HTML 表单元素

名称	类型	含义	重要属性
photo	textarea	照片相关信息	<textarea name="photo" cols="35" rows="4" class="wenbenkuang" id="photo"><%=rs("photo")%></textarea>

　　用户可以在照片展示页面中单击任意一张照片，进入照片详细信息展示页面。在详细信息页面中主要通过传递的参数进行数据检索，在本例中以照片的 ID 号作为参数进行数据检索，同时将结果集输出到浏览器中。程序代码如下：

```
<!--
******************************chakan.asp**********************************************
**-->
<table width=88% border=0 align=center cellpadding=0 cellspacing=0>
<tr>
  <td width="62%" height=13 colspan=3></td>
</tr>
<tr>
<td height="22" colspan="3" bgcolor="#FAC33C">
<div align=center class="STYLE1"><font color="#FFFFFF">照片详细信息一览表</font></div>
</td>
</tr>
<tr>
<td colspan=3></td>
</tr>
<tr>
<td colspan=3>
<!-- #include file="Conn/conn.asp" -->
<%
    if request.QueryString("id")<>"" then
    ID=request.QueryString("id")
    end if
    set rs=server.CreateObject("adodb.recordset")
    sql="select * from tb_album where ID="&ID
    rs.open sql,conn,1,3
    IF not rs.eof or not rs.bof then
%>
<table  width="367"  height="238"  border="0"  align="center"  cellpadding="0"
cellspacing="0">
<tr>
<td width="157" height="152">
<img src="images/goods/<%=rs("picture")%>" width="180" height="160" border="1">
</td>
<td width="156">
<table width="195" height="76" border="0" align="center">
<tr>
<td width="150" height="24" valign="bottom">
<span class="style10">   <%=rs("name1")%> </span></td>
</tr>
<tr>
<td height="20" valign="top" class="STYLE6">上传日期: <%=rs("photo_time")%></td>
</tr>
</table>
</td>
</tr>
<tr>
<td height="12" colspan="2">
<div align="center" class="STYLE1"><span class="STYLE7">照片详细信息</span></div>
</td>
</tr>
<tr>
<td height="55" colspan="2">
```

```
<div align="left">
<textarea        name="photo"        cols="35"        rows="4"        class="wenbenkuang"
id="photo"><%=rs("photo")%></textarea>
</div>
</td>
</tr>
</table>
<%
    End if
    set rs=nothing
    conn.close
    set conn=nothing
%>
</td>
</tr>
<td height="26">
</div>
<div        align="center"><a        href="#"
onClick="javascript:window.close()">"关闭窗
口"</a></div>
</table>
```

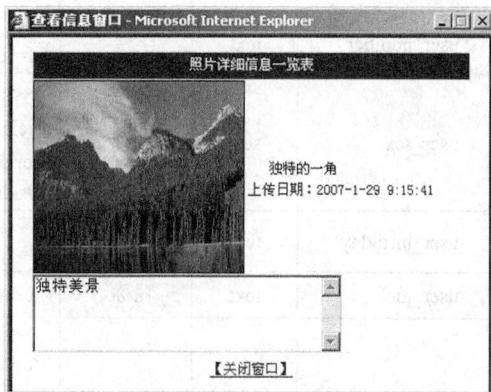

图 13-7　照片详细信息显示页面的运行结果

照片详细信息显示页面的运行结果如图 13-7
所示。

3. 按实际尺寸显示照片

在照片展示页面中，通过单击每张照片的超链接可以进入到该照片详细信息显示页面。程序
代码如下：

```
<!--
****************************class_album.asp*********************************
*-->
<a href="ShowBig.asp?picture=<%=rs_sale("picture")%>" target="_blank">
<img src="images/goods/<%=rs_sale("picture")%>" width="155" height="120" border="1"
alt="单击放大图片">
</a>
```

通过以下代码实现按实际尺寸显示照片。程序代码如下：

```
<!--
****************************ShowBig.asp***********************************
*-->
<body>
<img src="images/goods/<%=Replace(Request
("picture"),"'"," ")%>">
</body>
```

13.5.2　加入同学详细信息模块设计

加入同学详细信息模块主要用于添加加入
同学的详细信息。首先添加登录校友录时所须的
同学姓名和密码。在进行同学姓名添加时，不可
以同名。最后，在进入到同学详细信息的添加页
面，完成对同学详细信息的添加操作。添加同学
详细信息页面的设计效果如图 13-8 所示。

图 13-8　添加同学详细信息页面的设计效果

添加同学详细信息页面所涉及的 HTML 表单元素如表 13-7 所示。

表 13-7　　　　　　　　　　　　添加同学详细信息页面所涉及的 HTML 表单元素

名　称	类　型	含　义	重要属性
Form2	form	表单	`<form name="form2" method="post">`
user_number	text	学号	`<inputname="user_number"type="text"class="text" id="user_number" size="8">`
user_sex	select	性别	`<selectname="user_sex"id="user_sex"><option value="我是男生 "selected>我是男生</option> <option value="我是女生"> 我是女生</option> </select>`
user_birthday	text	生日	`<inputname="user_birthday"type="text"class="text" id="user_birthday" size="30">`
user_nick	text	昵称	`<input name="user_nick"type="text" class="text" id="user_nick">`
user_zhuangye	select	所属专业	`<selectname="user_zhuangye"id="user_zhuangye"> <optionselected> 请选择 ......</option> <option value="电子商务">电子商务</option><option value="公共关系">公共关系</option><option value="计算机科学与技术">计算机科学与技术</option><option value="销售指南学">销售指南学</option><option value="干部经济管理学">干部经济管理学</option><option value="涉外管理学">涉外管理学</option><option value="交通大学法学院">交通大学法学院</option><option value="长春理工大学">长春理工大学</option><option value="长春工业大学">长春工业大学</option></select>`
user_class	select	所属班级	`<selectname="user_class"id="class_id"><%rs1.movefirstwhile(not rs1.eof) %><option value="<%=rs1("class_name")%>"><%=rs1("class_name")%> </option><% rs1.movenext() wend %> </select>`
user_address	text	通信地址	`<input name="user_address" type="text" class="text" id="user_address" size="35">`
user_size	text	邮政编码	`<input name="user_size" type="text" class="text" id="user_size">`
user_telephone	text	电话号码	`<input name="user_telephone" type="text" class="text" id="user_telephone" size="30">`
user_OICQ	text	OICQ	`<input name="user_OICQ" type="text" class="text" id="user_OICQ">`
user_homepage	text	个人主页	`<input name="user_homepage" type="text" class="text " id="user_homepage" size="30">`
button	button	【提交】按钮	`<input name="button" type="button" class="button" value="提交" onclick="Mycheck();">`
button	reset	【重置】按钮	`<input name="button" type="reset" class="button" value="重置">`

通过以下代码实现同学姓名、密码的添加。程序代码如下：

```
<!--
****************************schoolbook_classmate.asp****************************
***-->
<%
```

```
user_name=request.form("user_name")
user_pass=request.form("user_pass")
user_pass1=request.form("user_pass1")
user_email=request.form("user_email")
user_data=now()
if user_name<>"" then
Set rs=Server.Createobject("ADODB.Recordset")
sql="select * from tb_user where user_name='"&user_name&"'"
rs.open sql,conn,1,3
if rs.eof and rs.bof then
%>
<%
ins="insert    into    tb_user    (user_name,user_pass,user_email,user_data)    values
('"&user_name&"','"&user_pass&"','"&user_email&"','"&user_data&"')"
conn.execute(ins)
%>
<%
session("user_name")=user_name
%>
<script language="javascript">
alert("~@_@~,恭喜,恭喜!您已经成功的加入了校友录,现在请进入下一步来确认您的班级及个人详细资料信
息!");
window.location.href="schoolbook_classmate1.asp?user_name=<%=user_name%>"
</script>
<%else%>
<script language="javascript">
        alert("此用户已存在!!");
        window.location.href="schoolbook_classmate.asp";
</script>
<%
end if
end if
%>
```

同学详细信息填写完毕后,通过单击"提交"按钮将填写的数据信息提交给数据处理页面,
此时数据处理页再将相关数据信息存储到指定的数据表中。数据处理页面的程序代码如下:

```
<!--
*****************************schoolbook_classmate1.asp***************************
***-->
<%
'通过用户名进行传递的,不能通过自动生成的 ID 号进行传递。因此在 update 的条件时,where
user_name='"&user_name&"'来进行限定。
if request.querystring("user_name")<>"" then
user_name=request.querystring("user_name")
end if
    if request.Form("user_number")<>"" then
user_number=request.Form("user_number")
  user_sex=request.form("user_sex")
user_birthday=request.form("user_birthday")
user_nick=request.form("user_nick")
user_zhuangye=request.form("user_zhuangye")
user_class=request.form("user_class")
user_address=request.form("user_address")
user_size=request.form("user_size")
user_telephone=request.form("user_telephone")
user_OICQ=request.form("user_OICQ")
```

```
user_homepage=request.form("user_homepage")
Set rs2=Server.CreateObject("ADODB.Recordset")
  ins="update                              tb_user                          set
user_number='"&user_number&"',user_sex='"&user_sex&"',user_birthday='"&user_birthday&"
',user_nick='"&user_nick&"',user_zhuangye='"&user_zhuangye&"',user_class='"&user_class
&"',user_address='"&user_address&"',user_size='"&user_size&"',user_telephone='"&user_t
elephone&"',user_OICQ='"&user_OICQ&"',user_homepage='"&user_homepage&"'            where
user_name='"&user_name&"'"
conn.execute(ins)
%>
<script language="javascript">
alert("信息已添成功，返回首页!! ")
window.location.href='schoolbook.asp';
</script>
<%
end if
%>
```

同学详细信息添加页面的运行结果如图 13-9
所示。

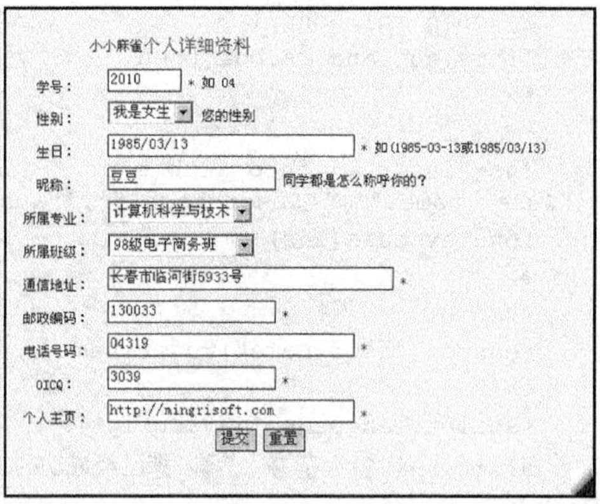

13.5.3　真情祝福模块设计

图 13-9　同学详细信息添加页面

真情祝福模块主要用于发送祝福信息的页面，通过该页面可以向朋友发送自己的真情祝福。
在此需要注意的是，如果没有登录校友录不允许发送祝福信息。

首先需要在程序代码页前对 session("user_name")进行判断，如果值为空，则说明没有登录校友录，不能进行祝福信息发送操作；否则将成功发送祝福信息。程序代码如下：

```
<!--
*********************************schoolbook_bless.asp*********************************
***-->
<!--#include file="Conn/Conn.asp"-->
<%
if session("user_name")="" then
%>
<script laguage="javascript">
alert("请您先登录校友!!! ");
location.href='index.asp';
</script>
<%end if%>
<%
Set rs1=Server.CreateObject("ADODB.Recordset")
sql1="select * from tb_class order by class_data desc"
rs1.open sql1 ,conn,1,3
%>
<%
if request.querystring("id")<>"" then
user_id=request.querystring("user_id")
end if
Set rs3=Server.CreateObject("adodb.recordset")
sql3="select * from tb_user order by user_data desc"
rs3.open sql3,conn,1,3
%>
<%
if request.Form("bless_title")<>"" then
```

```
bless_title=request.Form("bless_title")
bless_content=request.Form("bless_content")
bless_data=now()
bless_fu=request.Form("bless_fu")
Set rs=Server.CreateObject("ADODB.Recordset")
sql="select * from tb_blesss"
ins="insert into tb_bless (bless_title,
bless_content,bless_data,bless_fu)      values
('"&bless_title&"','"&bless_content&"','"&ble
ss_data&"','"&bless_fu&"')"
conn.execute(ins)
%>
<script language="javascript">
alert("真情祝福已经成功发布!! ");
window.location.href="schoolbook.asp"
</script>
<%end if%>
```

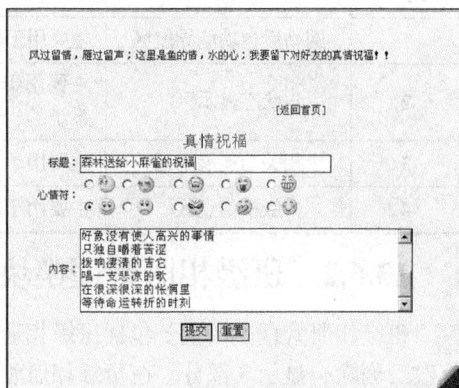

图 13-10　真情祝福发送页面的运行结果

真情祝福发送页面的运行结果如图 13-10 所示。

13.6　后台主要功能模块详细设计

13.6.1　后台管理页面的实现过程

在主页面中提供了后台登录入口，管理人员可通过输入用户名及密码进入后台管理页面。通过后台管理页面将完成对新城校友录相关功能模块中的数据进行添加、删除、修改、显示等操作。后台管理页面的运行结果如图 13-11 所示。

图 13-11　后台运行结果

为了方便读者阅读和有效利用本书附赠光盘的实例，笔者将网站页面的各部分说明以列表形式给出，如表 13-8 所示。

区域	名称	说明	对应文件
1	网站后台功能导航区	主要用于显示当前网站后台相关功能导航	Manage\top.asp
2	状态显示区	主要用于显示当前所在位置以及访问该系统的当前日期和时间	Manage\top.asp
3	相关功能展示区	主要用于展示相关功能模块的操作	Manage/schoolbook_index.asp
4	版权信息区	主要用于展示网站的版权信息	Manage/ copyright.asp

13.6.2 班级相册管理模块设计

班级相册管理模块主要包括班级相册信息的修改、删除、显示 3 部分。在班级相册管理页面中，管理员可以通过单击"修改"按钮对指定的相册信息进行修改操作；同时管理员还可以对指定的相册信息进行删除。下面将对修改、删除功能模块进行详细介绍。

1. 班级相册信息修改

为了方便管理员能够准确地对指定的相册信息进行修改操作，系统还提供了相册详细信息查看功能。通过该功能可使管理员方便、快捷地完成修改操作。班级相册信息修改页面的设计效果如图 13-12 所示。

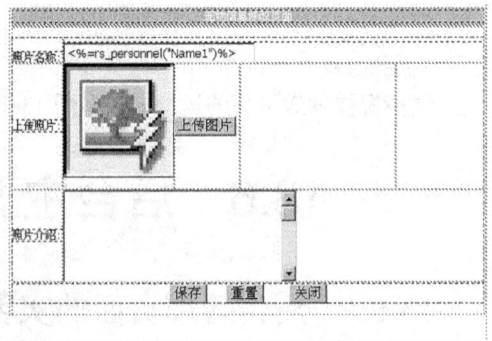

图 13-12 班级相册信息修改页面

班级相册信息修改页面所涉及的 HTML 表单元素如表 13-9 所示。

名称	类型	含义	重要属性
form1	Form	表单	`<form name="form1" method="post" action="album_update.asp">`
Name1	text	照片名称	`<input name="Name1" type="text" id="Name1" value="<%=rs_personnel("Name1")%>" size="35" />`
photo	textarea	照片介绍	`<textarea name="photo" cols="40" rows="6" id="photo" onKeyDown="if(event.keyCode==13){form1.Submit.focus();}"><%=rs_personnel("photo")%></textarea>`
submit	submit	"保存" 按钮	`<input type="submit" name="Submit" value="保存">`
Submit2	reset	"重置" 按钮	`<input type="reset" name="Submit2" value="重置">`
Submit3	button	"关闭" 按钮	`<input type="button" name="Submit3" value=" 关 闭 " onClick="javascript:window.close();">`

在设计页面中将所涉及到的表单元素添加完毕后，通过以下代码实现班级相册详细的修改操作。程序代码如下：

```
<!--
*****************************Manage\album_update.asp*******************************
**-->
<!--#include file="conn/conn.asp"-->
<%
If Request.QueryString("ID")<>""then
session("ID")=Request.QueryString("ID")
```

```
    end if
    Set rs_personnel = Server.CreateObject("ADODB.Recordset")
    sql_P="SELECT Name1,photo,picture FROM tb_album where ID="&session("ID")&""
    rs_personnel.open sql_p,conn,1,3
    %>
    <%
    if request.Form("Name1")<>"" then
        Name1=request.Form("Name1")
        photo=request.Form("photo")
        picture=request.Form("picture")
        photo_time=date()
        UP="Update                              tb_album                          set
Name1='"&Name1&"',photo='"&photo&"',photo_time='"&date()&"' where ID="&session("ID")&""
        conn.execute(UP)
        %>
        <script language="javascript">
        alert("上传照片信息修改成功! ");
        opener.location.reload();
        window.close();
        </script>
    <%
    end if
    %>
```

在班级相册修改页面中，通过单击"上传照片"按钮的超链接进入到上传照片页面中重新上传照片。在进行照片上传时，上传照片的大小不能大于 200KB，如果上传的照片过大，系统将给予相关提示信息。程序代码如下：

```
    <!--
****************************Manage\tre_shang.asp********************************
***-->
    <%
    Response.Buffer=true
    formsize=Request.TotalBytes
                    if formsize/1024 >200 then
    %>
                        <script>
                        alert(" 上 传 文 件 不 能 大 于  200KB! 现 在 文 件 大 小
为:<%=int(formsize/1024)%>KB");
                        history.go(-1);
                        </script>
    <%
    end if
    formdata=Request.BinaryRead(formsize)
    crlf=chrB(13)&chrB(10)
    strflag=leftb(formdata,clng(instrb(formdata,crlf))-1)
    k = 1      '注意不要用 i 了
    While                        instrb(k,formdata,strflag)                      <
instrb((instrb(k,formdata,strflag)+lenb(strflag)),formdata,strflag)
        start = instrb(k,formdata,strflag) + lenb(strflag) + 2
        endsize = instrb((instrb(k,formdata,strflag)+lenb(strflag)),formdata,strflag) -
start - 2
        bin_content = midb(formdata,start,endsize)
        pos1_name = instrb(bin_content,toByte("name="""))
        pos2_name = instrb(pos1_name+6,bin_content,toByte(""""))
        nametag = midb(bin_content,pos1_name+6,pos2_name-pos1_name-6)
        pos1_filename = instrb(pos2_name,bin_content,toByte("filename="""))
            If(pos1_filename = 0)Then
                namevalue                                                        =
toStr(midb(bin_content,pos2_name+5,lenb(bin_content)-pos2_name-4))
```

```
                Else
                    '取 filename 的值
                    pos2_filename = instrb(pos1_filename+10,bin_content,toByte(""""))
                    fullpath                                                    =
midb(bin_content,pos1_filename+10,pos2_filename-pos1_filename-10)
                If(fullpath <> "")Then
                        filepath = GetFilePath(toStr(fullpath))
                        '叛断上传的格式
                        filename = GetFileName(toStr(fullpath))
                        expandname = Mid(filename,InStrRev(filename,".")+1)
                        imgarray = Array("gif","jpg","jpeg","jpe","bmp")
                        imgflag = false
                        For q=0 To Ubound(imgarray)
                            If(InStr(Lcase(expandname),imgarray(q)) > 0)Then
                            imgflag = true
                            End If
                        Next
                        If(imgflag = false)Then
    %>
                            <script>
                            alert("上传格式不对! ");
                            history.go(-1);
                            </script>
    <%
                            Response.End()
                        End If
                        '获得上传图片的二进制数据
                        realname = Mid(filename,InStrRev(filename,"/")+1)
                        If(realname = "")Then
                        realname="空"
                        else
                        End If
                        bin_start = instrb(bin_content,crlf&crlf) + 4
                        filedata=midb(bin_content,bin_start)
                        '把图片数据上传到文件夹
                        Set objstream = CreateObject("ADODB.Stream")
                        objstream.mode = 3
                        objstream.type = 1
                        objstream.open
                        objstream.write formdata
                        objstream.position                                      =
instrb(instrb(formdata,toByte("filename=""")),formdata,crlf&crlf) + 3   '是加 3 不是 4
                        set guyu = server.CreateObject("adodb.stream")
                        guyu.mode = 3
                        guyu.type = 1
                        guyu.open
                        objstream.copyto guyu,lenb(filedata)
                        guyu.savetofile Server.MapPath("../images/goods/"&realname),2
                        guyu.close
                        Set guyu = nothing
                        objstream.close
                        Set objstream = nothing
                    Else
                    rs_2("picture") = "空"
                    End If
                End If
        k = instrb((instrb(k,formdata,strflag)+lenb(strflag)),formdata,strflag)
    Wend
```

```
    Sql = "Update tb_album Set picture = '"&realname&"' Where Id = "&session("ID")
    conn.Execute(Sql)
    response.Write("<script
language='javascript'>opener.location.reload();window.close();</script>")
    Response.End()
    '字符串转换成二进制数
    Private function toByte(Str)
      dim i,iCode,c,iLow,iHigh
      toByte=""
      For i=1 To Len(Str)
      c=mid(Str,i,1)
      iCode =Asc(c)
      If iCode<0 Then iCode = iCode + 65535
      If iCode>255 Then
        iLow = Left(Hex(Asc(c)),2)
        iHigh =Right(Hex(Asc(c)),2)
        toByte = toByte & chrB("&H"&iLow) & chrB("&H"&iHigh)
      Else
        toByte = toByte & chrB(AscB(c))
      End If
      Next
    End function
    '二进制转达换成字符串
    Private function toStr(Byt)
        toStr=""
        for i=1 to lenb(byt)
        blow = midb(byt,i,1)
        if  ascb(blow)>127 then
        toStr = toStr&chr(ascw(midb(byt,i+1,1)&blow))
        i = i+1
        else
        toStr = toStr&chr(ascb(blow))
        end if
        Next
    End function
    '获得上传文件的路径
    Private function GetFilePath(FullPath)
     If FullPath <> "" Then
      GetFilePath = left(FullPath,InStrRev(FullPath, "\"))
     Else
      GetFilePath = ""
     End If
    End  function
    '获得上传文件的名称
    Private function GetFileName(FullPath)
     If FullPath <> "" Then
      GetFileName = mid(FullPath,InStrRev
(FullPath, "\")+1)
     Else
      GetFileName = ""
     End If
    End  function
    %>
```

班级相册信息修改页面的运行结果如图 13-13 所示。

图 13-13　班级相册信息修改页面的运行结果

2．班级相册信息删除

当管理员成功登录后台管理系统时，可以对网站中的相关信息进行修改、查看、删除操作。在对班级相册信息进行删除时，主要通过传递的 ID 值，指定要删除的记录。程序代码如下：

```
<!--
***************************Manage\album_index.asp********************************
-->
    <a href="#"
    onClick="if(confirm('是否确认删除?')){window.location.href='album_del.asp?id=<%=rs
("id")%>';}">删除
    </a>
```

通过以下程序代码删除指定的相册信息，程序代码如下：

```
<!--
***************************Manage\album_del.asp*********************************
*-->
    <!--#include file="conn/conn.asp"-->
    <%
    if request.QueryString("id")<>"" then
        Del="Delete from tb_album where ID="&request.QueryString("id")
        conn.execute(Del)
    %>
    <script language="javascript">
    window.location.href='album_index.asp';
    </script>
    <%
    end if
    %>
```

13.6.3　同学信息管理模块设计

1．同学信息修改

在同学信息管理页面中，通过单击"修改"按钮的超链接进入同学信息修改页面进行修改操作。在该页面中主要应用 Update 语句实现同学信息的修改功能。程序代码如下：

```
<!--                          ***************************Manage\classmate_update.asp
***********************************-->
    <!--#include file="conn/conn.asp"-->
    <%
    If Request.QueryString("user_id")<>""then
    session("user_id")=Request.QueryString("user_id")
    end if
    Set rs_personnel = Server.CreateObject("ADODB.Recordset")
    sql_P="SELECT
user_name,user_email,user_number,user_sex,user_birthday,user_nick,user_zhuangye,user_c
lass,user_address,user_size,user_telephone,user_OICQ,user_homepage FROM tb_user where
user_id="&session("user_id")&""
    rs_personnel.open sql_p,conn,1,3
    %>
    <%
    if request.Form("user_name")<>"" then
        user_name=request.Form("user_name")
        user_email=request.Form("user_email")
        user_number=request.Form("user_number")
        user_sex=request.Form("user_sex")
        user_birthday=request.Form("user_birthday")
        user_nick=request.Form("user_nick")
        user_zhuangye=request.Form("user_zhuangye")
        user_class=request.Form("user_class")
        user_address=request.Form("user_address")
        user_size=request.Form("user_size")
        user_telephone=request.Form("user_telephone")
        user_OICQ=request.Form("user_OICQ")
        user_homepage=request.Form("user_homepage")
```

```
        UP="Update                          tb_user                          set
user_name='"&user_name&"',user_email='"&user_email&"',user_number='"&user_number&"',us
er_sex='"&user_sex&"',user_birthday='"&user_birthday&"',user_nick='"&user_nick&"',user
_zhuangye='"&user_zhuangye&"',user_class='"&user_class&"',user_address='"&user_address
&"',user_size='"&user_size&"',user_telephone='"&user_telephone&"',user_OICQ='"&user_OI
CQ&"',user_homepage='"&user_homepage&"' where user_id="&session("user_id")&""
        conn.execute(UP)
        %>
    <script language="javascript">
        alert("同学信息修改成功! ");
        opener.location.reload();
        window.close();
        </script>
    <%
    end if
    %>
```

2. 同学信息删除

应用 Delete 语句实现指定记录信息的删除功能。程序代码如下:

```
    <!--
********************************Manage\classmate_del.asp******************************
**-->
    <!--#include file="Conn/conn.asp"-->
    <%
    del="delete from tb_user where user_id="&request.QueryString("id")&""
    conn.execute(del)
    %>
    <table  width="650"  height="190"  border="0"  align="center"  cellpadding="0"
cellspacing="0">
    <tr>
    <td height="190">
    <table  width="322"  height="147"  border="0"  align="center"  cellpadding="0"
cellspacing="0">
    <tr>
    <td>
    <div align="center" class="style4">加入的第<%=request.QueryString("id")%>个同学已被删
除! </div>
    </td>
    </tr>
    </table>
    <p align="center">
    <input name="myclose" type="button" class="Style_button_del" id="myclose"
value="关闭窗口" onClick="javascrip:opener.parent.location.reload();self.close()">
    </p>
    </td>
    </tr>
    </table>
```

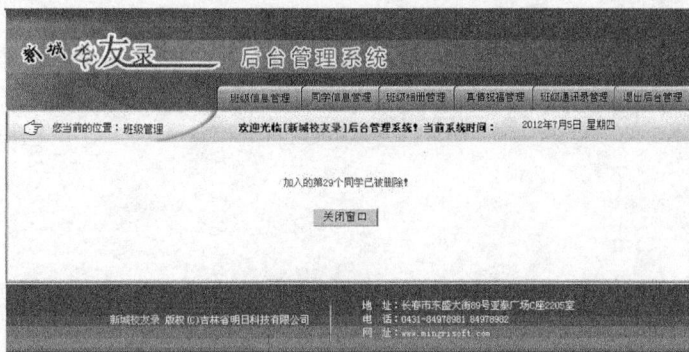

同学信息删除页面的运行
结果如图 13-14 所示。

图 13-14 同学信息删除页面的运行结果